下肢助力外骨骼机器人技术

韩亚丽　王兴松　贾　山　著

U0380304

东南大学出版社
SOUTHEAST UNIVERSITY PRESS
·南京·

图书在版编目(CIP)数据

下肢助力外骨骼机器人技术 / 韩亚丽,王兴松,贾
山著. — 南京:东南大学出版社,2019.12
　ISBN 978 - 7 - 5641 - 8713 - 2

　Ⅰ. ①下… 　Ⅱ. ①韩… ②王… ③贾… 　Ⅲ. ①仿生机
器人-应用-步行 　Ⅳ. ①TP242②G806

中国版本图书馆 CIP 数据核字(2019)第 277637 号

下肢助力外骨骼机器人技术

著　　者	韩亚丽　王兴松　贾　山	
出版发行	东南大学出版社	
出 版 人	江建中	
责任编辑	胡中正	
社　　址	南京市四牌楼 2 号	
邮　　编	210096	
经　　销	全国各地新华书店	
印　　刷	虎彩印艺股份有限公司	
开　　本	787 mm×980 mm　1/16	
印　　张	18.75	
字　　数	360 千字	
书　　号	ISBN 978 - 7 - 5641 - 8713 - 2	
版　　次	2019 年 12 月第 1 版	
印　　次	2019 年 12 月第 1 次印刷	
定　　价	68.00 元	

* 本社图书若有印装质量问题,请直接与营销部联系,电话:025－83791830。

前　言

随着年龄的增长，人体肌肉力量逐渐衰弱，其中下肢肌肉力量的衰减较为明显，以至于影响到老年人的行走能力，下肢助力外骨骼是一种穿戴在使用者下肢外部，进行助力行走及康复训练的人机一体化系统，故下肢外骨骼的研究对缓解日益严重的老龄化问题具有重要意义，此外，下肢外骨骼还可应用于交通、军事、救援、科考等诸多领域，减缓工作人员的体力消耗，提高工作效率。

作者从 2006 年开展博士课题以来，一直致力于下肢外骨骼系统的研究，经过十余年的努力，在下肢外骨骼的结构设计、仿生驱动和智能控制等关键技术方面取得了相关的理论成果，并试制了基于人工气动肌肉、多模式弹性驱动器、液压等驱动的下肢外骨骼样机，通过实践，对下肢外骨骼系统有了深刻认识，同时，在借鉴国内外研究的基础上，特编著此书，本书的主要内容如下：

第一章绪论。首先回顾了下肢外骨骼国内外的研究现状，国外对外骨骼系统的研究起步较早，无论是用来增强穿戴者运动能力和负重能力的外骨骼，还是用于辅助老年人和肌体损伤人士的助力行走康复外骨骼，都进行了相关研究。我国与国际研究水平相比仍有较大差距，因此研究下肢外骨骼机器人系统对缓解我国的老龄化压力等具有重要的意义。

第二章人体下肢运动生物力学。人体生物力学是下肢外骨骼机器人研究的基础，进行人体行走运动机理、人体行走过程中下肢各关节的运动学及动力学研究，无论是对机构的仿生学设计还是复杂运动协调控制都将具有重要的借鉴意义。

第三章仿生驱动器的研究。仿生驱动器技术是下肢外骨骼关键技术之一，决定下肢外骨骼机器人的性能优越，进行电机串联弹簧的驱动器的研究、多模式弹性驱动器的研究及类肌肉仿生驱动器的研究，并进行了仿生驱动器的应用研究。

第四章下肢外骨骼机器人的动力学分析。基于人体行走运动生物力学，进行下肢外骨骼的机构设计研究。建立下肢外骨骼机械腿的多连杆动力学模型,对下肢外骨骼机械腿的支撑相、摆动相等动力学模型进行分析,并进行动力学的仿真分析研究。

第五章下肢外骨骼机械腿的摆动控制研究。首先基于导纳模型对膝关节外骨骼进行控制研究,并研究融合肌电信号及穿戴者肌肉力估计的自适应振荡器控制。其后,进行下肢外骨骼机械腿髋关节及膝关节的协调控制研究。

第六章下肢外骨骼机器人关节的人机协同运动研究。以踝关节外骨骼系统为例,设计踝关节外骨骼机构、研制足底测力系统、基于运动状态机进行踝足外骨骼控制系统研究,并进行踝足外骨骼系统行走实验研究,对其助力效果进行评价。

本书在编著过程中得到了导师东南大学王兴松教授的指导,南京航空航天大学的贾山对本书的编著提供了支撑,南京工程学院的史金飞、朱松青教授对本书的编著给予了大力支持,我的研究生们在本书的编撰过程中也给予了诸多帮助,谨此一并致以衷心感谢!

本书的工作是在国家自然科学基金项目(51205182)、江苏省自然科学基金(BK2012474)、中国博士后科学基金项目(2014M561548)、江苏省"六大人才高峰"高层次人才第十四批项目(JXQC-015)、江苏省重点研发计划(社会发展)项目(BE2019724)资助下开展的,在此一并表示感谢。本书在编写过程中参考了国内外相关的文献,在此向所有的作者表示诚挚的谢意!

限于作者的学识水平,本书的内容体系难免存在不足,衷心希望广大读者给予批评和指教。

韩亚丽
2019 年 8 月

目　录

第一章　绪　论

1.1　研究背景和意义

　　下肢外骨骼机器人根据应用分类可以分为两种：一、用来增强穿戴者的运动能力和负重能力，主要用于帮助士兵执行负重行走任务；二、用于辅助老年人和肌体损伤人士，实现助力行走和康复训练。

　　美国最早将下肢外骨骼技术应用到军事领域，在现代高技术战争条件下，士兵需要执行高强度的战场任务，同时携带的军事装备和物资越来越多，超出了人体正常的负重能力，严重影响了士兵的灵活性、行军速度和持续作战能力。为了解决这一问题，各国都在想方设法提高士兵的作战能力和生存能力，希望外骨骼系统可以达到能源的自身供应，起到支撑、保护的作用，集成作战系统、通信系统、传感系统和生命维持系统，将士兵武装成为一个"超人"。

　　日本最早将下肢外骨骼应用到民用领域，进行了助老助残外骨骼技术的研究。随着现代化社会的发展，人口老龄化问题愈加严重。就我国而言，我国是世界上唯一一个老年人口超过 2 亿的国家，我国老年人口数量巨大且人口老龄化的速度逐年加快，预计到 2020 年老龄人口将达到 2.43 亿，约占总人口的 18%，养老助老的社会责任及家庭负担日益增大。同时，由于交通事故造成的人体腿部伤残的人数也在逐年增加，使得助老助残问题刻不容缓。

　　下肢外骨骼作为一种辅助装置，在军事领域可以提高士兵的作战能力，在医疗康复领域能够为老年人和病患提供助力降低行走代谢，这对解决士兵作战任务重，资源短缺和人口老年化、伤残化带来的社会化问题都具有重要的现实意义。下文将针对下肢外骨骼的两种不同的穿戴对象介绍国内外下肢助力外骨骼的研究现状。

1.2　下肢外骨骼的国内外研究现状

1.2.1　用于人体负重行走的下肢外骨骼国外研究现状

外骨骼的初始概念来源于科学的幻想,美国科幻小说家罗伯特在科幻小说《星船伞兵》中提出了机械外骨骼的雏形"动力装甲"。受到科幻小说和电影的影响,1965 年美国通用电气公司的工程师们设计了一种称为"Hardiman"(来源于 Human Augmentation Research and Development Investigation,人类增强研究与发展调查)的全身外骨骼设备,用于增强士兵的持重能力[1]。该外骨骼体积庞大,重约 680 kg,包含 30 个自由度,采用液压电机混合驱动,可以将穿戴者的力量放大 25 倍,但受限于当时的技术水平而被搁置研究。

尽管国际上对外骨骼的研究起步较早,但真正取得飞速发展的是近二十年,随着计算机技术、传感器、控制技术水平的提高,使得外骨骼技术也取得了巨大的进步。其中最典型的是美国国防部高级研究项目局(Defense Advanced Research Projects Agency, DARPA)资助的一系列应用于军事领域的负重型外骨骼机器人。

加州大学伯克利分校 H. Kazerooni 博士领导的研究小组,研究了如图 1－1 所示的行走助力外骨骼装置[2-12]。这项名为 Bleex 的高科技产品,由两条动力驱动的仿生机械腿、一个动力供应单元和一个用于负重的背包架组成。机械腿采用双向直线型液压驱动,外骨骼上共安装 40 多个传感器,共同组成一个局域网,为控制系统的计算机提供必要的信息,控制系统根据这些信息感知穿戴者及外骨骼装置当前的状态,进而对外骨骼实施控制,从而达到外骨骼能与穿戴者实现"如影随形"的同步协调行走效果。实验表明,穿戴者穿上 Bleex 外骨骼最多可背负 75 kg 的重物以 0.9 m/s 的速度行走,若不背负任何重物,穿戴者穿上外骨骼进行行走的最大速度可达 1.3 m/s。近年来,加州大学伯克利分校的人机工程研究实验室也相继推出了人体负重外骨骼(Human Universal Load Carrier, HULC,如图 1－2 所示)、ExoHiker 及 ExoClimber 样机。伯克利开发的助力外骨骼是最接近实用的助力机械装置,它的许多设计思想十分领先:采用同步行走模式,以人为主;人体下肢外侧辅以机械腿,负重不通过人体骨骼;动力系统和控制系统均放在背负系统的背包内。

同样在美国高级研究项目署的资助下,位于盐湖城的 Sarcos 研究公司也进行了助力外骨骼可穿戴能量自主机器人(Wearable Energetically Autonomous Robot,

WEAR)的研究。不同于 Bleex 采用直线型液压驱动器,Sarcos 采用旋转型液压驱动器对关节进行驱动。由于控制策略需要检测出穿戴者与外骨骼足部间的交互力信息,故穿戴者脚部与外骨骼足部间的接触面为一块内嵌力传感器的硬金属板,这样使得穿戴者在行走过程中脚部无法弯曲。Sarcos 公司研制出的全身助力外骨骼使得穿戴者能轻易举起一个 84 kg 的重物[13]。在 DARPA 项目结束后,Sarcos 公司获得了军队资金的资助用于继续发展他们的外骨骼机构,最后把个人战车(Personal Combat Vehicle,PCV)外骨骼技术转让给部队。不幸的是关于 Sarcos 外骨骼的设计及性能的资料较少。

麻省理工学院媒体实验室的研究者们基于人体代谢理论研究,进行了半主动驱动的外骨骼设计[14-25],髋关节的前屈/后伸采用弹簧进行实现,通过弹簧在伸展阶段储存能量,在前屈阶段释放能量,进而推动外骨骼腿实现前向运动;髋关节的外展/内收仍采用弹簧,此外采用一凸轮机构用于弥补因外摆/内收造成的外骨骼大腿与穿戴者大腿长度间的差异;髋关节的外旋/内旋仍采用弹簧。膝关节采用磁流变阻尼器,踝关节仍采用弹簧。MIT 外骨骼重约 11.7 kg,能负重约 36 kg 的重物,以 1 m/s 速度行走,并且在行走过程中能把负载 80% 的重量通过支撑腿转移到地面上。另外 MIT 还进行了串联弹性驱动器(Series Elastic Actuator,SEA)的研究,研制出的髋关节采用 SEA 驱动器的下肢外骨骼,如图 1-3 所示。

另外,在 DARPA 项目资助下,美国橡树岭国家实验室(Oak Ridge National Laboratory)对足部力—力矩传感器、控制策略及动力供应设备等进行了研究。

图 1-1 Bleex 外骨骼　　　图 1-2 HULC　　　图 1-3 MIT 外骨骼

近年来,哈佛大学进行了如图 1-4 所示的柔性外骨骼机器人的研究,其柔性外套利用弹性纺织品作为绑缚带,十分轻巧,重量仅为 12.15 kg。外套采用电机＋套索的传动方式,当套索没有被驱动的时候,外骨骼在行走的过程中也能通过弹性纺织带对穿戴者产生辅助力矩。软外套不包含刚性框架元素,可以像服装一样穿在身上,电机置于穿戴者背部的背包中,电机转动,带动套索运动,通过套索张力传递动力至足底穿戴装置和绑缚织带,进而对踝关节、髋关节进行动力驱动,同时对膝关节的弯曲产生微小力矩。哈佛大学的 Soft Exosuit 是世界上迄今为止最轻的负重型下肢外骨骼[26-28]。

图 1 - 4　Harvard 柔性外骨骼

1.2.2　用于助老助残的下肢助力外骨骼国外研究现状

进行辅助步行外骨骼的研究较多,本节重点介绍主动式助残外骨骼。所谓的主动式助残外骨骼为机器人外骨骼抑制患者有限的异常运动,同时根据患者的不同情况,外骨骼可以实现提供辅助力。

图 1 - 5　HAL - 5 助力外骨骼装置

日本筑波大学（Tsukuba University）Yoshiyuki Sankai 领导的科研小组研发了 HAL（Hybrid Assistive Limb）系列的运动辅助外骨骼装置[29-41]。图 1-5 为 HAL-5 助力外骨骼装置。HAL-5 外骨骼系统的髋关节及膝关节采用伺服电机进行驱动，踝关节为被动关节。该外骨骼系统的动力源、上位机控制系统等都装在背包中。控制系统进行工作时，首先把各种人体运动分解为不同的相位序列，通过判断地面传感器的检测结果确定相位间的转变，在每个阶段中，装在各关节处的角度传感器实时检测人体位置，肢体上的生物电子传感器检测肌肉的状态并估计关节扭矩，根据传感器系统获得的外骨骼和操作者的状态信息对外骨骼实施控制。该外骨骼系统拥有混合控制策略，包括自动控制器进行诸如身体姿态的控制，以及基于生物学反馈和预测前馈的舒适助力控制器。

美国的 Ekso 仿生技术公司在 HULC 外骨骼模型的基础上研发了一种由电池提供动力的下肢康复外骨骼系统，如图 1-6 所示。可以帮助患者完成康复训练动作，Ekso 外骨骼具有 6 个自由度，传感系统包括手臂姿态检测模块、关节电位计、脚底压力传感器和拐杖内的线性电位计。控制系统采用主从控制，主控制器采用基于状态机来检测人体的运动意图，切换控制状态，从控制器采用 PD 控制器进行轨迹跟踪控制[42]。

以色列埃尔格医学技术公司研发了 REWALK 下肢康复外骨骼机器人系统，如图 1-7 所示。其设计的目的是使得瘫痪患者在日常生活中摆脱轮椅从而恢复行走能力。该系统包含下肢外骨骼机械腿、多传感器系统及拐杖，其拐杖用以维持穿戴者的身体平衡。驱动方式为电机组合减速器，运动控制方式为外骨骼带动人体运动，可以帮助患者实现站立、步行、爬楼梯等多种动作[43-44]。

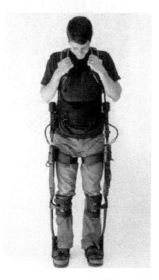 

图 1-6　Ekso 下肢外骨骼机器人　　图 1-7　REWALK 外骨骼机器人

1.2.3 国内外骨骼研究概况

国内对下肢助力外骨骼技术的研究起步较晚,但经过20多年的发展已经进入百花齐放的局面,多所高校和研究所对下肢助力外骨骼的关键技术展开研究并研制了相应的样机。

中科院合肥智能机械研究所是国内较早开展外骨骼研究的机构[45-46]。该所研制的下肢外骨骼实物图如图1-8所示,每条腿有8个自由度,分别为髋关节和踝关节均为3个自由度,膝关节和脚趾处各1个自由度。该外骨骼传感模块包括了足底力传感器、人机接触力传感器、关节角度传感器等,其控制系统采用灵敏度放大控制,通过采集力传感器的信息来进行运动意图判断,进而驱动关节运动。

浙江大学流体传动及控制国家重点实验室开发了基于气动驱动方式的可穿戴式下肢外骨骼系统,如图1-9所示。该外骨骼系统通过采集人体的足底力信息来识别穿戴者的步态,并基于自适应模糊神经网络(ANFIS)控制理论,开展了下肢外骨骼的人机耦合控制策略研究,可实现穿戴舒适,降低人体行走代谢[47-51]。

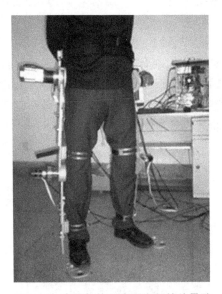 

图1-8 合肥智能研究所研制的外骨骼   图1-9 浙江大学研制的外骨骼

海军航空工程学院研究团队设计了微型计算机控制的外骨骼样机,如图1-10所示。该外骨骼样机以直流伺服电机和谐波齿轮减速器作为驱动系统,外骨骼腿上设计了柔性拉索装置和气弹簧,通过脚底安装的压力传感器判断人腿的运动模式,从而控制膝关节的伸展和弯曲[52-53]。

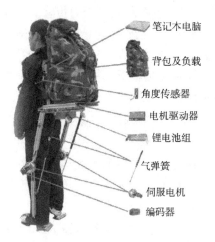

笔记本电脑

背包及负载

角度传感器

电机驱动器

锂电池组

气弹簧

伺服电机

编码器

图 1-10 海军航空工程学院外骨骼样机

上海大学钱晋武等人研制了一种步行康复训练机器人,如图 1-11 所示。该康复训练系统包括步态矫形器、跑步机、减重装置和控制系统。每条腿包括 3 个自由度,每个关节有一个自由度。通过关节角度传感器检测运动轨迹,一维拉力传感器检测人机交互力。采用基于步态轨迹自适应的阻抗控制策略,驱动关节完成对患者的主动康复训练[54]。

东南大学机器人与生物电子实验室,针对人体下肢行走步态,生物力学和骨骼机理的研究,研发出如图 1-12 所示的液压—人工肌腱驱动的下肢助力外骨骼样机。外骨骼共有 8 个自由度,髋、膝关节 1 个自由度,踝关节 2 个自由度,传感模块

图 1-11 上海大学步行康复训练机器人 图 1-12 东南大学的下肢外骨骼

包括人机交互力传感器、角度传感器、足底压力传感器。控制策略方面采用分层控制的思想,其中,决策层通过人体足底力信息解算出 ZMP(零力矩点),关节角度传感器测量人体和外骨骼位姿,通过融合算法判断人体的运动意图,进而将控制指令发送给执行层,关节执行层采用模糊滑模控制器,利用模糊补偿控制器对外界的干扰和不确定信息进行补偿[55-57]。

此外,哈尔滨工程大学[58-59]、哈尔滨工业大学[60]、上海交通大学[61-63]、南京理工大学[64-66]等在助力外骨骼领域都进行了卓有成效的研究。

近年来,由于社会对康复训练装置的需求和国家政策的大力支持,一大批企业开始进入康复机器人领域,如北京大艾机器人科技有限公司、上海傅利叶智能科技有限公司等。

北京大艾机器人也进行了康复外骨骼机器人 AiLegs 的研究,如图 1-13 所示。外骨骼机构主要采用 TC4 钛合金,具有高强度、结构小巧等特点,该机器人重量更轻,约 20 kg,可快速调节尺寸适应不同的穿戴者。外骨骼可通过足底力信息实时监测患者的下肢运动能力,通过控制器控制机器人的速度,支撑并带动使用者进行康复训练。

上海傅利叶智能科技有限公司也进行了康复外骨骼机器人 Fourier X1 的研究,如图 1-14 所示。外骨骼主要面向下肢瘫痪和偏瘫患者。通过穿戴者关节处的肌电信号,进行穿戴者运动意图的识别,穿戴者在使用其外骨骼行走时,步态曲线会被取样存取,配合高精度的传感器,选取最适合自身的基准步态曲线,再结合穿戴者的行走习惯,在步态曲线上的各个点进行调整。

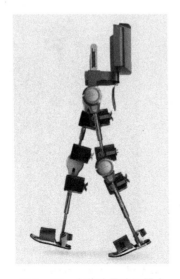
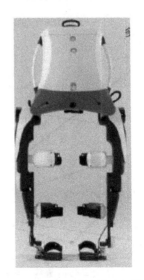

图 1-13　大艾外骨骼机器人　　图 1-14　傅利叶外骨骼机器人

作者从 2006 年开始进行下肢助力外骨骼的研究[67-82]，相继研制了不同类型的下肢外骨骼样机。

（1）基于电机带动丝杠螺母驱动的下肢助力外骨骼

博士阶段设计的外骨骼采用电机带动丝杠螺母对下肢髋关节进行驱动，膝关节与踝关节为被动关节，如图 1-15 所示，对下肢助力外骨骼行走步态周期内的三种行走模式，即单脚支撑、双脚支撑、一脚虚触地的单脚支撑，采用拉格朗日法进行动力学建模分析，研究行走过程中下肢各关节力矩，针对研制出的样机髋关节进行了预设轨迹摆动实验研究。

（2）基于液压驱动的下肢助力外骨骼

进行基于液压驱动的下肢外骨骼，髋关节及膝关节采用液压缸驱动，机械腿本体机构采用碳纤维材料，降低了机构本体重量，如图 1-16 所示。进行液压缸、集成阀块、液压管道等液压系统部件设计，搭建液压系统硬件平台，并进行伺服阀驱动电路的设计。进行下肢外骨骼样机的运动跟随实验研究，实验结果表明，下肢外骨骼对穿戴者运动有较好的跟踪效果及较快的响应速度。

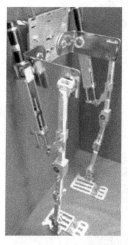

图 1-15 电机丝杠驱动外骨骼图 图 1-16 基于液压驱动外骨骼图

（3）基于气动肌肉的下肢助力外骨骼

进行基于 Festo 气动肌肉的下肢外骨骼研究，如图 1-17 所示。为了得到较为准确的气动肌肉模型，搭建了气动肌肉特性分析平台，进行气动肌肉的等压、等长和等张实验研究，对实验数据拟合获得气动肌肉数学模型。采用滑模控制对膝关节外骨骼进行摆动控制实验研究，实验结果表明，膝关节外骨骼能模拟人腿运动实现平滑的摆腿运动。

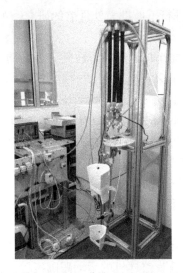

图 1-17　基于气动肌肉驱动的外骨骼

（4）基于多模式弹性驱动器的下肢助力外骨骼

进行多模式驱动器的研究，所设计的多模式弹性驱动器采用电机带动丝杠螺母串联弹簧，并结合相应的刹车装置。有别于目前弹性驱动器仅能实现的储能、释能的弹性运动，所设计的弹性驱动器能实现电机驱动的刚性模式、电机串联弹簧柔性驱动模式及纯弹簧的被动模式。基于多模式弹性驱动器进行下肢外骨骼的机构设计、足底测力鞋的研究以及基于运动状态机的下肢外骨骼摆动控制研究，如图 1-18 所示。

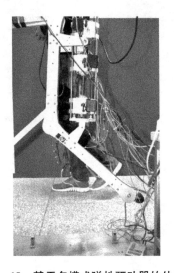

图 1-18　基于多模式弹性驱动器的外骨骼

（5）基于电机带动套索驱动的下肢助力外骨骼

进行套索驱动的下肢外骨骼研究，采用电机旋转带动套索传递动力，进而带动下肢髋关节及膝关节进行运动，实现对穿戴者的康复运动，如图 1-19 所示。针对下肢外骨骼机械腿的康复训练需求，提出基于导纳原理的等效惯量补偿控制方法，并根据实际康复运动中摆动腿的摆动频率先慢—后快—再变慢的运动特征，进行机械腿的摆动实验，实验结果表明外骨骼机械腿能模拟康复运动模式实现较好的摆腿运动，且对穿戴者摆腿运动有较好的助力效果。

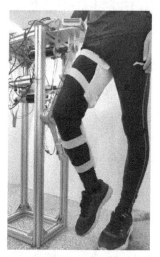

图 1-19 基于套索驱动的外骨骼

1.3 本书的主要内容

本书共分为 6 章，分别为绪论、人体下肢运动生物力学、面向下肢外骨骼机器人的仿生驱动器、下肢外骨骼机器人的机构设计及动力学分析、下肢外骨骼机械腿的随动控制及下肢外骨骼机器人关节的人机协同运动研究。

人体运动生物力学是下肢外骨骼机器人研究的基础，进行人体行走运动机理、人体行走过程中下肢各关节的运动学及动力学研究，无论是对机构的仿生学设计还是复杂运动协调控制都将具有重要的借鉴意义。

仿生驱动器技术是下肢外骨骼关键技术之一，决定下肢外骨骼机器人的性能优越，面向下肢外骨骼机器人，进行电机串联弹簧的驱动器（SEA）、多模式弹性驱动器及类肌肉仿生驱动器的研究。

　　基于人体行走运动生物力学研究，进行下肢外骨骼机械腿的机构设计。建立下肢外骨骼机械腿的多连杆动力学模型，对下肢外骨骼机械腿的支撑相、摆动相等动力学模型进行分析，并进行 ADAMAS 仿真研究。

　　进行下肢外骨骼的随动控制研究，基于导纳模型进行膝关节外骨骼机械腿的控制研究，研究融合肌电信号及穿戴者肌肉力估计的自适应振荡器控制。进行下肢外骨骼机械腿髋关节及膝关节的协调控制研究。以踝足外骨骼为例，进行下肢外骨骼机器关节的人机协同运动研究，设计踝足外骨骼机构、研制足底测力系统、基于运动状态机进行踝足外骨骼控制系统研究，并进行踝足外骨骼行走实验研究，对其助力效果进行评价。

参考文献

[1] Mizen N J. Powered exoskeleton apparatus for amplifying human strength in rsponse to normal body movements[P]. U. S. Patent 3449769 DA, 1969.

[2] Raade J W, Kazerooni H. Analysis and design of a novel hydraulic power source for mobile robots[J]. IEEE Transactions on Automation Science Engineering, 2005, 2(3): 226 - 233.

[3] Kazerooni H, Racine J L, Huang L H, et al. On the control of the Berkeley Lower Extremity Exoskeleton[C]. IEEE International Conference on Robotics and Automation, Barcelona Spain, 2005: 4353 - 4360.

[4] Zoss A B, Kazerooni H, Chu A. Biomechanical design of the Berkeley Lower Extremity Exoskeleton[J]. IEEE/ASME Transactions on Mechatronics, 2006, 11(2): 128 - 138.

[5] Chu A, Kazerooni H, Zoss A[J]. On the biomimetic design of the berkeley lower extremity exoskeleton[C]. IEEE International Conference on Robotics and Automation, Barcelona Spain, 2005: 4345 - 4352.

[6] Kazerooni H, Steger R, Huang L H. Hybrid control of the berkeley lower extremity exoskeleton[J]. The International Journal of Robotics Research, 2006, 25(5): 561 - 573.

[7] Kim S, Anwar G, Kazerooni H. High-speed communication network for controls with application on the exoskeleton[C]. American Control Conference, Boston, 2004: 355 - 360.

[8] Amundson K, Raade J, HardingN, et al. Hybrid hydraulic-electric power unit for field and service robots [C]. IEEE Internation Conference on Intelligent Robots and Systems, Edmonton, Canada, 2005: 3453 - 3458.

[9] McGee T G, Raada J, Kazerooni H. Monopropellant-driven free piston hydraulic pump for mobile robotic systems[J]. J. Dyn. Syst. Meas. Control, 2004, 126(1): 75 - 81.

[10] Raade J, Kazerooni H. Analysis and design of a novel hydraulic power source for mobile robots[J]. IEEE Trans. Autom. Sci. Eng. , 2005, 2(3): 226 - 232.

[11] Kim S, Kazerooni H. High speed ring-based distributed networked Control system for real-

time multivariable application[C]. 2004 ASME International Mechanical Engineering Congress and RD&D Expo, Anaheim, USA, 2004: 1 - 8.

[12] Guizzo E, Goldstein H. The rise of the body bots: exoskeletons are strutting out of the lab-and they are carrying their creators with them[J]. IEEE Spectrum, 2005, 42(10): 50 - 56.

[13] Robert Bogue. Exoskeletons and robotic prosthetics: a review of recent developments[J]. Industrial robot: An International Journal, 2009, 36(5): 421 - 427.

[14] Walsh C J, Paluska D, Pasch K, et al. Development of a lightweight, underactuated exoskeleton for load-carrying augmentation[C]. IEEE International Conference on Robotics and Automation, Orlando, Florida, USA, 2006:3485 - 3492.

[15] Walsh C J. Pasch K, Herr H. An autonomous, underactuated exoskeleton for load-carrying augmentation[C]. IEEE/RSJ International Conference on Intelligent Robotics and Systems, Beijing, China, 2006:1410 - 1415.

[16] Walsh C J. Biomimetic design of an underactuated leg exoskeleton for load-carrying augmentation[D]. Master's thesis, Department of Mechanical Engineering, Massachusetts Institute of Technology, Cambridge, 2006.

[17] Herr H, Wilkenfeld A. User-Adaptive control of a magnetorheological prosthetic knee[J]. Industrial Robot:An International Journal, 2003,30(1):42 - 55.

[18] Robinson D W, Pratt J E, Paiuska D J, et al. Series elastic actuator development for a biomimetic walking robot [C]. IEEE/ASME International Conference on Advanced Intelligent Mechatronics, Atlanta, G A, USAm 1999:19 - 22.

[19] Pratt G A and Williamson M M. series elastic actuators[C]. IEEE International Conference on Intelligent Robots and Systems, 1995:399 - 406.

[20] Pratt G A, Willisson P, Bolton C, et al. Late motor processing in low-impedence robots: impedance control of series elastic actuators[C]. American Control Conference Boston, Massachusetts, 2004: 3245 - 3250.

[21] Farahat W, Herr H. A method for indentification of electrically stimulated muscle[C]. IEEE Engineering in Medicine and Biology 27th Annual Conference, Shanghai, China, 2005:6225 - 6228.

[22] Farahat W, Herr H. An apparatus for characterization and control of isolated muscle[J]. IEEE Transactions on Neural Systems and Rehabilitation Engineering, 2005, 13(4):473 - 481.

[23] Paluska D, Herr H. Series elasticity and actuator power output[C]. IEEE International Conference on Robotics and Automation, Orlando, Florida, USA, 2006:1830 - 1833.

[24] Popovic M, Hofmann A, Herr H. Angular momentum regulation during human walking: biomechanics and control[C]. IEEE International Conference on Robotics and Automation, New Orleans, LA, USA, 2004:2405 - 2410.

[25] Popovic M, Englehart A, Herr H. Angular momentum primitives for human walking:

biomechanics and control[C]. IEEE/RSJ International Conference on Intelligent Robots and Systems, Sendai, Japan, 2004:1685 - 1690.

[26] Wehner M, Quinlivan B, Aubin P M, et al. Design and evaluation of a lightweight soft exosuit for gait assistance[C]. IEEE International Conference on Robotics and Automation, Karlsruhe, Germany, 2013:3362 - 3369.

[27] Asbeck A T, Stefano M M, Galiana I, et al. Stronger, smarter, softer: next-generation wearable robots[J]. IEEE Robotics and Automation Magazine, 2014, 21(4):22 - 33.

[28] Asbeck A T, Stefano M M, Holt K G, et al. A biologically inspired soft exosuit for walking assistance[J]. The International Journal of Robotics Research, 2015, 34(6):744 - 762.

[29] Kawamoto H, Kanbe S, Sankai Y. Power assist method for HAL-3 estimating operator's intention based on motion information[C]. The 12th IEEE International Workshop on Robot and Human Interactive Communication, Millbrace, CA, USA, 2003:67 - 72.

[30] Kasaoka K, Sankai Y. Predictive control estimating operators intention for stepping-up motion by exoskeleton type power assist system HAL[C]. IEEE/RSJ International Conference on Intelligent Robots and Systems, Maui, HI, USA, 2001:1578 - 1583.

[31] Kawamoto H, Lee S, Kanbe S, et al. Power assist method for HAL-3 using EMG-based feedback controller[C]. IEEE International Conference on Systems, Man and Cybernetics, washington, DC, 2003:1648 - 1653.

[32] Hayashi T, Kawamoto H, Sankai Y. Control method of robot suit HAL working as operator's muscle using biological and dynamical information[C]. IEEE/RSJ International Conference on Intelligent Robots and Systems, Edmonton, Canada, 2005:3455 - 3460.

[33] Kawamoto H, Sankai Y. Power assist method based on phase sequence driven by interaction between human and robot suit[C]. IEEE International Workshop on Robot and Human Interactive Communication, Okayama, Japan, 2004:491 - 496.

[34] Lee S, Sankai Y. Power assist control for walking aid with HAL-3 based on EMG and impedance adjustment around knee joint[C]. IEEE/RSJ International Conference on Intelligent Robots and Systems, Lausanne, Switzerland, 2002:1499 - 1504.

[35] Kawamoto H, Sankai Y. Comfortable power assist control method for walking aid by HAL - 3 [C]. IEEE International Conference on Systems, Man and Cybernetics (SMC 2002), Hammamet, Tunisia, 2002:190 - 193.

[36] Okamura J, Tanaka H, Sankai Y, EMG-based prototype powered assistive system for walking aid[C]. Asian Symposium on Industrial Automation and Robotics, Bangkok, Thai, 1999:229 - 234.

[37] Lee S, Sankai Y. Power assist control for walking aid by HAL based on phase sequence and myoelectricity[C]. ICCAS2001 International Conference on Control, Automation and System, Jeju, Korea, 2001:353 - 357.

[38] Kawamoto H，Sankai Y，EMG-based hybrid assistive leg for walking aid using feedforward controller[C]. Internation Conference on Control，Automation and Systems，Jeju，Korea，2001:190-193.

[39] Kawamoto H，Sankai Y. Function analysis method of human's motion control system[C]. IEEE International Conference on Systems，Man and Cybernetics，Nashville，TN，USA，2000:3877-3822.

[40] Nakai T，Lee S，Kawamoto H，et al. Development of power assistive leg for walking aid using EMG and Linux[C]. The 2nd Asian Symposium Industrial Automation and Robotics (ASIAR 2000)，Bankok，Thailand，2000:1295-1310.

[41] Sankai Y. Leading edge of cybernics:robot suit HAL[C]. SICE-ICASE International Joint Conference，Busan，South Korea，2006:1-2.

[42] Kolakowsky-Hayner S A，Grew J，Moran S，et al. Safety and Feasibility of using the EksoTM Bionic Exoskeleton to Aid Ambulation after Spinal Cord Injury[J]. Journal of Spine，2013，S4-003.

[43] Esquenazi A，Talaty M，Packel A，et al. The ReWalk powered exoskeleton to restore ambulatory function to individuals with thoracic-level motor-complete spinal cord injury [J]. Am J Phys Med Rehabil，2012，91(11)：911-921.

[44] Talaty M，Esquenazi A，Brice J E，et al. Differentiating ability in users of the ReWalk powered exoskeleton:An analysis of walking kinematics [C]. IEEE International Conference on Rehabilitation Robotics，Seattle，WA，USA，2013：1-5.

[45] 孙建，余永，葛运建，等. 基于接触力信息的可穿戴型下肢助力机器人传感系统研究 [J]. 中国科学技术大学学报，2008(12):1432-1438.

[46] 孙建，余永，葛运建，等. 可穿戴型下肢助力机器人感知系统研究[J]. 微纳电子技术，2007(Z1):353-357.

[47] 牛彬. 可穿戴式的下肢步行外骨骼控制机理研究与实现[D]. 杭州:浙江大学，2006.

[48] 张佳帆. 基于柔性外骨骼人机智能系统基础理论及应用技术研究[D]. 杭州:浙江大学，2009.3

[49] Yang C J，Chen Y. Adaptive neuro-fuzzy control based development of a wearable exoskeleton leg for human walking power augmentation[C]. IEEE/ASME International Conference on Advanced Intelligent Mechatronics，Monterey，USA，2005：467-472.

[50] Zhang J F，Dong Y M，Yang C J，et al. 5-Link model based gait trajectory adaption control strategies of the gait rehabilitation exoskeleton for post-stroke patients[J]. Mechatronics，2010，20(3)：368-376.

[51] 张佳帆，陈鹰. 柔性外骨骼人机智能系统[M]. 北京:科学出版社，2011.

[52] 杨秀霞，杨晓东，杨智勇. 基于人机系统虚拟样机模型的外骨骼系统控制研究[J]. 机械制造与自动化，2017，46(03):164-167.

[53] 杨秀霞,赵国荣,梁勇,等. 下肢智能携行外骨骼系统控制理论与技术[M]. 北京:国防工业出版社,2017.

[54] 文忠,钱晋武,沈林勇,等. 基于阻抗控制的步行康复训练机器人的轨迹自适应[J]. 机器人,2011,33(2):142-149.

[55] 韩亚丽. 下肢助力外骨骼关键技术研究[D]. 南京:东南大学,2010.

[56] 贾山. 下肢外骨骼的动力学分析与运动规划[D]. 南京:东南大学,2016.

[57] 路新亮. 液压驱动下肢外骨骼控制技术研究[D]. 南京:东南大学,2016.

[58] 伊蕾. 助行康复机器人控制策略研究[D]. 哈尔滨:哈尔滨工程大学,2012.

[59] 张晓超. 下肢康复训练机器人关键技术研究[D]. 哈尔滨:哈尔滨工程大学,2009.

[60] 张志成. 外骨骼下肢助力机器人技术研究[D]. 哈尔滨:哈尔滨工业大学,2011.

[61] Yin Y H, Fan Y J, Xu L D. EMG and EPP-integrated human-machine interface between the paralyzed and rehabilitation exoskeleton[J]. IEEE Transactions on Information Technology in Biomedicine,2012,16(4):542-549.

[62] You Y D, Yin Y H. Kinematics analysis and trajectory control realization of lower extremity exoskeleton robot[J]. Machinery&Electronics,2012,3:016.

[63] Chen X, Yin Y H. A highly efficient semiphenomenological model of a half-sarcomere for real-time prediction of mechanical behavior[J]. Journal of Biomechanical Engineering,2014,136(12):121001.

[64] 李杨. 助力型人体下肢外骨骼理论分析与实验研究[D]. 南京:南京理工大学,2017.

[65] 刘刚,黄新燕,朱丽,等. 人体髋关节助力外骨骼的设计[J]. 机床与液压,2016,44(03):1-4.

[66] 赵彦峻. 人体下肢外骨骼工作机理研究[D]. 南京:南京理工大学,2006.

[67] 韩亚丽,王兴松. 行走助力机器人研究综述. 机床与液压,2008,36(2):165-169.

[68] Han Y L, Wang X S. The biomechanical study of lower limb during human walking[J]. Sci China Tech Sci, 2011, 41(5):592-601.

[69] 韩亚丽,祁兵,于建铭,等. 面向助力膝关节外骨骼的弹性驱动器研制及实验研究[J]. 机器人,2014,36(6):668-675.

[70] Han Y L, Zhu S Q, Zhou Z, et al. Research on a multimodal actuator-oriented power-assisted knee exoskeleton[J]. Robotics, 2016,35(9): 1906-1922.

[71] Han Y L, Song A G, Gao H T, et al. The muscle activation patterns of lower limb during stair climbing at different backpack load[J]. Acta of Bioengineering and Biomechanics, 2015, 17(4):13-20.

[72] Han Y L, Hao D B, Shi Y, et al. The energy amplication characteristic Research of a multimodal actuator[J]. International Journal of Advanced Robotic Systems, 2016, 13:93.

[73] 韩亚丽,郝大彬,于建铭,等. 新型多模式弹性驱动器的弹跳性能研究[J]. 机械工程学报,2016,52(09):96-104.

[74] 韩亚丽,许有熊,高海涛,等. 基于导纳控制的膝关节外骨骼摆动控制研究[J]. 自动化学报,

2016,42(12):1943 - 1950.

[75] 韩亚丽,吴振宇,许有熊,等.基于多模式弹性驱动器的膝关节外骨骼机械腿研究[J].机器人,2017,39(4):498 - 504.

[76] 于建铭.面向下肢外骨骼弹性驱动器的控制系统研究[D].南京:南京工程学院,2015.

[77] 祁兵.面向下肢外骨骼的弹性驱动器的机构设计及仿真[D].南京:南京工程学院,2015.

[78] 郝大彬.助力机器人下肢外骨骼的机构设计与研究[D].南京:南京工程学院,2017.

[79] 时煜.下肢外骨骼机械腿设计与摆动控制研究[D].南京:南京工程学院,2017.

[80] 周洲.基于液压驱动的下肢助力外骨骼研究[D].南京:南京工程学院,2017.

[81] 吴振宇.基于弹性驱动器的踝关节助力外骨骼研究[D].南京:南京工程学院,2019.

[82] 张猛.基于气动肌肉的下肢外骨骼机械腿机构设计及摆动控制研究[D].南京:南京工程学院,2019.

第二章　人体下肢运动生物力学

人体的行走运动是由多块肌肉有节律地收缩以驱动骨骼绕关节协同运动的结果,是控制系统(神经系统)与运动载体(人肢体)衍生出的最为完美、最为复杂的运动。尽管近几十年来生命科学、智能控制取得了很大的进步,但是距离模拟大脑对机械本体控制,并实现与人体相一致的肢体运动还非常远。故研究人体行走运动机理,无论是对机构的仿生学设计还是复杂运动协调控制都将具有重要的借鉴意义。本章节介绍了人体行走运动分析实验平台的搭建、建立人体行走运动模型,通过检测人体宏观运动,进行人体下肢运动生物力学研究。

2.1　人体下肢关节及运动

为了方便描述人体各部位结构的形态、运动、位置及它们的相互关系,解剖学制定了一系列标准,即解剖学姿势和方位术语[1],在解剖学中将人体分为三个相互垂直的平面(水平面、矢状面和冠状面)和与之相对应的与运动相关的三个相互垂直的轴(垂直轴、矢状轴和冠状轴),如图2-1所示。其中水平面又称横切面,位于腰部并和腰部保持垂直关系;冠状面又称额状面,将人体等分为前后两部分;矢状面将人体等分为左右两部分,可理解为在水平面人体进行扭动运动,在矢状面人体进行前进或后退运动,在冠状面人体进行横向运动。

人体下肢骨由盆带骨和游离下肢骨

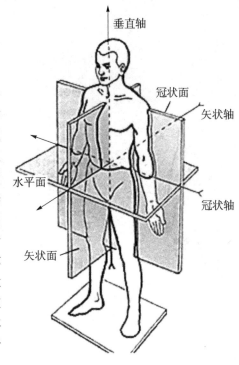

图 2-1　人体解剖方位术语

组成,以髋、膝和踝三个关节连接。下肢的各种运动均是骨盆、大腿、小腿和足四个部分相对运动合成的结果。

2.1.1　髋关节

髋关节由凹状的髋臼与凸状的股骨头构成(图2-2),属于球窝结构,具有内在稳定性。通过髋关节头、臼软骨面相互接触传导重力,支撑人体上半身的重量及提供下肢的活动度。在众多的可动关节中,髋关节是最稳定的,其结构能够完成日常生活中所需的大范围动作,如行走、坐和蹲等。

2.1.2　膝关节

膝关节由股骨远端、胫骨近端和髌骨共同组成,如图2-3所示,其中髌骨与股骨滑车组成髌骨关节,股骨内、外髁与胫骨内、外髁分别组成内、外侧胫股关节。在关节分类上,膝关节是滑膜关节。膝关节的运动模式并非一个简单的屈伸运动,而是一个兼有屈伸、滚动、滑动、侧移和轴位旋转的复杂的、多自由度的运动模式。

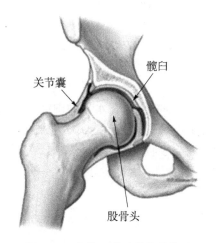

图2-2　人体下肢髋关节结构图

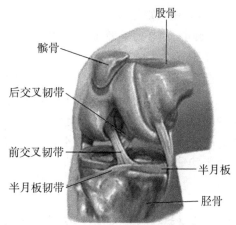

图2-3　人体下肢膝关节结构

2.1.3　踝关节

踝关节由胫、腓骨下端的关节面与距骨滑车构成,故又名距骨小腿关节(图2-4)。胫骨的下关节面及内、外踝关节面共同构成的"几"形的关节窝,容纳距骨滑车(关节头),由于滑车关节面前宽后窄,当足背屈时,较宽的前部进入窝内,关节稳定。踝关节属滑车关节,可沿通过横贯距骨体的冠状轴做背屈及跖屈运动。

人体下肢各关节的解剖学结构特征决定了关节在运动中所能达到的自由度。

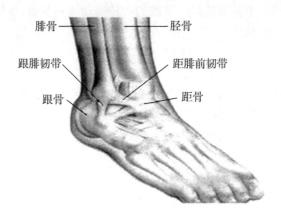

图 2-4 人体下肢踝关节结构图

在解剖学中定义下肢各关节的主要的运动形式,有以下几种:

(1)屈和伸:关节围绕冠状轴做的运动,在步态周期内当骨骼间角度减小时为屈;相反则为伸。

(2)内收和外展:关节围绕矢状轴做的运动,在步态周期内两骨骼向矢状面靠近时为内收;相反则为外展。

(3)旋内和旋外:关节围绕垂直轴做的运动,当肢体向内旋时成为旋内,相反则为旋外。

步态周期内髋关节功能主要有三个自由度,分别是:在矢状面围绕冠状轴做的前屈和后伸运动;在冠状面围绕矢状轴做的外展和内收运动;在水平面围绕垂直轴做旋内和旋外运动。膝关节功能主要有一个自由度,即围绕冠状轴做前屈和后伸运动。踝关节有三个自由度,分别是:在矢状面围绕冠状轴的背屈与跖屈,在冠状面围绕矢状轴做的内翻与外翻,在水平面围绕垂直轴做的内旋与外旋。

2.2 人体运动图像采集与分析

光学运动捕捉由于数据获取方便、采样精度高、频率高、使用范围广等优点成为目前应用相对广泛的一种人体运动捕捉系统。该系统一般基于计算机视觉原理,对运动物体上特定标志或发光点进行监视和跟踪并进行数据处理,处理后的数据一般是以点位置为基础的数据流。人体光学运动捕捉系统包含图像采集系统、标定系统、图像处理三部分。图像采集设备包括高速摄像机、视频采集卡、图形工作站和布置在测试者身体关键部位的标记点。标定系统为多个摄像机进行标定,为图像处理打下基础。图像处理则包括:原始数据获取,对采集的原始数据进行预处理;对采集的运动数据进行三维空间数据重构等。

2.2.1　图像采集系统介绍

人体运动位移轨迹的检测在 20 世纪 80 年代一般采用高速电影摄影机进行实地拍摄,然后对影片进行数字化处理后,进一步做出分析。由于这是一种非接触式的测试,不妨碍人体的正常行走,因此,其测试结果能够比较真实地反映出运动的情况。这种方法的缺点是,从现场拍摄到最后获得分析结果需要较长的时间,由于高速摄影要使用大量胶片,器材消耗也较大。使用录像解析的方法进行运动分析,则是采用高速摄影和摄像,对人体不施加任何约束,然后对接拍到的一帧帧的画面,要用肉眼来确定每幅画面上的关节位置,由于人体在运动时关节点发生位移,对同一个关节点,每幅画面的位置不同,但又要求每幅画面重复点定到同一关节点上,这样必然会产生较大的人为误差。近年来人们将光电技术用于运动检测中,即采用发光二极管或发光球作为标志物固接在关节关键部位,再对人体行走进行图像采集,提取标记点的位移变化信息。

搭建了人体运动采集系统,采用加拿大灰点研究公司(Point Grey Research Inc.)生产的 Grasshopper 系列高分辨率多功能高速摄像机进行图像的采集,该摄像机自带图像采集卡,对其进行二次开发,用于满足多机同步拍摄的需求。另外自制了由电池、发光二极管、电阻、开关按钮形成的标记点,用于粘贴在身体关节关键部位,便于图像的采集。搭建的图像采集系统示意图如图 2-5 所示。整个拍摄

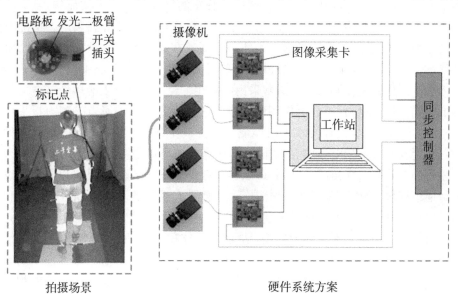

拍摄场景　　　　　　　　　　　硬件系统方案

图 2-5　图像采集系统示意图

操作过程如下:静止的四台高速摄像机分别布置在拍摄行走轨道的四周,从不同的角度拍摄图像并用 PC 机存储摄像机拍摄的图像序列。相机的一些主要参数如表 2-1 所示。

表 2-1　摄像机参数

图像传感器类型	KAI-0340D 1/3″
最大帧速及最大帧速下的分辨率	200 FPS 640×480
像素尺寸	7.4 μm×7.4 μm
数据接口	1394b
镜头接口	C-接口
工作电压	8～30 V
工作温度	0℃～40℃
外形尺寸	57.5 mm×44 mm×29 mm

人体运动图像采集系统中,还需要脚底测力系统,用来检测运动过程中的脚底力变化信息。足底压力的测量技术是通过压力测量仪器对机器人或人在静止及动态过程中足底压力的力学、位置分布进行检测,并对足底压力信息进行分析研究,揭示机器人和人在不同状态下的足底压力分布的特征。对于人体而言,足力测量有助于了解足的结构和力学功能,通过足底力分析可以获取静态和动态情况下人体的相关力学、生理和机能参数。人体足力测量在运动生物力学、体育训练、康复医疗、工业设计、机器人等多个领域均有广泛的应用。测力系统主要分为测力台、测力板及测力鞋垫。测力平台通常采用的是在平台四脚分别安装四个三维力传感器的方式,可以测量到平台上作用的六维力信息以及压力中心点。测力板采用的是电—力转换技术,这种技术不仅能测三维方向上的受力,而且可以测量多种参数,但是受测试地点和运动范围的限制。测力鞋垫是将传感器布置在鞋内垫上,主要采用的方式是柔性传感器阵列,可以实时对数据进行传输,而且可以与多种设备进行通信连接,可以用于观察步态周期,对机器人或人的步态周期进行分析和判断。上述三种足力测量系统各有优缺点,测力板和测力台使用了大量的电子元器件,功耗较大,而且相对于测力鞋垫,结构复杂、体积大,测量区域受到限制,灵活性比较差,不能应用在运动范围相对较大的动态场合研究。目前压力鞋垫系统基本上都采用 FSR 传感器来采集信号,但薄膜材料的输出信号比较微弱,误差相对于测力板和测力鞋垫较大,并且存在信号滞后性,容易发生信号失真。测力鞋垫系统采用的传感器能布置在脚掌,数量相对测力板和测力台较少,并且采集的数据过于

单一,只能测试足底的压力。

　　进行了测力系统的研制[2],所研制的测力板主要由顶板、布置在测力板四个顶角处的解耦六维力传感器、滤波电路板、USB7360BF 数据采集模块及供电电源等构成,如图 2-6 所示。顶板采用铝板制成,尺寸为 600 mm(长)×400 mm(宽),顶板尺寸是依据通过对人体正常行走、跑步等进行实验测量而获得的步长和步宽参数而确定,以确保实验者以各种步速行走时人体的两脚都可以分别落在测力板上。解耦六维力传感器安装在顶板的四角,用于测量作用在顶板上的六维力。滤波电路板对解耦六维力传感器输出的信号进行低通滤波处理。实验行走轨道由 3 块木板组成,如图 2-7 所示,其中辅助木板 1、3 用于行走起步或收步,测力板内嵌在辅助木板 2 上,用于检测行走稳定阶段的足底力及力矩。

图 2-6　测力板实物图

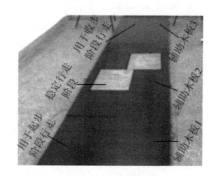
图 2-7　行走轨道

　　在硬件上若要保证多台摄影机的拍摄速度一致,可采用同步器实现。同步器使其通过电脉冲信号触发摄像机同时开始进行采集。要实现摄像机的图像采集系统与脚底测力系统达到同步的效果,也需进行同步采集,故同步器需实现的功能是保证四路摄像机与脚底测力系统同步采集。

2.2.2　人体行走运动学研究

　　经大量的尸体解剖和活体测量发现,尽管人类个体之间存在差异,但就整体而言人身体的各个部分之间的质量、质心位置、肢体长度、转动惯量等方面存在着一定的比例关系。这种比例关系反映了人体整体和个体的共性,精确研究这种关系的学科即为人体测量学。人体行走运动分析研究则是通过追踪表面的标记点(Marker Point)获得人体运动数据,即必须采用一套相应的表面标记点布置方案和算法将人体表面运动数据反算到人体下肢的各个骨骼质心和关节上,进而求出人体下肢各个骨骼的质心在步态下的位移、各个刚体之间的相对旋转角度及各个关节力。

　　基于搭建的人体运动分析实验平台进行运动行走实验,同时结合文献[3],采用

20 个人体测量学数据，22 个标记点（用于下肢分析的是 15 个标记点）反算人体骨骼质心和关节中心的运动数据的算法，进而求解人体下肢在行走运动过程中的运动学数据。人体测量学数据的有关注释如表 2-2 所示。

使用表 2-2 中的这些测量学数据，可以获得用于人体运动分析计算的人体下肢各部，如大腿、小腿、足部的质量，转动惯量等参数。人体测量学参数与人体大腿、小腿、足部质量（包括骨骼和肌肉）之间的关系、下肢各部分质心位置与人体测量学参数关系、人体测量学参数与各个部位三个转动惯量之间的关系详见附录 A。

表 2-2 人体测量学注释

序号	参数	名称	注释
1	A_1	体重	人体体重/kg
2	A_2	双侧髂前上棘宽度	双侧骨盆髂前上棘的水平宽度/mm
3	A_3	右侧大腿长度	右侧股骨大转子至胫骨外上髁的垂直距离/mm
4	A_4	左侧大腿长度	左侧股骨大转子至胫骨外上髁的垂直距离/mm
5	A_5	右大腿中部周长	垂直于股骨长轴，右大腿中部最大周长/mm
6	A_6	左大腿中部周长	垂直于股骨长轴，左大腿中部最大周长/mm
7	A_7	右小腿长度	右侧胫骨外上髁至外侧踝的垂直距离/mm
8	A_8	左小腿长度	左侧胫骨外上髁至外侧踝的垂直距离/mm
9	A_9	右小腿周长	垂直于胫骨长轴，右小腿的最大周长/mm
10	A_{10}	左小腿周长	垂直于胫骨长轴，左小腿的最大周长/mm
11	A_{11}	右膝直径	右股骨内、外髁的最大宽度/mm
12	A_{12}	左膝直径	左股骨内、外髁的最大宽度/mm
13	A_{13}	右足长度	整个右足部长度/mm
14	A_{14}	左足长度	整个左足部长度/mm
15	A_{15}	右踝高度	地面至右侧腓骨外髁的垂直距离/mm
16	A_{16}	左踝高度	地面至左侧腓骨外髁的垂直距离/mm
17	A_{17}	右踝宽度	右侧胫骨内髁至腓骨外髁的最大距离/mm
18	A_{18}	左踝宽度	左侧胫骨内髁至腓骨外髁的最大距离/mm
19	A_{19}	右足宽度	右侧庶骨 I 和 V 远端的宽度/mm
20	A_{20}	左足宽度	左侧庶骨 I 和 V 远端的宽度/mm

步态实验中所用的标记点(Marker Point)位置如图 2 - 8 所示,共 22 个标记点,且标记点注释如表 2 - 3 所示。由于本实验系统主要是用于分析人体行走步态,故常用的标记点为 $p_1 \sim p_5$ 的标记点,由这 15 个运动学参数结合人体测量学参数可以推算出人体下肢各个骨骼关节的运动学和动力学数值。

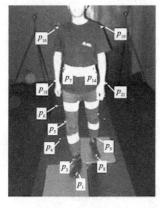 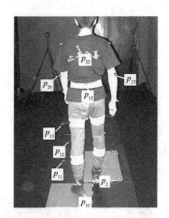

(a) 正面　　　　　　　　　　　(b) 背面

图 2 - 8　人体标记点布局图

表 2 - 3　标记点注释

序号	参数	标记点位置	序号	参数	标记点位置
1	p_1	右趾骨头 II	12	p_{12}	左胫骨上髁
2	p_2	右脚后跟	13	p_{13}	左大腿外侧面
3	p_3	右外侧踝	14	p_{14}	左侧髂前上棘
4	p_4	右胫骨结点	15	p_{15}	骶骨
5	p_5	右胫骨上髁	16	p_{16}	右肩
6	p_6	右大腿外侧面	17	p_{17}	右肘
7	p_7	右侧髂前上棘	18	p_{18}	右腕
8	p_8	左趾骨头 II	19	p_{19}	左肩
9	p_9	左脚后跟	20	p_{20}	左肘
10	p_{10}	左外侧踝	21	p_{21}	左腕
11	p_{11}	左胫骨结点	22	p_{22}	背上部

1. 由关节处体表的标记点求解关节骨骼的中心

由关节处体表的标记点坐标值求解关节骨骼中心的坐标值主要分三个步骤:

首先选择与要求解部分相关的三个标记点；其后，建立基于此三个标记点的正交参考坐标系；最后，利用人体测量学的计算公式及 uvw 参考坐标系计算关节骨骼中心的位置。

（1）脚部

以右脚为例，右脚及标记点实物图到骨骼示意图上的映射如图 2-9 所示。足部参考坐标系 $u_{Rf}v_{Rf}w_{Rf}$ 的建立过程为：首先以标记点 3 为原点，此点与标记点 1、2 形成一个平面，w_{Rf} 轴线垂直于此平面，u_{Rf} 轴线为平行于标记点 2 和 1 的连线且通过原点（即标记点 3）的线，v_{Rf} 轴线可通过右手坐标系确定。$u_{Rf}v_{Rf}w_{Rf}$ 参考系的计算为：

$$u_{Rf} = \frac{p_1 - p_2}{\mid p_1 - p_2 \mid}, w_{Rf} = \frac{(p_1 - p_3) \times (p_2 - p_3)}{\mid (p_1 - p_3) \times (p_2 - p_3) \mid}, v_{Rf} = w_{Rf} \times u_{Rf}$$

基于人体测量学经验公式，可得右踝关节与右脚趾头骨的坐标表达式，如式（2-1）、式（2-2）所示。

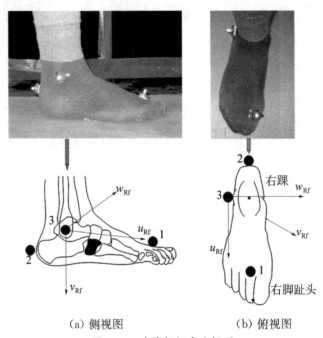

（a）侧视图　　　　　　　（b）俯视图

图 2-9　右脚标记点坐标系

$$p_{Rankle} = p_3 + 0.016 \cdot A_{13} \cdot u_{Rf} + 0.392 \cdot A_{15} \cdot v_{Rf} + 0.478 \cdot A_{17} \cdot w_{Rf}$$

$$(2-1)$$

$$p_{Rtoe} = p_3 + 0.742 \cdot A_{13} \cdot u_{Rf} + 1.074 \cdot A_{15} \cdot v_{Rf} - 0.187 \cdot A_{19} \cdot w_{Rf}$$

$$(2-2)$$

同理可计算左脚参考系 $u_{Lf}v_{Lf}w_{Lf}$ 为：$w_{Lf} = \dfrac{(p_8 - p_{10}) \times (p_9 - p_{10})}{|(p_8 - p_{10}) \times (p_9 - p_{10})|}$，$u_{Lf} = $ $\dfrac{p_8 - p_9}{p_8 - p_9}$，$v_{Lf} = w_{Lf} \times u_{Lf}$，则左踝关节及脚趾骨的坐标计算公式如式（2-3）、式（2-4）所示。

$$p_{\text{Lankle}} = p_{10} + 0.016 \cdot A_{14} \cdot u_{Lf} + 0.392 \cdot A_{16} \cdot v_{Lf} - 0.478 \cdot A_{18} \cdot w_{Lf}$$
$$(2-3)$$

$$p_{\text{Ltoe}} = p_{10} + 0.742 \cdot A_{14} \cdot u_{Lf} + 1.074 \cdot A_{16} \cdot v_{Lf} + 0.187 \cdot A_{20} \cdot w_{Lf}$$
$$(2-4)$$

（2）膝关节

以右小腿为例，右小腿及标记点实物图到骨骼示意图上的映射如图2-11所示。膝关节参考坐标系 $u_{Rc}v_{Rc}w_{Rc}$ 的建立过程为：以标记点5为原点（膝关节处的外侧），此点与标记点4、3形成一个平面，u_{Rc} 轴垂直于这三点确定的平面，v_{Rc} 轴平行于标记点5与3的连线，w_{Rc} 轴可通过右手坐标系确定。$u_{Rc}v_{Rc}w_{Rc}$ 参考系的计算为：$v_{Rc} = \dfrac{p_3 - p_5}{|p_3 - p_5|}$，$u_{Rc} = \dfrac{(p_4 - p_5) \times (p_3 - p_5)}{|(p_4 - p_5) \times (p_3 - p_5)|}$，$w_{Rc} = u_{Rc} \times v_{Rc}$，则膝关节的坐标计算如式（2-5）、式（2-6）所示。

$$p_{\text{Rknee}} = p_5 + 0.5 \cdot A_{11} \cdot w_{Rc} \qquad (2-5)$$

同理，右膝关节计算为：

$$v_{Lc} = \dfrac{p_{10} - p_{12}}{|p_{10} - p_{12}|}，u_{Lc} = \dfrac{(p_{11} - p_{12}) \times (p_{10} - p_{12})}{|(p_{11} - p_{12}) \times (p_{10} - p_{12})|}，w_{Lc} = u_{Lc} \times v_{Lc}$$

$$p_{\text{Lknee}} = p_{12} - 0.5 \cdot A_{12} \cdot w_{Rc} \qquad (2-6)$$

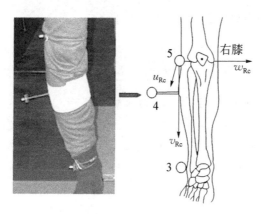

图2-10 右膝标记点坐标系

（3）髋关节

髋部大腿及标记点实物图到骨骼示意图上的映射如图 2-11 所示。

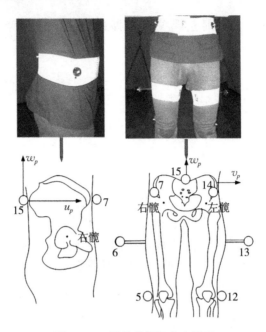

图 2-11　髋关节标记点坐标系

髋关节参考坐标系 $u_p v_p w_p$ 的建立过程为：以标记点 15 为原点（骶骨），此点与标记点 7、14 形成一个平面，w_p 轴垂直于这三点确定的平面，v_p 轴平行于标记点 7 与 14 的连线，u_p 轴可通过右手坐标系确定。$u_p v_p w_p$ 参考系的计算为：

$$v_p = \frac{p_{14} - p_7}{\mid p_{14} - p_7 \mid}, w_p = \frac{(p_7 - p_{15}) \times (p_{14} - p_{15})}{\mid (p_7 - p_{15}) \times (p_{14} - p_{15}) \mid}, u_p = v_p \times w_p,$$

则髋关节的坐标计算如式（2-7）、式（2-8）所示。

$$p_{\text{Rhip}} = p_{15} + 0.598 \cdot A_2 \cdot u_p - 0.344 \cdot A_2 \cdot v_p - 0.290 \cdot A_2 \cdot w_p \quad (2-7)$$

$$p_{\text{Lhip}} = p_{15} + 0.598 \cdot A_2 \cdot u_p + 0.344 \cdot A_2 \cdot v_p - 0.290 \cdot A_2 \cdot w_p \quad (2-8)$$

2. 下肢各部分重心坐标系 xyz 的求解

把下肢分为右大腿（1）、左大腿（2）、右小腿（3）、左小腿（4）、右脚（5）、左脚（6）共 6 部分，则其各部分质心坐标系可通过前文求出的关节骨骼中心坐标值及下肢体表标记点坐标值进行求解。质心坐标系如图 2-12 所示，其中人体右股骨质心坐标系为 (x_1, y_1, z_1)，左股骨质心坐标系为 (x_2, y_2, z_2)，右胫骨质心坐标系为 (x_3, y_3, z_3)，左胫骨质心坐标系为 (x_4, y_4, z_4)，右足部质心坐标系为 (x_5, y_5, z_5)，左足部质心坐标系为 (x_6, y_6, z_6)，骨盆质心坐标系为 $(x_{\text{pelvis}}, y_{\text{pelvis}}, z_{\text{pelvis}})$。坐标系建立依据见表 2-4。

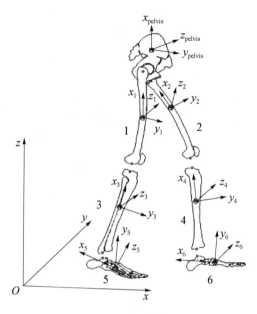

图 2-12　质心坐标系

表 2-4　坐标系建立原则注释

部位	坐标系建立原则
骨盆	x_{pelvis} 与 w_p 方向一致；y_{pelvis} 与 u_p 方向一致；z_{pelvis} 与 v_p 方向一致
大腿	x 轴方向由膝关节指向髋关节；xz 平面由髋关节、大腿外侧标记点、膝关节确定，y 轴垂直于 xz 平面，指向行走前向方向；z 轴垂直于 x 轴、y 轴，指向人体左方
小腿	x 轴方向由踝关节指向膝关节；xz 平面由踝关节、小腿外侧标记点、膝关节确定，y 轴垂直于 xz 平面，指向行走前向方向；z 轴垂直于 x 轴、y 轴，指向人体左方
足部	x 轴方向由最长脚趾指向脚后跟；xy 平面由踝关节、脚后跟标记点、脚趾位置确定，z 轴垂直于 xy 平面，指向身体左方；y 轴由右手螺旋确定，由脚背指向上

设 i,j,k 分别为上述坐标系的单位矢量，则下肢各部分单位矢量的求解过程如下：

（1）骨盆

$$\boldsymbol{i}_{\text{pelvis}} = w_p, \boldsymbol{j}_{\text{pelvis}} = u_p, \boldsymbol{k}_{\text{pelvis}} = v_p$$

（2）右大腿

$$\boldsymbol{i}_1 = \frac{(p_{\text{Rhip}} - p_{\text{Rknee}})}{\mid p_{\text{Rhip}} - p_{\text{Rknee}} \mid} \qquad (2-9)$$

$$j_1 = \frac{(p_6 - p_{\text{Rhip}}) \times (p_{\text{Rknee}} - p_{\text{Rhip}})}{|(p_6 - p_{\text{Rhip}}) \times (p_{\text{Rknee}} - p_{\text{Rhip}})|} \tag{2-10}$$

$$k_1 = i_1 \times j_1 \tag{2-11}$$

(3) 左大腿

$$i_2 = \frac{(p_{\text{Lhip}} - p_{\text{Lknee}})}{|p_{\text{Lhip}} - p_{\text{Lknee}}|} \tag{2-12}$$

$$j_2 = \frac{(p_{\text{Lknee}} - p_{\text{Lhip}}) \times (p_{13} - p_{\text{Lhip}})}{|(p_{\text{Lknee}} - p_{\text{Lhip}}) \times (p_{13} - p_{\text{Lhip}})|} \tag{2-13}$$

$$k_2 = i_2 \times j_2 \tag{2-14}$$

(4) 右小腿

$$i_3 = \frac{(p_{\text{Rknee}} - p_{\text{Rankle}})}{|p_{\text{Rknee}} - p_{\text{Rankle}}|} \tag{2-15}$$

$$j_3 = \frac{(p_5 - p_{\text{Rknee}}) \times (p_{\text{Rankle}} - p_{\text{Rknee}})}{|(p_5 - p_{\text{Rknee}}) \times (p_{\text{Rankle}} - p_{\text{Rknee}})|} \tag{2-16}$$

$$k_3 = i_3 \times j_3 \tag{2-17}$$

(5) 左小腿

$$i_4 = \frac{(p_{\text{Lknee}} - p_{\text{Lankle}})}{|p_{\text{Lknee}} - p_{\text{Lankle}}|} \tag{2-18}$$

$$j_4 = \frac{(p_{\text{Lankle}} - p_{\text{Lknee}}) \times (p_{12} - p_{\text{Lknee}})}{|(p_{\text{Lankle}} - p_{\text{Lknee}}) \times (p_{12} - p_{\text{Lknee}})|} \tag{2-19}$$

$$k_4 = i_4 \times j_4 \tag{2-20}$$

(6) 右足

$$i_5 = \frac{(p_2 - p_{\text{Rtoe}})}{|p_2 - p_{\text{Rtoe}}|} \tag{2-21}$$

$$k_5 = \frac{(p_{\text{Rankle}} - p_2) \times (p_{\text{Rtoe}} - p_2)}{|(p_{\text{Rankle}} - p_2) \times (p_{\text{Rtoe}} - p_2)|} \tag{2-22}$$

$$j_5 = k_5 \times i_5 \tag{2-23}$$

(7) 左足

$$i_6 = \frac{(p_9 - p_{\text{Ltoe}})}{|p_9 - p_{\text{Ltoe}}|} \tag{2-24}$$

$$\boldsymbol{k}_6 = \frac{(p_{\text{Lankle}} - p_9) \times (p_{\text{Ltoe}} - p_9)}{|(p_{\text{Lankle}} - p_9) \times (p_{\text{Ltoe}} - p_9)|} \tag{2-25}$$

$$\boldsymbol{j}_6 = \boldsymbol{k}_6 \times \boldsymbol{i}_6 \tag{2-26}$$

结合人体测量学参数,进而可求出下肢各骨骼质心的位移可表示为:

$$p_{\text{Rthigh. CG}} = p_{\text{Rhip}} + 0.39(p_{\text{Rknee}} - p_{\text{Rhip}}) \tag{2-27}$$

$$p_{\text{Lthigh. CG}} = p_{\text{Lhip}} + 0.39(p_{\text{Lknee}} - p_{\text{Lhip}}) \tag{2-28}$$

$$p_{\text{Rcalf. CG}} = p_{\text{Rknee}} + 0.42(p_{\text{Rankle}} - p_{\text{Rknee}}) \tag{2-29}$$

$$p_{\text{Lcalf. CG}} = p_{\text{Lknee}} + 0.42(p_{\text{Lankle}} - p_{\text{Lknee}}) \tag{2-30}$$

$$p_{\text{Rfoot. CG}} = p_{\text{Rheel}} + 0.44(p_{\text{Rtoe}} - p_{\text{Rheel}}) \tag{2-31}$$

$$p_{\text{Lfoot. CG}} = p_{\text{Lheel}} + 0.44(p_{\text{Ltoe}} - p_{\text{Lheel}}) \tag{2-32}$$

各个关节中心以及骨骼质心的速度、加速度公式如下:

$$v = \frac{\mathrm{d}x_n}{\mathrm{d}t} = \dot{x}_n = \frac{x_{n+1} - x_{n-1}}{2\Delta t} \tag{2-33}$$

$$a = \frac{\mathrm{d}^2 x_n}{\mathrm{d}t^2} = \ddot{x}_n = \frac{x_{n+1} - 2x_n + x_{n-1}}{(\Delta t)^2} \tag{2-34}$$

3. 关节角度求解

定义关节角度为:α 为关节屈、伸角度,β 为内收、外展角度,γ 为内旋、外旋角度。相应的旋转运动参考坐标轴标记为 $\boldsymbol{k}_{\text{proximal}}$、$\boldsymbol{i}_{\text{distal}}$、$\boldsymbol{l}_{\text{joint}}$,其中 $\boldsymbol{k}_{\text{proximal}}$ 为屈、伸轴线,$\boldsymbol{i}_{\text{distal}}$ 为内收、外展轴线,$\boldsymbol{l}_{\text{joint}} = \frac{\boldsymbol{k}_{\text{proximal}} \times \boldsymbol{i}_{\text{distal}}}{|\boldsymbol{k}_{\text{proximal}} \times \boldsymbol{i}_{\text{distal}}|}$。值得一提的是,在解剖学上踝关节角的定义和髋关节、膝关节有所不同,对于踝关节 α,β,γ 分别为:α 为跖屈(正)/ 背屈(负),β 为内收(正)/ 外展(负),γ 为内旋(正)/ 外旋(负)。

下肢各关节角度为:

$$\alpha_{\text{Rhip}} = \arcsin[\boldsymbol{l}_{\text{Rhip}} \cdot \boldsymbol{i}_{\text{pelvis}}] \tag{2-35}$$

$$\beta_{\text{Rhip}} = \arcsin[\boldsymbol{k}_{\text{pelvis}} \cdot \boldsymbol{i}_1] \tag{2-36}$$

$$\gamma_{\text{Rhip}} = -\arcsin[\boldsymbol{l}_{\text{Rhip}} \cdot \boldsymbol{k}_1] \tag{2-37}$$

$$\alpha_{\text{Lhip}} = \arcsin[\boldsymbol{l}_{\text{Lhip}} \cdot \boldsymbol{i}_{\text{pelvis}}] \tag{2-38}$$

$$\beta_{\text{Lhip}} = -\arcsin[\boldsymbol{k}_{\text{pelvis}} \cdot \boldsymbol{i}_2] \tag{2-39}$$

$$\gamma_{\text{Lhip}} = \arcsin[\boldsymbol{l}_{\text{Lhip}} \cdot \boldsymbol{k}_2] \tag{2-40}$$

$$\alpha_{\text{Rknee}} = -\arcsin[\boldsymbol{l}_{\text{Rknee}} \cdot \boldsymbol{i}_1] \tag{2-41}$$

$$\beta_{\mathrm{Rknee}} = \arcsin[\boldsymbol{k}_1 \cdot \boldsymbol{i}_3] \tag{2-42}$$

$$\gamma_{\mathrm{Rknee}} = -\arcsin[\boldsymbol{l}_{\mathrm{Rknee}} \cdot \boldsymbol{k}_3] \tag{2-43}$$

$$\alpha_{\mathrm{Lknee}} = -\arcsin[\boldsymbol{l}_{\mathrm{Lknee}} \cdot \boldsymbol{i}_2] \tag{2-44}$$

$$\beta_{\mathrm{Lknee}} = -\arcsin[\boldsymbol{k}_2 \cdot \boldsymbol{i}_4] \tag{2-45}$$

$$\gamma_{\mathrm{Lknee}} = \arcsin[\boldsymbol{l}_{\mathrm{Lknee}} \cdot \boldsymbol{k}_4] \tag{2-46}$$

$$\alpha_{\mathrm{Rankle}} = \arcsin[\boldsymbol{l}_{\mathrm{Rankle}} \cdot \boldsymbol{j}_3] \tag{2-47}$$

$$\beta_{\mathrm{Rankle}} = \arcsin[\boldsymbol{k}_3 \cdot \boldsymbol{i}_5] \tag{2-48}$$

$$\gamma_{\mathrm{Rankle}} = -\arcsin[\boldsymbol{l}_{\mathrm{Rankle}} \cdot \boldsymbol{k}_5] \tag{2-49}$$

$$\alpha_{\mathrm{Lankle}} = \arcsin[\boldsymbol{l}_{\mathrm{Lankle}} \cdot \boldsymbol{j}_4] \tag{2-50}$$

$$\beta_{\mathrm{Lankle}} = -\arcsin[\boldsymbol{k}_4 \cdot \boldsymbol{i}_6] \tag{2-51}$$

$$\gamma_{\mathrm{Lankle}} = \arcsin[\boldsymbol{l}_{\mathrm{Lankle}} \cdot \boldsymbol{k}_6] \tag{2-52}$$

求出人体在行走过程中的关节角度变化后,对其进行一阶求导及二阶求导,则可获得下肢各关节在行走过程中的关节角速度及关节角加速度信息。

2.2.3　人体行走动力学研究

基于前文的人体行走运动学研究结果,结合脚底测力系统检测出的行走过程中的脚底力、力矩变化信息,建立人体下肢动力学模型,求解出行走过程中下肢各关节力矩、功率。进行不同行走条件下的人体行走实验,并对实验结果分析。对人体行走运动机理的研究与分析,为后文的下肢助力外骨骼设计提供理论依据。

建立人体下肢动力学模型,采用牛顿欧拉法进行人体行走动力学研究。把人体下肢简化成脚、小腿、大腿组成部分。首先根据人体行走运动学研究结果,获得行走过程中下肢各关节角度、角速度、角加速度变化结果,同时可获得下肢各部分质心轨迹、速度及加速度信息。再结合行走过程中的脚底力及力矩信息,代入动力学公式,可求出下肢行走过程中的下肢关节力、力矩、功率。整个人体行走运动研究流程图如图2-13所示。

在人体步态中,地面反力的作用十分重要,地面反力提供了人体站立的支撑力,同时对于髋、膝、踝关节力和肌肉力的分配具有重要的影响。在行走过程中,人体足部与地面间的支反力及支反力矩是动力学求解中必不可少的因素,为此搭建了足底力测量系统。下文将对其进行详述。

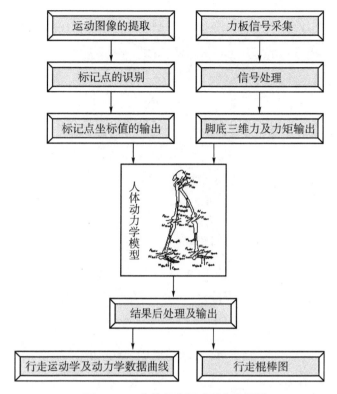

图 2-13 人体行走运动研究流程图

求出行走过程中下肢各部分质心坐标及加速度变化后,结合步态实验时测力板输出的力、力矩变化信息,运用牛顿第二定律,可计算出各个时刻下肢各关节的关节力、力矩。图 2-15 为下肢各部分受力分析图。把下肢看作由足部、小腿、大腿组合而成。

以右足为例介绍下肢各关节力、力矩及功率的求解过程。

1. 右踝关节力

对于右足,其受力为足部重力 m_{Rfoot}(集中于足部质心)、踝关节力 F_{Rankle},地面反力 F_{plate1},由牛顿第二定律可得:

$$F_{RankleX} = m_{Rfoot}\ddot{X}_{RfootCG} - F_{plate1X} \qquad (2-53)$$

$$F_{RankleY} = m_{Rfoot}\ddot{Y}_{RfootCG} - F_{plate1Y} \qquad (2-54)$$

$$F_{RankleZ} = m_{Rfoot}\ddot{Z}_{RfootCG} - F_{plate1Z} \qquad (2-55)$$

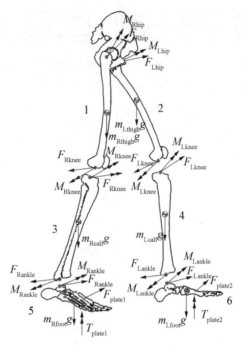

图 2-14 人体下肢动力学模型图

右踝关节合力为：

$$\boldsymbol{F}_{\mathrm{Rankle}} = F_{\mathrm{RankleX}}\boldsymbol{i}_5 + F_{\mathrm{RankleY}}\boldsymbol{j}_5 + F_{\mathrm{RankleZ}}\boldsymbol{k}_5 \qquad (2-56)$$

2. 右踝关节力矩

对于右踝,由角动量定理可知,角动量对时间的导数等于外力系对质心的主矩,即：

$$\dot{H}_{\mathrm{Rankle}} = M_{\mathrm{Rankle}} + T_{\mathrm{Zplate1}} + M_{\mathrm{FRankle}} + M_{\mathrm{Fplate1}} \qquad (2-57)$$

其中, $\dot{H}_{\mathrm{Rankle}}$ 为踝关节角动量对时间的导数。足部的力矩包括：地面反力矩 T_{Zplate1}、踝关节力矩 M_{Rankle}、由踝关节力 F_{Rankle} 及地面反力 F_{plate1} 产生的力矩 M_{FRankle}、M_{Fplate1}。关于关节力矩详细的求解过程如下(以右足为例)。右足上的三个欧拉角如图 2-15 所示,先将世界坐标系(绝对坐标系)XYZ 平移至右足质心处,即 $X'Y'Z'$,其中交线 (line of nodes)H 为 z_5 和 Z' 的公垂线,φ 是绕 Z' 轴的旋转角度,θ 是绕交线 H 的旋转角度,ψ 是绕 z_5 的旋转角度,并设 $\boldsymbol{I},\boldsymbol{J},\boldsymbol{K}$ 分别为世界坐标系 XYZ 的单位矢量,则交线 H 的单位矢量为：$\boldsymbol{L} = \dfrac{\boldsymbol{K} \times \boldsymbol{k}_5}{|\boldsymbol{K} \times \boldsymbol{k}_5|}$,欧拉角的计算公式为：

$$\varphi = \arcsin\left[(I \times L) \cdot K\right] \tag{2-58}$$

$$\theta = \arcsin\left[(K \times K_5) \cdot L\right] \tag{2-59}$$

$$\psi = \arcsin\left[(L \times i_5) \cdot k_5\right] \tag{2-60}$$

则脚部的角速度可通过欧拉角求解为：

$$\omega_{5X} = \dot{\varphi}\sin\theta\sin\psi + \dot{\theta}\cos\psi \tag{2-61}$$

$$\omega_{5Y} = \dot{\varphi}\sin\theta\cos\psi - \dot{\theta}\sin\psi \tag{2-62}$$

$$\omega_{5Z} = \dot{\varphi}\cos\theta + \dot{\psi} \tag{2-63}$$

脚部的角加速度为：

$$\dot{\omega}_{5X} = \ddot{\varphi}\sin\theta\sin\psi + \dot{\varphi}\dot{\theta}\cos\theta\sin\psi + \dot{\varphi}\dot{\psi}\sin\theta\cos\psi + \ddot{\theta}\cos\psi - \dot{\theta}\dot{\psi}\sin\psi \tag{2-64}$$

$$\dot{\omega}_{5Y} = \ddot{\varphi}\sin\theta\cos\psi + \dot{\varphi}\dot{\theta}\cos\theta\cos\psi - \dot{\varphi}\dot{\psi}\sin\theta\sin\psi - \ddot{\theta}\sin\psi - \dot{\theta}\dot{\psi}\cos\psi \tag{2-65}$$

$$\dot{\omega}_{5Z} = \ddot{\varphi}\cos\theta - \dot{\varphi}\dot{\theta}\sin\theta + \ddot{\psi} \tag{2-66}$$

脚部的角动量一阶求导在 X、Y、Z 的分量为：

$$\dot{H}_{5X} = I_{\text{Rfoot(Int/Ext)}}\dot{\omega}_{5X} + (I_{\text{Rfoot(Flx/Ext)}} - I_{\text{Rfoot(Abd/Add)}})\omega_{5Z}\omega_{5Y} \tag{2-67}$$

$$\dot{H}_{5Y} = I_{\text{Rfoot(Abd/Add)}}\dot{\omega}_{5Y} + (I_{\text{Rfoot(Int/Ext)}} - I_{\text{Rfoot(Flx/Ext)}})\omega_{5X}\omega_{5Z} \tag{2-68}$$

$$\dot{H}_{5Z} = I_{\text{Rfoot(Flx/Ext)}}\dot{\omega}_{5Z} + (I_{\text{Rfoot(Abd/Add)}} - I_{\text{Rfoot(Int/Ext)}})\omega_{5Y}\omega_{5X} \tag{2-69}$$

F_{Rankle} 产生的力矩 M_{FRankle} 为：

$$M_{\text{FRankle}} = (p_{\text{Pankle}} - p_{\text{RfootCG}}) \times F_{\text{Rankle}} \tag{2-70}$$

F_{plate1} 产生的力矩 M_{Fplate1} 为：

$M_{\text{Fplate1}} = (p_{\text{plate1}} - p_{\text{RfootCG}}) \times F_{\text{plate1}}$，其中 $p_{\text{plate1}} = \mathrm{d}x \cdot I + \mathrm{d}y \cdot J + 0 \cdot K$，$\mathrm{d}x$，$\mathrm{d}y$ 脚部质心在世界坐标系中的坐标值。

$$M_{\text{RankleX}} = \dot{H}_{5X} - i_5(T_{\text{plate1}} + M_{\text{FRankle}} + M_{\text{Fplate1}}) \tag{2-71}$$

$$M_{\text{RankleY}} = \dot{H}_{5Y} - j_5(T_{\text{plate1}} + M_{\text{FRankle}} + M_{\text{Fplate1}}) \tag{2-72}$$

$$M_{\text{RankleZ}} = \dot{H}_{5Z} - k_5(T_{\text{plate1}} + M_{\text{FRankle}} + M_{\text{Fplate1}}) \tag{2-73}$$

$$M_{\text{Rankle}} = M_{\text{RankleX}}i_5 + M_{\text{RankleY}}j_5 + M_{\text{RankleZ}}k_5 \tag{2-74}$$

3. 右踝关节功率

踝关节在 X、Y、Z 方向上的功率为：

$$P_{\text{RankleX}} = M_{\text{RankleX}} \cdot \dot{\alpha}_{\text{Rankle}} \tag{2-75}$$

$$P_{\text{RankleY}} = M_{\text{RankleY}} \cdot \dot{\beta}_{\text{Rankle}} \tag{2-76}$$

$$P_{\text{RankleZ}} = M_{\text{RankleZ}} \cdot \dot{\gamma}_{\text{Rankle}} \tag{2-77}$$

使用上述分析计算方法，可求出下肢其余部分的关节力、力矩及功率，由于篇幅关系，这里不再一一详述。

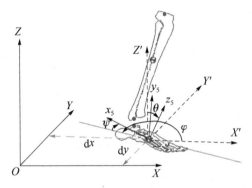

图 2-15　右足欧拉角示意图

2.2.4　人体行走运动实验结果及分析

根据运动采集系统输出的人体关节部位的标记点信息、测力板输出的地面支反力及力矩，结合人体动力学模型，采用 C#、MATLAB 混合编程，开发出人体行走步态分析系统软件。图 2-16 为步态分析系统程序主界面图，界面中部的棍棒图显示区域可动态地输出行走棍棒图，选择界面右部区域的按钮，可在界面左部区域显示所选项的图形曲线。图 2-17 为步态周期内的人体全身行走棍棒图。图 2-18 为步态周期内人体下肢行走棍棒图。

为了验证自行编制的人体运动分析软件程序的正确性，将实验结果与 Motion Analysis 公司生产的步态分析系统（EvaRT4.0）进行了比较。基于江苏省人民医院购买的 Motion Analysis 公司生产的步态分析系统（EvaRT4.0）进行一系列人体行走实验，包括不同行走速度下、不同负重下的人体行走，获得人体下肢标记点的坐标值及输出的力板信息，把这些原始数据作为我们程序的输入，运行自行开发的人体行走步态分析软件，把得出的结果与 Motion Analysis 公司生产的步态分析系统输出结果进行对比，图 2-19 给出了一体重 55 kg，年龄 25 岁，身高为 1.71 m 的

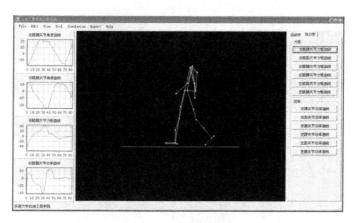

图 2-16 程序界面图

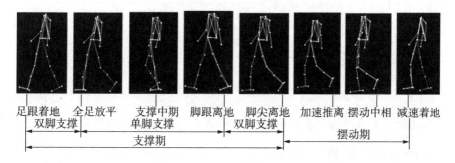

足跟着地 全足放平 支撑中期 脚跟离地 脚尖离地 加速推离 摆动中相 减速着地
双脚支撑 单脚支撑 双脚支撑 摆动期
支撑期

图 2-17 步态周期内的人体全身行走序列棍棒图

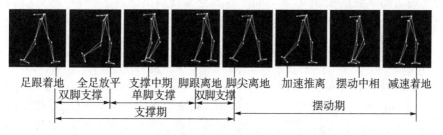

足跟着地 全足放平 支撑中期 脚跟离地 脚尖离地 加速推离 摆动中相 减速着地
双脚支撑 单脚支撑 双脚支撑 摆动期
支撑期

图 2-18 步态周期内的人体下肢行走序列棍棒图

健康男性,以 1.28 m/s 的行走速度行走时,在此两种情况下(Motion Analysis 公司的步态系统与实验室自行编制的步态系统)输出结果的对比图。

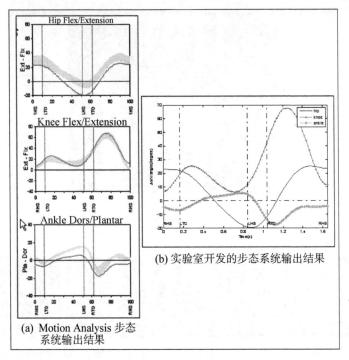

(a) Motion Analysis 步态
　　系统输出结果

(b) 实验室开发的步态系统输出结果

图 2-19　实验室开发的步态系统与 Motion Analysis 系统输出结果对比图

　　从图中可以看出,依据 Motion Analysis 公司的分析系统(EvaRT4.0)获得的行走过程中标记点的原始数据,代入实验室自行开发的步态系统软件中,输出的人体行走的运动学数据和 Motion Analysis 步态系统输出的数据基本一致,从而验证了自行开发的步态分析系统软件的正确性。

2.2.5　背部负重行走下的人体下肢运动学研究

　　对五名健康的大学生进行行走实验,测试对象年龄为(25±2)岁,平均体重为(57±6.5) kg,平均身高为(1.7±0.03) m。测试者在同一速度下(约 1.28 m/s)不同负重状态(0 kg, 10 kg, 20 kg, 30 kg)进行实验。在行走过程中,下肢踝关节、膝关节及髋关节角度变化曲线如图 2-20 所示。

　　对不同负重状态下的运动学进行分析,可得出:

　　(1) 最大踝关节角度(图 2-20(a))随着负重的增加而增加,相反,踝关节在脚尖离地阶段(Toe-off)的关节伸展角度随着负重的增加而减小;

　　(2) 负重对最大膝关节角度影响不大,但从图 2-20(b)中可看出,膝关节的运动范围随着负重的增加而减少;

　　(3) 髋关节轨迹接近正弦波曲线,且髋关节前屈角度(图 2-20(c))随着负重的增加而增加,相反,髋关节的伸展角度随着负重的增加而减小。下肢关节角度随着负重增加而进行的这些调整,主要是为了保持人体行走过程的平衡稳定性,使得整个系统(人体和负载)的重心落在行走稳定区域内。

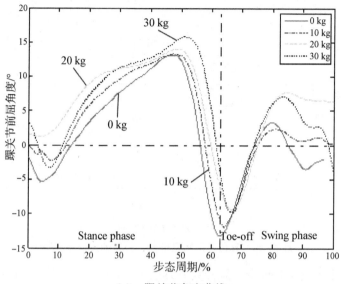

（a）　踝关节角度曲线

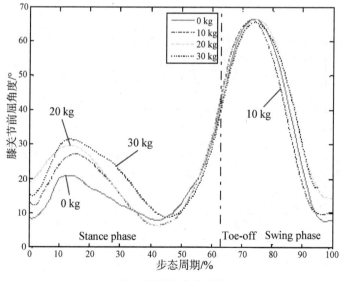

（b）　膝关节角度曲线

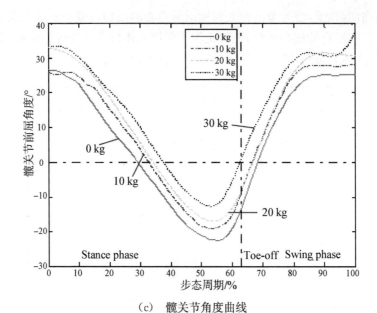

（c）髋关节角度曲线

图 2-20 背负不同重量条件下行走的关节角度图

图 2-21 为行走过程中下肢各关节力矩曲线，图 2-22 为行走过程中，下肢各关节功率曲线。

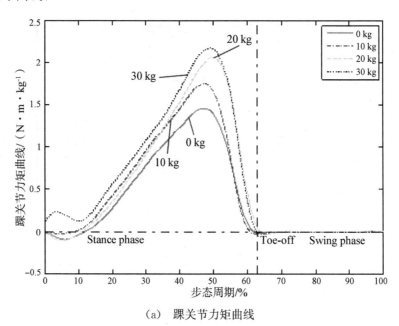

（a）踝关节力矩曲线

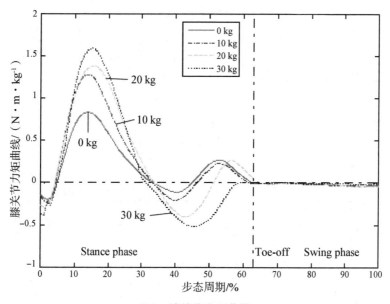

（b）　膝关节力矩曲线

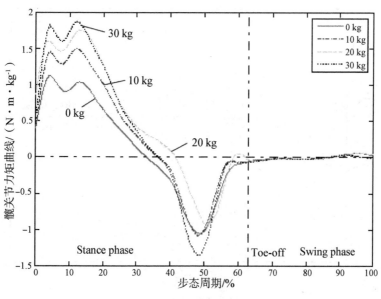

（c）　髋关节力矩曲线

图 2－21　不同负重下的关节力矩图

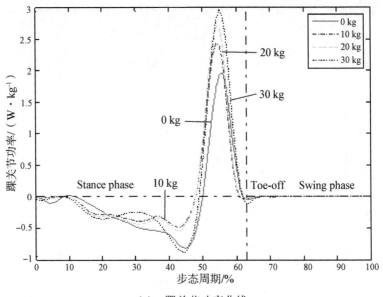

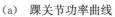

（a） 踝关节功率曲线

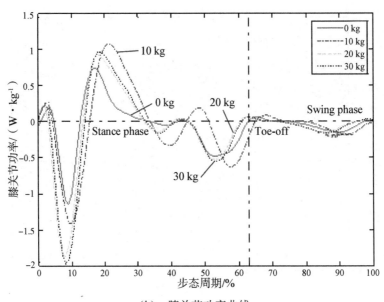

（b） 膝关节功率曲线

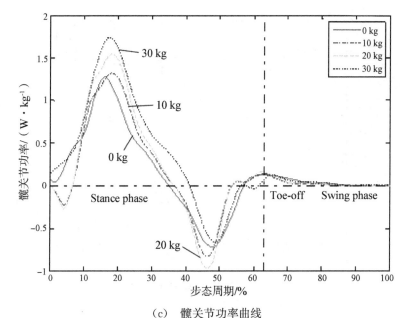

（c）　髋关节功率曲线

图 2－22　不同负重下的关节功率图

对不同负重状态下动力学结果进行分析，结果如下：

（1）图 2－21、图 2－22 的纵轴分别是关节力矩及关节功率相对测试者身体质量进行标准化的结果。

（2）从图 2－21 中可得出，踝关节力矩、膝关节力矩及髋关节力矩均随着负重的增加而增加。这种变化也是必然的，由于负重的增加，使得双足支撑力增加，故关节力矩增加。

（3）同样从图 2－22 中可以得出，踝关节功率、膝关节功率及髋关节功率均随着负重的增加而增加。踝关节功率在零负重及 10 kg 负重状态下的平均功率值几乎为零，也即是在零负重状态下或轻负荷状态下行走时，踝关节的正、负功基本相当，但随着负重增加，功率平均值为正值。膝关节功率在整个步态周期内的功率平均值则为负值。髋关节功率在整个步态周期内的功率平均值则为正值。

2.2.6　不同行走速度下的人体下肢运动学研究

对同样的五名测试者，进行在零负重状态下以不同的行走速度（快速行走 1.7 m/s，正常行走 1.3 m/s，慢速行走 0.8 m/s）行走的实验，行走过程中，下肢各关节角度变化如图 2－23 所示。

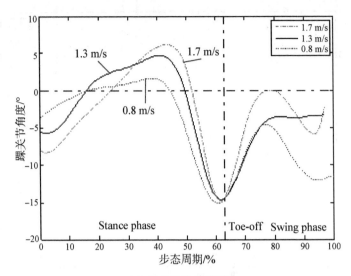

（a）踝关节角度曲线

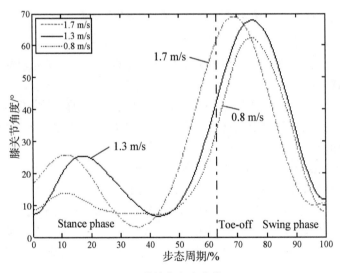

（b）膝关节角度曲线

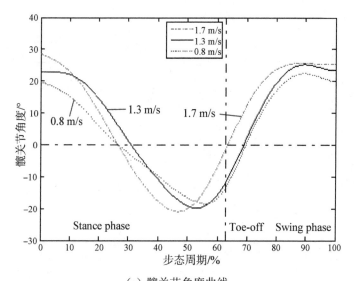

（c）髋关节角度曲线

图 2-23　不同行走速度下的关节角度图

（1）从图 2-23(a) 中可以看出，踝关节的运动范围随着速度的增加而增加，且随着速度的增加踝关节轨迹越接近正弦曲线，这说明，踝关节的这种运动姿势的调整有利于快速步行；

（2）从图 2-23(b) 中可以看出，膝关节角度随着速度的增加而增加；

（3）从图 2-23(c) 中可以看出，髋关节弯曲角及伸展角均随速度的增加而增加，且髋关节运动范围也随速度的增加而增加。

不同行走速度下的各关节力矩、关节功率曲线如图 2-24、图 2-25 所示。对其结果进行分析如下：

（1）图 2-24、图 2-25 的纵轴分别是关节力矩及关节功率相对测试者身体质量进行标准化的结果。

（2）从图 2-24 可看出，踝关节在支撑阶段末期的关节力矩、膝关节及髋关节力矩均随速度的增加而增加。

（3）同样从 2-25 中可得出，踝关节、膝关节及髋关节的最大功率值均随速度的增加而增加。踝关节功率在慢速行走过程中，在整个步态周期内平均值几乎为零，但随着速度增加，功率平均值为正值。膝关节功率在整个步态周期内的功率平均值则为负值。髋关节功率在整个步态周期内的功率平均值则为正值。

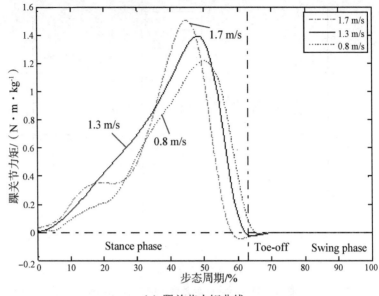

（a）踝关节力矩曲线

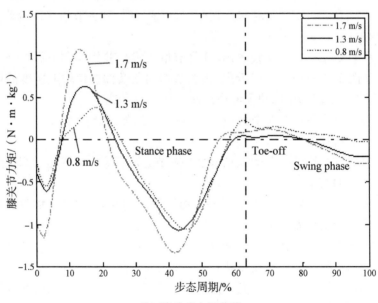

（b）膝关节力矩曲线

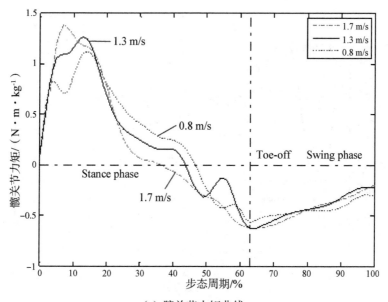

（c）髋关节力矩曲线

图 2-24　不同行走速度下的关节力矩图

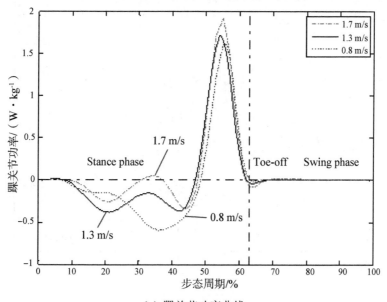

（a）踝关节功率曲线

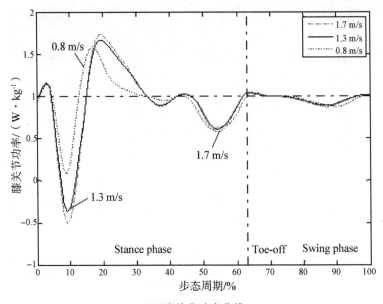

（b）膝关节功率曲线

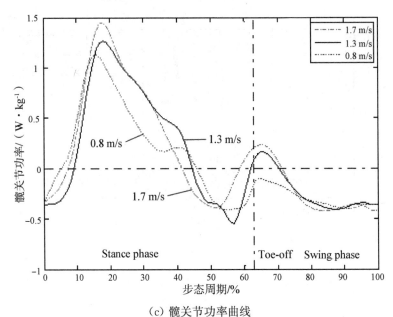

（c）髋关节功率曲线

图 2-25 不同行走速度下的关节功率图

2.2.7 不同负重方式下的人体下肢运动学研究

对同样的五名测试者,进行不同负重方式下的行走实验,即分别对测试者进行零负重行走、胸前负重 10 kg 重物行走、胸前负重 20 kg 重物行走、背后负重 10 kg 重物行走、背后负重 20 kg 重物行走,行走过程中下肢各关节角度变化如图 2-26 所示。

对不同负重条件下的运动学结果进行分析如下:

(1) 同种负重方式下,随着负重的增加,踝关节伸展角度(AA1,AA3)随着负重的增加而略有增加,相反,踝关节在脚尖蹬离地面的关节伸展角度(AA2)随着负重的增加而减少。在同重量的负重条件下,胸前负重行走时的踝关节伸展角度(AA1,AA3)大于背后负重行走时的踝关节角度。

(2) 零负重、背后负重 10 kg、20 kg 重物行走时,最大膝关节角度(KA1)变化不是很大,也许是由于负重不大,故对膝关节影响较小。但胸前负重走时的膝关节角度大于背后负重行走时的膝关节角度。

(3) 从图 2-26 中可看出,在背后负重 20 kg 重物行走时髋关节的弯曲角(HA1)最小,而伸展角(HA2)最大。相反,在胸前负重 20 kg 重物行走时,髋关节弯曲角最大,而伸展角最小。从图中还可看出,背后负重 20 kg、10 kg 的髋关节伸展角大于胸前负重 10 kg、20 kg 的髋关节伸展角,而背后负重 20 kg、10 kg 的髋关节弯曲角小于胸前负重 10 kg、20 kg 的髋关节弯曲角。

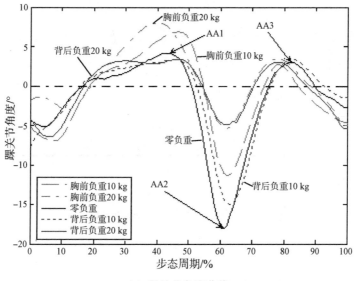

(a) 踝关节角度曲线

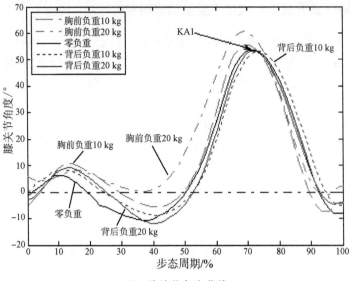

（b）膝关节角度曲线

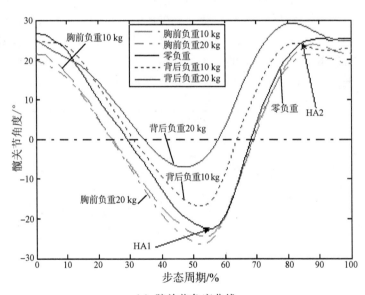

（c）髋关节角度曲线

图 2 - 26 不同负重方式下的关节角度图

同时,还对不同负重模式下的人体上肢的倾斜角度进行了研究,上肢关节角度曲线如图 2 - 27 所示。

从图 2 - 27 中可看出,背后负重 20 kg 重物行走时的上肢倾斜角度最大,而胸前负重 20 kg 时的上肢倾斜角度最小。

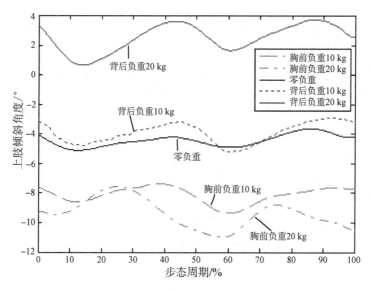

图 2-27　不同负重条件下的上肢倾斜角度图

2.3　人体运动生物电采集与分析

2.3.1　表面肌电信号系统概述

1. 表面肌电信号

表面肌电信号是在中枢神经系统控制下,肌肉达到兴奋状态时运动单元产生的动作电位序列在皮肤表面叠加而成的一维时间序列电压信号。当肌肉处于放松状态,肌电信号表现为一条近似直线,又称为基线,当肌肉运动时,参与肌肉控制的运动单元产生的运动单元动作电位经过人体的结缔组织和皮肤层的低通滤波,在采集电极处进行叠加,肌电信号表现出剧烈波动,之后又恢复到基线的水平。通过评估肌肉收缩期间引发的电信号可以测量肌肉活动状态。表面肌电信号(SEMG)与插入式电极所获取的深层肌电信号相比,具有无痛、操作简单、对人体不造成伤害等优点而广泛应用于运动模式的识别、肢体控制等领域。

表面肌电信号是一种复杂的、非线性的生物电信号,其产生一般超前肢体动作,对于不同个体及同一个体的不同位置的肌肉所采集的肌电信号存在差异,肌电信号具有如下特征[4-5]:

• 微弱性:表面肌电信号是一维离散的微弱电压信号,信号幅值一般在 0~

5 mV 之间,峰值一般在 6 mV 左右;

　　• 低频性:表面肌电信号频带范围 0.05 Hz～1 kHz,其中有用信号频率集中在 0.05 Hz～500 Hz;

　　• 交变性:表面肌电信号是交流电信号,信号强弱能够反映肌肉的活动状态,幅值大小能够反映肌力的大小,因此可以根据肌电信号的强弱预测肌肉力大小;

　　• 随机性:表面肌电信号具有较强的随机性,外界干扰等对肌电信号有较大的影响。

　　2. 表面肌电信号的检测系统研究现状

　　肌电信号自被发现以来,按照引导电极的不同,可分为插入式肌电信号(IEMG)和表面肌电信号(SEMG)。在肌电信号研究之初,主要通过针电极进行检测。针电极的主要优点在于其可以检测一块肌肉某个地方的局部信号,而且信号幅值和信噪比相对于表面肌电信号都要高。但针电极在使用时须插入肌肉中,会对人体产生一定的损伤,而表面电极只需粘贴到皮肤上,对人体无任何伤害,故在后来的相关研究中,多采用表面肌电信号检测。

　　目前国内外在肌电信号检测系统方面已进行了大量的研究,取得了重要成果,且能实时检测肌肉产生的电活动电位的发生期、幅值以及频率特性。随着电子技术及信号处理技术的快速发展,表面肌电信号阵列电极逐渐成为肌电信号分析的热点,多通道 SEMG 信号检测分析系统能获得肌肉活动时的生理变化信息。肌电电极有很多种,按照制造和使用方法可分为干电极和湿电极。干电极在使用时,直接粘贴到皮肤上即可,比较方便;而湿电极使用时,在电极和皮肤之间需要加入导电膏,其优点在于长时间使用时,可以保证电极与皮肤一直良好接触,且电极极化电压变化较小。目前,常用的肌电电极为镀 Ag/AgCl 电极,其突出的优点在于极化电压、输出阻抗较小。

2.3.2　表面肌电信号的分析方法

　　表面肌电信号经 A/D 采集输入到计算机中后,需进行进一步的处理分析。常用的肌电信号处理方法主要分为时域法、频域法和时频域法三类。

　　1. 时域分析方法

　　时域分析法是传统的表面肌电信号分析处理方法,把肌电信号看成是均值为零、方差随信号强度变化而变化的随机信号。时域特征提取的优点在于计算简单,但其缺点之一就是其易受其他一些因素影响,如肌肉长度、肌肉温度等。

　　基于时域分析常用的特征有以下几种:

　　(1) 平均绝对值

　　肌肉持续的收缩过程中,肌电信号的幅值发生变化,反映了肌肉力与肌肉疲劳的过程。平均绝对值的计算方法如下：

$$MAV = \frac{\int_0^T |x(t)| \, dt}{T} = \frac{\sum_{i=1}^N |X_i|}{N} \qquad (2-78)$$

其中：$x(t)$ 为肌电信号；T 为采集时间长度；X_i 为 $x(t)$ 的采样值；N 为采样点数。它反映了在一定时间内肌电信号幅度的均值。

（2）均方根值

计算公式为：

$$RMS = \sqrt{\frac{\int_0^T x^2(t) \, dt}{T}} = \sqrt{\frac{\sum_{i=1}^N X_i^2}{N}} \qquad (2-79)$$

其中：$x(t)$ 为肌电信号；T 为采集时间长度；X_i 为 $x(t)$ 的采样值；N 为采样点数。

MAV 是信号下面的面积的测量，没有具体的物理意义，而 RMS 表征了肌电信号的功率，有明确的物理意义，其与整块肌肉收缩的强度有很好的相关性。同时，RMS 相对于 MAV，其对肌肉疲劳更灵敏。

（3）过零率

计算公式为：

$$ZCR = \frac{\sum_{i=1}^{N-1} \mathrm{sgn}(-X_i X_{i+1})}{N}$$

$$\mathrm{sgn}(x) = \begin{cases} 1 & x > 0 \\ 0 & x \leqslant 0 \end{cases} \qquad (2-80)$$

其中：X_i 为信号采样值；N 为采样点数。

在肌电信号为高斯分布这一假设前提下，信号在无单位时间过零的数量与传导速度成比例，然而肌电信号本质上并不服从高斯分布，ZCR 受噪声影响较大。

2. 频域分析方法

虽然时域特征更易于计算提取，但是其受干扰比较大，不是很稳定，而通过快速傅里叶变换求出信号的功率谱相对来说比较稳定，提取的频率特征有利于后续的识别判断研究。

采用频域分析法提取肌电信号特征，有两种常用的方法：平均功率频率和中值频率，具体计算公式如下：

$$f_{\mathrm{mpf}} = \frac{\int_0^{+\infty} f P(f) \, df}{\int_0^{+\infty} P(f) \, df} \qquad (2-81)$$

$$\int_0^{f_{\mathrm{mf}}} P(f)\mathrm{d}f = \int_{f_{\mathrm{mf}}}^{+\infty} P(f)\mathrm{d}f = \frac{1}{2}\int_0^{+\infty} P(f)\mathrm{d}f \qquad (2-82)$$

其中：f_{mpf} 为平均功率频率；$P(f)$ 为信号的功率谱；f_{mf} 为中值频率。

3. 时频域分析方法

肌电信号本质上属于非平稳随机信号，因此无论是时域还是频域分析法都有一定的局限性。而时频分析方法可以把非平稳信号的时域与频域分析结合起来，既反映信号的频率内容，也反映频率内容随时间变化的规律。时频分析方法大概可以分为两大类：线性时频分布和非线性时频分布。线性时频分布包括短时傅里叶变换（STFT）、Gabor 展开及小波变换，非线性时频分布常用的有 Wigner - Ville 分布和广义双线性时频分布等。

2.3.3　表面肌电信号实验及分析

进行人体负重行走模式下的下肢表面肌电信号变化研究，对下肢助力外骨骼负重助力行走的研究具有很好借鉴意义。对六名健康的学生进行行走试验，测试对象年龄为 (24 ± 2) 岁，平均体重为 $(58.4\pm6.6)\,\mathrm{kg}$，平均身高为 $(1.68\pm0.04)\,\mathrm{m}$。测试者保持相同速度，进行不同负重状态（0 kg，10 kg，20 kg，30 kg）楼梯行走实验，实验场景如图 2 - 28 所示。在实验者的下肢主要肌肉群胫骨前肌、腓肠肌、股直肌、腘绳肌四处粘贴肌电极。肌电电极片的粘贴对表面肌电信号的采集也有一定影响，粘贴时应注意以下几点：

图 2 - 28　实验场景照片

（1）差动输入电极应沿着肌纤维方向粘贴，且应贴在肌腹处，避免贴在肌腱或邻近肌腱处，因为肌腱处肌纤维数量较少，肌电信号较弱，也应避免贴在肌肉边缘，以免受其他肌肉肌电信号影响；

（2）电极粘贴前，应对将要粘贴处皮肤进行清洗，去除油渍，且用专用细砂纸轻轻打磨，去除皮肤的角质层。

不同负重模式下的楼梯行走实验结果如图2-29、图2-30、图2-31及图2-32所示。由图2-29可知，胫骨前肌激活强度从支撑后期直至摆动阶段则逐渐增强。从图2-30可知，腓肠肌在整个支撑阶段都处于激活状态，且在脚尖蹬离地面前激活程度达到最大值。从图2-31可以看出，股直肌从脚跟着地至支撑中相一直出于激活状态。从图2-32可以看出，腘绳肌在整个支撑相都处于激活状态，并且在摆动相的后阶段也是出于激活状态。

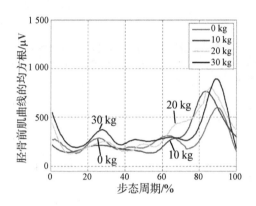

图 2-29　不同负重条件下爬楼梯时胫骨前肌的 SEMG 曲线

在 0 kg、10 kg、20 kg 和 30 kg 的背部负载下爬楼梯时胫骨前肌的 SEMG 曲线的均方根（RMS），步幅从脚后跟离地开始，经过站立期、脚趾离地（约76%）、摆动期，结束于下一次脚后跟着地。

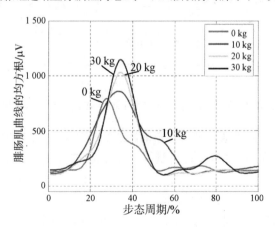

图 2-30　不同负重条件下爬楼梯时腓肠肌的 SEMG 曲线

在 0 kg、10 kg、20 kg 和 30 kg 的背部负载下爬楼梯时腓肠肌的 SEMG 曲线的均方根（RMS），步幅从脚后跟离地开始，经过站立期、脚趾离地（约76%）、摆动期，结束于下一次脚后跟着地。

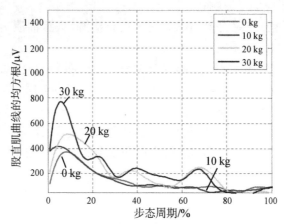

图 2 - 31　不同负重条件下爬楼梯时股直肌的 SEMG 曲线

在 0 kg,10 kg,20 kg 和 30 kg 的背部负载下爬楼梯时股直肌的 SEMG 曲线的均方根（RMS）,步幅从脚后跟离地开始,经过站立期,脚趾离地（约 76%）,摆动期,结束于下一次脚后跟着地。

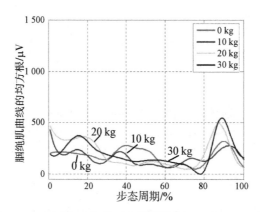

图 2 - 32　不同负重条件下爬楼梯时腘绳肌的 SEMG 曲线

在 0 kg、10 kg、20 kg 和 30 kg 的背部负载下爬楼梯时腘绳肌的 SEMG 曲线的均方根（RMS）,步幅经过脚后跟离地,站立期、脚趾离地（约 76%）、摆动期,结束于下一次脚后跟离地。

不同负重模式下的平地行走实验结果如图 2 - 33、图 2 - 34、图 2 - 35 及图 2 - 36 所示。由图 2 - 33 可以看出,胫骨前肌从支撑相的末期到摆动阶段,直至下一个支撑相的初期都是处于激活状态。由图 2 - 34 可以看出,腓肠肌在整个支撑阶段都处于激活状态,尤其是在单腿支撑阶段。由图 2 - 35 可以看出,股直肌在脚跟着地以及支撑相都处于激活状态。由图 2 - 36 可以看出,腘绳肌在支撑相到摆动相变换过程中,其激活程度较大。

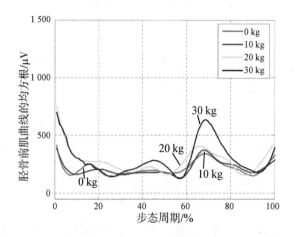

图 2-33 不同负重条件下平地行走时胫骨前肌的 SEMG 曲线

在 0 kg、10 kg、20 kg 和 30 kg 负重水平行走时,胫骨前肌的 SEMG 曲线的均方根(*RMS*),步幅从脚后跟离地开始,经过站立期、脚趾离地(约 64%)、摆动期,结束于下一次脚后跟着地。

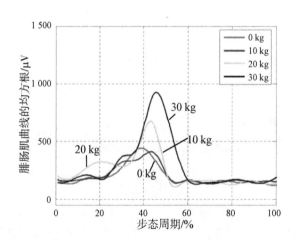

图 2-34 不同负重条件下平地行走时腓肠肌的 SEMG 曲线

在 0 kg、10 kg、20 kg 和 30 kg 负重水平行走时,腓肠肌的 SEMG 曲线的均方根(*RMS*),步幅从脚后跟离地开始,经过站立期、脚趾离地(约 64%)、摆动期,结束于下一次脚后跟着地。

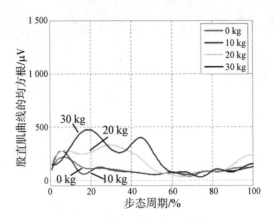

图 2-35　不同负重条件下平地行走时股直肌的 SEMG 曲线

在 0 kg、10 kg、20 kg 和 30 kg 负重水平行走时,股直肌的 SEMG 曲线的均方根(RMS),步幅从脚后跟离地开始,经过站立期、脚趾离地(约 64%)、摆动期,结束于下一次脚后跟着地。

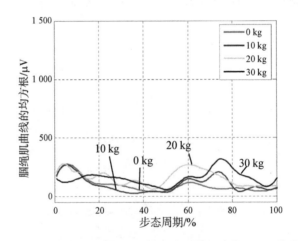

图 2-36　不同负重条件下平地行走时腘绳肌的 SEMG 曲线

在 0 kg、10 kg、20 kg 和 30 kg 负重水平行走时,腘绳肌的 SEMG 曲线的均方根(RMS),步幅从脚后跟离地开始,经过站立期、脚趾离地(约 64%)、摆动期,结束于下一次脚后跟着地。

由楼梯行走及平地行走的实验结果可看出,无论是楼梯行走中还是平地行走中,最大负重下的胫骨前肌、腓肠肌、股直肌、腘绳肌的 RMS 值比平地行走的变化明显。在同一负重条件下,楼梯行走中的胫骨前肌、腓肠肌、股直肌、腘绳肌的 RMS 值的变化比平地行走变化明显。腓肠肌的最大 RMS 值无论是在楼梯行走中还是在平地行走都比胫骨前肌、股直肌及腘绳肌的变化明显,且腘绳肌的 RMS 值的变化要比胫骨前肌、腓肠肌、股直肌的变化小。

参考文献

［1］李世明. 运动生物力学理论与方法［M］. 北京:科学出版社,2006.

［2］伏春乾. 人体足力测量系统的研制及其应用研究［D］. 南京:东南大学, 2010.

［3］Vaughan C L, Davis B L, O'Connor J C. Dynamics of human gait ［M］. 2th ed. Cape Town, South Africa: Kiboho Publishers, 1999.

［4］李成龙. 表面肌电信号在下肢康复训练中的应用研究［D］.武汉:武汉理工大学,2013.

［5］熊安斌. 肌电信号分析方法研究及其在康复领域中的应用［D］.沈阳:中国科学院自动化研究所,2015.

第三章　仿生驱动器的研究

人体的肌肉骨骼系统在长期的自然进化中，形成了卓越非凡的运动控制能力。人类在进行各种动作时，肌肉驱动骨骼牵引关节产生相应的运动，肌肉能驱动关节产生大的驱动力矩，同时能很快地以低阻尼的被动运动方式放松肌肉，而在遇到外界环境模式变化时，肌肉的黏弹性特征使得肌肉带动关节做出灵活的调整以适应外部环境的变化。人类肌肉这种高效率、低功耗和高机动的运动能力，是目前人造驱动器所无法比拟的，因此，肌肉的这种黏弹性特征及肌腱的储能并且有效的重新利用的特征吸引了大量的学者研究人体肌肉驱动机理，用于仿生驱动器的设计及制造中，旨在提高仿人机器人行走的稳健性并降低能耗。

目前，国内外研究人员主要从两个方面模拟人体肌肉功能进行仿生驱动的研究。一方面，借鉴人体肌肉的黏弹性特征，进行仿生驱动器的阻抗及导纳控制研究[1-2]，这项研究的潜在意义是发展生物分子马达的控制理论模型，并将其实施在机械机构运动控制上。另一方面是进行仿生机构的驱动器设计研究，其中，比较典型的有麻省理工学院（MIT）研究的串联弹性驱动器（series elastic actuator，SEA）[3]，采用电机串联弹簧的方式来模拟肌肉的运动特征。这种驱动器的优点有：机构中的弹簧能进行能量的存储并进行再次的有效利用；能降低瞬时冲击及有较低的控制带宽。缺点是电机的运动动力特性受限于系统中弹簧的弹簧刚度的影响。MIT的这种电机串联弹簧的弹性驱动器设计概念也相继被其他的研究者扩展成其他机构形式用于机器人的关节驱动[4-6]，例如，Veneman采用软钢丝轴带动弹性元件实现了一种旋转－直线联合驱动SEA[7]；Brian T等人通过在膝关节安装两个同轴的扭簧设计方式进行弹性驱动器研究[8]。

现阶段，模拟人体肌肉进行仿生驱动研究的一个热点是变刚度的仿生驱动器[9-10]，变刚度驱动器不仅能增加了驱动器的柔顺性，而且能通过调整系统刚度达到增加驱动器带宽的目的。例如，人体或动物在奔跑运动中，就是通过调整腿部的阻抗用于适应速度的变化。有很多种方法可以实现关节的变刚度控制，例如通过两个非线性弹簧来模拟肌肉的对抗肌进行工作、通过调整扭簧的有效长度来实现系统刚度的改变等。但系统刚度的变化并不是改变系统输出阻抗的唯一方式，合理地运用阻尼元件也能实现系统输出阻抗的变化,一些假肢、矫正器、康复机器人中利用阻尼元件实现了阻抗变化[11-12],同时也能有效地提高人机交互系统的安全性。Tenzer Y 等人则利用了一个新颖的可编程控制的刹车装置模拟阻尼特性实现了旋转关节的变阻抗控制[13]。Leach D 与 Gunther F 等人采用刹车离合装置进行了弹跳机器人关节驱动器的研究[14]。

本章节,首先从串联弹性驱动器着手,进行其性能特性分析。其后,进行多模式弹性驱动器的研究,采用电机带动丝杠螺母串联弹簧,结合相应的刹车离合装置,实现驱动器的变阻抗特征;给出实验室设计研制的三代弹性驱动器样机的机构设计,并进行工作模式分析;对弹性驱动器进行动力学建模,分析系统的等效质量及弹簧阻尼系数对驱动器弹跳性能的影响等,并进行多模式弹性驱动器在膝关节外骨骼机器人中的应用研究。最后,对类肌肉仿生驱动器进行了探讨,结合实验室研制的串并联类肌肉仿生驱动器,研究不同组合模式、不同弹性系数对驱动器输出性能的影响,进行类肌肉仿生驱动器的仿真及实验研究。

3.1　串联弹性驱动器

串联弹性驱动器是在驱动元件和被控对象之间串联弹性元件,使得驱动器具有柔性特征。在人机交互的外骨骼机器人系统中,由于助力外骨骼机器人工作环境的未知与特殊性,在运动过程中常出现冲击、过载等情况;同时,刚性驱动不能很好地实现人机耦合,其在人机协调运动时,会因机械故障而对人体造成难以估量的伤害。因此对助力外骨骼设计一种柔性特性的弹性驱动器非常必要。实验室所设计的外骨骼样机中,髋关节采用串联弹性驱动器,也就是在电机与外骨骼髋关节之间串联弹簧,本小节对用于髋关节驱动的串联弹性驱动器进行研究,进行弹性驱动器的动力学的建模分析,并进行驱动器的仿真研究。

3.1.1　弹性驱动器动力学模型

设计的用于外骨骼髋关节驱动的弹性驱动器采用电机串联扭簧的方式,即电机通过旋转扭簧驱动末端负载运动,系统模型图如图 3-1 所示,负载的驱动力矩 M_L 由电机和负载的旋转角度差产生,可用以下微分方程表示:

$$J_M\ddot{\varphi}_M = M_M - M_L = M_M - k(\varphi_M - \varphi_L) \qquad (3-1)$$

其中:φ_L 和 φ_M 分别表示负载和电机的旋转角度;J_M 表示电机的转动惯量;M_M 表示电机输出转矩;k 表示扭簧的刚度系数。

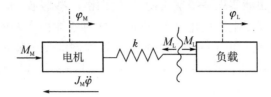

图 3-1　用于外骨骼髋关节驱动的弹性驱动器系统模型图

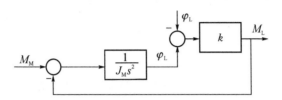

图 3-2　弹性驱动器系统方框图

在不实施控制时,系统方框图如图 3-2 所示。当电机的输入转矩为零时,即 $M_M = 0$ 时,负载在弹簧的作用下产生旋转角度 φ_L,由扭簧扭曲而产生负载输出力矩 M_L,其传递函数如式(3-2)所示:

$$G_P = \frac{M_L}{-\varphi_L} = \frac{k}{1 + \frac{1}{J_M s^2} k} = \frac{J_M k s^2}{J_M s^2 + k} \qquad (3-2)$$

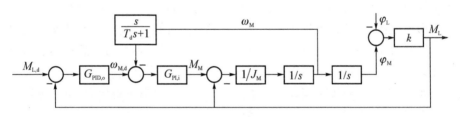

图 3-3　内嵌速度环的级联闭环控制系统图

针对 SEA,其经典的控制方法为级联控制,如图 3-3 所示,外环为力矩控制环,内环为电机的速度控制环。

电机的理想速度为:

$$\omega_{M,d} = G_{PID,o}(M_{L,d} - M_L) \qquad (3-3)$$

其控制方程为:

$$M_M = G_{PI,i}\left(\omega_{M,d} - \frac{s\varphi_M}{T_d s + 1}\right) = G_{PI,i}\left[G_{PID,o}(M_{L,d} - M_L) - \frac{s\varphi_M}{T_d s + 1}\right] \qquad (3-4)$$

其中，

$$G_{\text{PI,i}} = K_{\text{pi}} + \frac{K_{\text{ii}}}{s}, G_{\text{PID,o}} = K_{\text{po}} + \frac{K_{\text{io}}}{s} + \frac{K_{\text{do}}s}{Ts+1}$$

其中：$\omega_{\text{M,d}}$ 为电机的理想速度；$M_{\text{L,d}}$ 为理想的负载力矩；T 与 T_{d} 为时间常数。

在人机交互的机器人系统中，分析系统的阻抗特性具有重要的意义。对于下肢外骨骼系统，当输出阻抗较低时，使用者与外骨骼间的交互力将会降低，人体穿戴舒适性将随之增加，且在人体与外骨骼发生碰撞时，冲击力也不会偏大。系统的阻抗定义为：

$$Z(s) = \frac{M_{\text{L}}}{-\varphi_{\text{L}}s} \tag{3-5}$$

结合图 3-3，可得：

$$Z(s) = \frac{k(K_{\text{pi}}s + K_{\text{ii}} + J_{\text{M}}T_{\text{d}}s^3 + J_{\text{M}}s^2)s(Ts+1)}{\sum_{i=0}^{6} d_i s^i} \tag{3-6}$$

其中，

$$d_6 = J_{\text{M}}T_{\text{d}}T$$

$$d_5 = J_{\text{M}}(T_{\text{d}} + T)$$

$$d_4 = k(K_{\text{po}}K_{\text{pi}} + 1)T_{\text{d}}T + kK_{\text{do}}K_{\text{pi}}T_{\text{d}} + J_{\text{M}} + TK_{\text{pi}}$$

$$d_3 = K_{\text{pi}} + TK_{\text{ii}} + k[(K_{\text{io}}K_{\text{pi}} + k_{\text{po}}K_{\text{ii}})T_{\text{d}}T + (K_{\text{po}}K_{\text{pi}} + 1)(T_{\text{d}} + T) + k_{\text{do}}K_{\text{pi}} + k_{\text{do}}K_{\text{ii}}T_{\text{d}}]$$

$$d_2 = K_{\text{ii}} + k[K_{\text{io}}K_{\text{pi}} + K_{\text{ii}}K_{\text{po}}(T_{\text{d}} + T) + k_{\text{po}}K_{\text{pi}} + K_{\text{do}}K_{\text{ii}} + 1 + K_{\text{io}}K_{\text{ii}}TT_{\text{d}}]$$

$$d_1 = k[K_{\text{ii}}K_{\text{io}}(T + T_{\text{d}}) + K_{\text{io}}K_{\text{pi}} + K_{\text{ii}}K_{\text{po}}]$$

$$d_0 = kK_{\text{io}}K_{\text{ii}}$$

系统稳定的充要条件是：

$$\text{Re}(Z(\text{j}\omega)) \geqslant 0$$
$$\text{Re}(Z(\text{j}\omega)) = r(a\omega^8 + b\omega^6 + c\omega^4 + d\omega^2) \tag{3-7}$$

其中：

$$a = k^2 J_{\text{M}}T_{\text{d}}^2[K_{\text{do}}(K_{\text{pi}} - TK_{\text{ii}}) - T^2(K_{\text{io}}K_{\text{pi}} + K_{\text{pio}}K_{\text{ii}})]$$

$$b = k^2 \left[K_{do} \left[(K_{pi} - TK_{ii}) J_M + (T - T_d) K_{pi}^2 \right] + T^2 \left[(K_{pi} - K_{ii} T_d) + \right. \right.$$
$$\left. \left. K_{pi}^2 (K_{io} T_d + K_{po}) \right] - J_M (T^2 + T_d^2)(K_{io} K_{pi} + K_{po} K_{ii}) \right]$$

$$c = k^2 \left[K_{ii}^2 (K_{do}(T - T_d) + T^2(K_{po} + K_{io} T)) + K_{pi}^2 (K_{io} T_d + K_{po}) - \right.$$
$$\left. J_M (K_{ii} K_{po} + K_{pi} K_{io}) + K_{pi} - K_{ii} T_d \right]$$

$$d = k^2 K_{ii} (K_{ii} K_{io} T_d + K_{ii} K_{po})$$

进而可得系统稳定的条件如下：

$$K_{pi} > J_M$$

$$K_{ii} < 0.5 K_{pi}$$

$$K_{io} < 0.5 K_{po}$$

$$K_{do} > 4T^2 K_{po}$$

结合以上分析，采用 MATLAB 软件中的 Simulink 仿真工具，搭建弹性驱动器仿真模型，如图 3-4 所示。该模型中使用频率和幅值渐变的正弦波作为期望力矩值 $M_{L,d}$，通过调试确定外环控制器 $G_{PID,o}$ 的三个参数分别为 $K_{po} = 20$、$K_{io} = 0.5$、$K_{do} = 0.8$；内环控制 $G_{PI,i}$ 的两个参数分别为 $K_{pi} = 20$、$K_{ii} = 0.5$。进行仿真，仿真结果如图 3-5 所示。

由图 3-5 可看出系统运动过程中实际输出力矩能快速跟随期望力矩的变化，证明级联 PID 在实际应用中的可行性，下面对用于外骨骼髋关节驱动的弹性驱动器进行性能分析和实验验证。

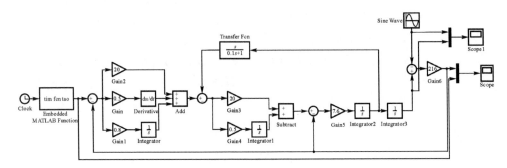

图 3-4　弹性驱动器仿真模型

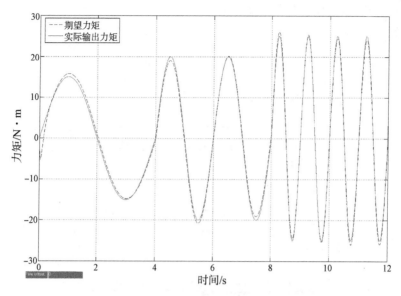

图 3-5 实际输出力矩与期望力矩控制结果图

由图 3-5 可看出系统运动过程中实际输出力矩能快速跟随期望力矩的变化，证明级联 PID 在实际应用中的可行性。

3.1.2 刚度系数变化对弹性驱动器性能的影响

完整的弹性驱动器力控模型较为复杂，故对图 3-3 模型进行简化，其简化框图如图 3-6 所示，模型中略去系统输出力矩对电机转速的干扰，并将电机速度用传递函数 V 替换，图 3-6 所示的系统输出力矩 M_L 与理想输出力矩 $M_{L,d}$ 的闭环传递函数为：

$$\frac{M_L}{M_{L,d}} = \frac{kG_{PID,o}V}{s + kG_{PID,o}V} \tag{3-8}$$

负载力矩 M_L 对于负载转角 φ_L 的闭环传递函数为：

$$\frac{M_L}{\varphi_L} = \frac{-ks}{s + kG_{PID,o}V} \tag{3-9}$$

系统的总输出为：

$$M_L = \frac{k \cdot G_{PID,o} \cdot V \cdot M_{L,d}}{s + k \cdot G_{PID,o} \cdot V} + \frac{-ks\varphi_L}{s + k \cdot G_{PID,o} \cdot V} \tag{3-10}$$

当弹性驱动器系统力矩环传递函数为 $G_{PID,o}$，速度环传递函数仅为比例环节，也即为:$V = K_v$,同时令机构模型运行角度 φ_L 为常值 φ_0,以此分析力控系统对理想输出力矩 $M_{L,d}$ 的响应特性。

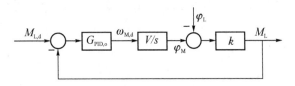

图 3-6　髋关节力控系统简化控制框图

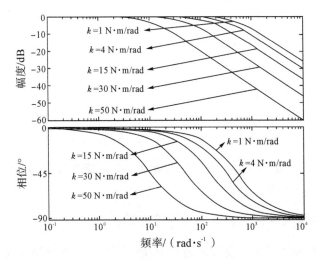

图 3-7　弹性驱动器力控伯德图

通过改变 PID 控制器比例系数 K_p 的值可得出弹性驱动器刚度变化对力控模型特性的影响。令 K_p 为 10,扭簧的刚度系数分别为 1 N·m/rad,4 N·m/rad,15 N·m/rad,30 N·m/rad,50 N·m/rad。实际输出力矩 M_L 与理想输出力矩 $M_{L,d}$ 之间的传递函数在 MATLAB 中画出系统的频率特性关系图,如图 3-7 所示。

由图 3-7 所示的弹性驱动器力控闭环 Bode 图可知,随着刚度系数 k 的减小,弹性驱动器力控系统特性曲线会向左偏移。这说明使用弹性驱动器对髋关节进行力控制时,随着扭簧弹性刚度 k 的降低,弹性驱动器的系统带宽也将随之降低,所以弹性驱动器的力控系统性能次于刚性驱动器。

从实际情况考虑,虽然降低弹性驱动器的扭簧刚度系数会导致弹性驱动器的带宽降低,但系统的稳定裕度得到提高,使得力控模型更加稳定。如果将髋关节系统的速度环简化为一阶惯量模型 $V = k/(T_m s + 1)$,髋关节实际输出力矩 M_L 与理想输出力矩 $M_{L,d}$ 的闭环传递函数为:

$$\frac{M_{\text{L}}}{M_{\text{L,d}}} = \frac{k \cdot G_{\text{PID,o}} \cdot K_{\text{v}}}{(T_{\text{m}}s + 1)s + k \cdot G_{\text{PID,o}} \cdot K_{\text{v}}} \tag{3-11}$$

假设髋关节中的电机带宽为 $100\,\text{Hz}$，即 $T_{\text{m}} = 0.01\,\text{s}$，其余参数均不改变，根据实际输出力矩 M_{L} 与理想输出力矩 $M_{\text{L,d}}$ 之间的传递函数，在 MATLAB 中画出系统的频率特性关系图，如图 3-8 所示。

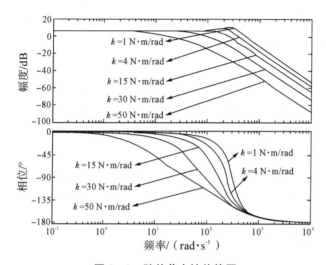

图 3-8　髋关节力控伯德图

由图 3-8 可知，随着驱动器中扭簧刚度系数 k 的减小，驱动器的带宽也将随之降低，但是系统的稳定性得到了很大的提高。

综上所述，弹性驱动器的引入，虽然降低了系统的带宽，但是提高了力控系统的稳定性，降低了高频阻抗。同时，可以通过提高比例系数 K_{p} 的值来适当增加系统的带宽和抗干扰能力，实现对髋关节精确的力控制。

3.2　多模式弹性驱动器

目前，驱动器都是针对特定的驱动功能而设计，动作能力有限，而在一些机器人的驱动器中，如行走机械腿、助力外骨骼机械腿的驱动器应具有适应各种路况运动的能力，不仅能平地行走，而且能跳，能爬坡及上下楼梯等，并且在运动过程中具有能耗低等优点，这就对驱动器提出了更高的要求。借鉴肌肉的黏弹性特征及肌腱的储能并且有效重新利用的特征，进行新型驱动器的研究是近年来研究的热点。例如，瑞士联邦理工学院（ETH）仿生机器人实验室的 Iida 等人进行了线性多模式弹性驱动器的研究[15]，旨在模拟人体肌肉良好的柔顺性与适应性以实现机械腿在不同运动模式下的驱动。

借鉴国内外的研究成果，进行了多模式驱动器的研究，所设计的多模式弹性驱动器采用电机带动丝杠螺母串联弹簧，并结合相应的刹车装置。有别于目前弹性驱动器仅能实现的储能、释能的弹性运动，所设计的弹性驱动器能实现不同功能模式的驱动。

3.2.1　第一代弹性驱动器设计及分析

1. 弹性驱动器的工作模式分析

设计的弹性驱动器工作模式分析图如图 3-9 所示，实物图如图 3-10 所示。采用 MAXSON RE30 电机作为动力源，通过丝杠螺母传动机构将电机的旋转运动转化为驱动器的直线驱动。整个机构包括：直流石墨有刷电机、弹性联轴器、滚珠丝杠、弹簧等部件组成。弹簧联接在动力源与负载之间，引入的弹性环节能很好地模拟人体肌肉的特性，一定程度上能自适应对外部载荷的变化。电机安装在电机支撑座上，电机支撑座通过直线轴承可实现在导轨上的滑动运动。电机输出轴通过联轴器与丝杠相连，丝杠上的螺母副与刹车离合装置支撑滑块 1 固连，同时刹车

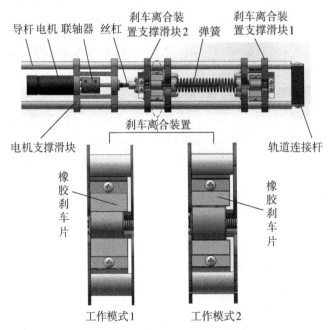

图 3-9　弹性驱动器工作模式分析图

离合装置支撑滑块 1 与弹簧的前端支撑座固连,弹簧的末端支撑座与刹车离合装置支撑滑块 2 固连,刹车离合装置滑块有两种工作模式,当内置在椭圆块内的电机带动椭圆块运动至图 3-9 中工作模式 1 所示位置时,刹车离合装置支撑滑块可以在轨道上自由滑动,而当内置在椭圆块内的电机带动椭圆块运动至图 3-9 所示的工作模式 2 时,椭圆块挤压橡胶刹车片,进而挤压刹车离合装置支撑滑块,使其锁紧在导轨上。

弹性驱动器在实施工作过程中,通过刹车离合装置模块实现工作模式的切换,通过弹簧的储能及释能实现节能、缓冲的目的。刹车离合装置模块结构图如图 3-11 所示,包括刹车电动机、椭圆块、刹车片 1、刹车臂、刹车片 2、复位弹簧。刹车电动机内置在椭圆块内,当刹车电动机旋转,带动椭圆块旋转,当椭圆块旋转至长轴位置时(图 3-11(a)),椭圆块挤压刹车片 1,进而带动刹车臂挤压刹车片 2,刹车片 2 挤压轨道,实现刹车装置模块锁紧在导轨上。当椭圆块由长轴旋转至短轴位置时(图 3-11(b)),刹车片 1 放松,刹车臂在复位弹簧的作用下复位,此时刹车装置模块通过直线轴承可实现在导轨上的滑动。由图 3-11 分析可知,刹车离合装置模块有两种转换模式,刹车离合装置处于状态"0"时,表示刹车离合装置滑块可以在导杆上自由滑动;刹车离合装置处于状态"1"时,表示刹车离合装置与导杆之间为刚性联接,此时刹车离合装置滑块不能在导杆上滑动。根据电动机的运行情况及刹车离合装置的开合模式,可得出弹性驱动器的工作模式如表 3-1 所示。

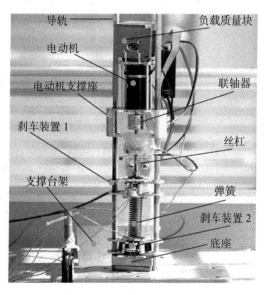

图 3-10　弹性驱动器实物图

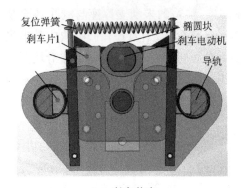 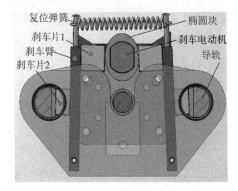

（a）刹车状态　　　　　　　　　　　　　（b）离合状态

图 3 - 11　刹车离合装置模块机构

表 3 - 1　弹性驱动器工作模式表

序号	运动模式	刹车离合装置 1	刹车离合装置 2	电动机正转	电动机反转	模式说明
1	自由模式	0	0	0	0	各支撑滑块能够在导杆上自由移动
		0	0	1	0	电动机正反转,调整刹车离合装置支撑滑块在导杆上的位置
		0	0	0	1	
2	调整模式	0	1	1	0	刹车离合块 2 与导杆刚性联接,电动机正反转,驱动器为刚性输出状态
		0	1	0	1	
3	压缩模式	1	0	1	0	刹车离合装置支撑滑块 1 与导杆刚性联接,电动机反转调整弹簧压缩量机正转压缩弹簧,滚珠丝杠的输出量等于弹簧的压缩量
		1	0	0	1	电动机反转调整弹簧压缩量
4	储能模式	1	1	0	0	刹车离合装置支撑滑块 1、2 与导杆刚性联接,弹簧被压缩后,弹性势能被储存
		1	1	1	0	弹簧处于储能状态时,电动机正反转为刚性输出状态
		1	1	0	1	
5	释能模式	0	1	0	0	弹簧势能被释放,刹车离合块 2 与导轨仍为刚性联接状态
		1	0	0	0	弹簧势能释放,刹车离合块 1 与导杆为刚性联接,此时驱动器为柔性输出状态

2. 弹性驱动器刹车装置研究

弹性驱动器中的刹车装置模型如图 3-12(a)所示,与其对应的受力图如图 3-12(b) 所示。

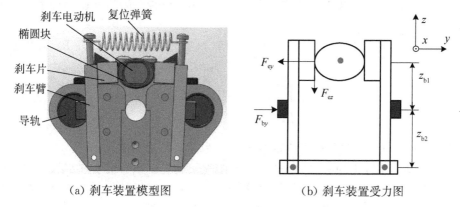

（a）刹车装置模型图　　　　　　　（b）刹车装置受力图

图 3-12　刹车装置模型图及受力分析图

在图 3-12(b) 中,对单边刹车装置进行分析,椭圆块上所受的力有刹车臂对其的挤压力 F_{ey} 及竖直方向的力 F_{ez}。刹车臂上受到轨道对其的挤压力 F_{by},椭圆块中心到轨道挤压中心的距离为 z_{b1},轨道挤压中心到下支点的距离为 z_{b2}。假设刹车装置所需要承受的理想纵向力为 F_x,则由式(3-12)可计算出刹车臂上的最大挤压力 F_{bymax} 为:

$$F_{bymax}\mu_b = F_x \tag{3-12}$$

其中 μ_b 为刹车臂与轨道间的摩擦系数。由力平衡方程可计算出椭圆块上的最大挤压力 F_{eymax} 为:

$$F_{eymax} = \frac{z_{b2}}{z_{b1} + z_{b2}} F_{bymax} \tag{3-13}$$

当刹车模式结束后,需要在复位弹簧的作用下让刹车臂复位,设复位弹簧的刚度为 k_r,则由式(3-14)可得出其弹性系数:

$$k_r = \frac{F_{eymax}}{\Delta s} \tag{3-14}$$

其中,Δs 为复位弹簧的变形量。

随着椭圆块的转动,复位弹簧的压缩量变化可以等效于一个正弦运动变化,也即是:

$$s(\varphi) = \Delta s \cdot \sin \varphi \quad 0 < \varphi < \pi/2 \tag{3-15}$$

则在复位弹簧的作用下,椭圆块上变化的压缩力 $F_{ey}(\varphi)$ 如式(3-16)所示,对应的压缩力矩 $M_{ec}(\varphi)$ 如式(3-17)所示:

$$F_{ey}(\varphi) = s(\varphi) \cdot k_\tau \tag{3-16}$$

$$M_{ec}(\varphi) = \frac{\mathrm{d}}{\mathrm{d}t}s(\varphi) \cdot F_{ey}(\varphi) \cdot \frac{1}{\omega} \tag{3-17}$$

其中：$\omega = \Delta\varphi/t$，ω 为椭圆块的转动速度；$\Delta\varphi$ 为椭圆块转动的角度；t 为椭圆块转动的时间。

同样还可计算出，随着椭圆块的转动，其椭圆块上的摩擦力 F_{ez} 和摩擦力矩 M_{ef}：

$$F_{ez}(\varphi) = F_{ey}(\varphi) \cdot \mu_e \tag{3-18}$$

$$M_{ef}(\varphi) = F_{ez}(\varphi) \cdot a \tag{3-19}$$

其中：μ_e 为椭圆块与刹车片间的摩擦系数；a 为椭圆块长轴半径。

给定刹车装置中的参数如表 3 - 2 所示，则可计算出刹车装置中椭圆块的压缩力矩、摩擦力矩及两者的力矩之和，如图 3 - 13 所示。椭圆块压缩力矩及摩擦力矩的计算分析对刹车电动机的选型提供了重要的理论依据。

表 3 - 2　刹车装置参数表

参数名称	参数值
F_x	40 N
z_{b1}	17 mm
z_{b2}	22 mm
μ_b	1.0
μ_e	0.1
t	0.1 s
$\Delta\varphi$	$\pi/4$
Δs	4 mm
a	18 mm

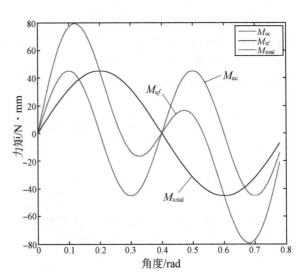

图 3 - 13　刹车装置中各力矩输出图

刹车装置工作过程中，内置在椭圆块内的电动机带动椭圆块旋转，通过椭圆块的运动变化进而挤压两侧的刹车片实现刹车装置与轨道间的锁紧与松开。粘贴在轨道内侧的刹车片的材料对刹车装置的锁紧程度影响较大，为了选择性能较优的刹车片，进行了常用刹车片材料的比较与分析，优选出聚氨酯、天然橡胶及三元乙丙橡胶系列材料进行刹车效果实验。评价不同材料刹车片效果的好坏体现在使用不同材料刹车片时椭圆块对轨道的挤压力不一样，采用 PVDF（聚偏氟乙烯）进行不同材料刹车片下的挤压力检测。PVDF是一种新型的高分子压电材料,具有材质柔韧、低密度、低阻抗和高压电常数等优点。PVDF薄膜在受一定方向的外力或变形时,材料就会在上下两个极化面产生极性相反、大小相等的电荷信号。以OP07、CA3140、UA741芯片为核心元器件进行PVDF压力传感器信号调整电路的设计,通过后续的电荷放大电路、滤波电路、放大电路将电荷量转换为电压信号进行采集。实验场景如图3-14所示。检测出的3种刹车材料条件下PVDF压力传感器的输出结果如图3-15所示。由图3-15可看出,三元乙丙橡胶的输出压力最大,其刹车效果最好,作为刹车片的优选材料。

（a）聚氨酯（PUR）　　（b）天然橡胶（NR rubber sheet）　　（c）三元乙丙橡胶（EPDM）

图3-14　不同材料的刹车力检测图

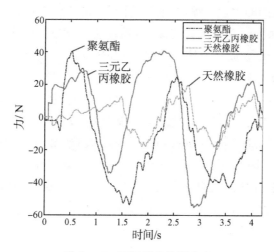

图3-15　不同材料的刹车力

3. 弹性驱动器动力学模型

在弹性驱动器用于机器人关节驱动之前,首先对弹性驱动器运动性能进行研究,建立的弹性驱动器模型如图 3-16 所示。

图 3-16 中,m_1 表示电动机及支撑座的质量,刹车离合装置 1 的质量用 m_2 表示,刹车离合装置 2 的质量用 m_3 表示,电动机带动丝杠的位移用 $x_3(t)$ 表示,刹车离合装置 1 与刹车离合装置 2 之间可以看作一个弹簧阻尼系统,其弹性系数与阻尼系数分别为 k_1 与 d_1。在弹性驱动器弹跳过程中,刹车离合装置 2 与基座之间加了一个柔性橡胶垫进行碰撞缓冲,可简化成一个弹簧阻尼系统,其弹性系数与阻尼系数分别为 k_2 与 d_2。由前文分析可知,质量块 m_1 可以在轨道上自由移动,而刹车离合装置质量块 m_2 与 m_3,则可根据刹车装置的开合模式,可以锁紧在轨道上也可以在轨

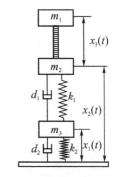

图 3-16 弹性驱动器模型图

道上自由移动,当把刹车装置 1 松开,而刹车装置 2 锁紧的时候,此时,m_3 锁紧在轨道上,m_2 可以在轨道上自由移动,此种运动模式称为弹跳模式。弹性驱动器是一个单输入多输出的系统,输入为电动机带动丝杠的运动,即 $x_3(t)$。输出分别为 $x_1(t)$ 及 $x_2(t)$,其中,$x_1(t)$ 为刹车装置 2 相对地面的高度,$x_2(t)$ 为刹车装置 1 相对地面的高度。

为了获得系统的动力学方程,对系统进行受力分析,把电动机及支撑座质量块 m_1、丝杠螺母质量块 m_s、刹车离合装置 1 的质量块 m_2 看成一个整体,把刹车轨道的质量 m_r 与质量块 m_3 看成一个整体,如图 3-17(a) 所示,对其进行受力分析,其受力有弹簧 1 的作用力 F_{k1},如式(3-20) 所示,其中 l_1 为弹簧原长。阻尼力 F_{d1} 如式(3-21) 所示。重力 F_{12g} 如式(3-22) 所示。轨道与质量块 m_1 之间的摩擦力 F_{R1} 如式(3-23) 所示。轨道与质量块 m_2 之间的摩擦力 F_{R2} 如式(3-24) 所示。丝杠与螺母之间的摩擦力 F_{Rb} 如式(3-25) 所示。把刹车离合装置 2 的质量块 m_3 看成一个整体受力图,如图 3-17(b) 所示,对其进行受力分析,弹簧 1 的反作用力 F_{k1},阻尼力 F_{d1},轨道与质量块 m_1 之间的摩擦力的反作用力 F_{R1},弹簧 2 的作用力 F_{k2},如式(3-26) 所示,其中 l_2 为弹簧原长。阻尼力 F_{d2} 如式(3-27) 所示。重力 F_{3g} 如式(3-28) 所示。系统中表达式的符号意义如表 3-3 所示。

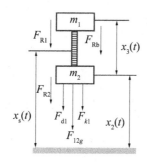 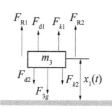

(a) 电动机及刹车离合装置模块 1 的整体受力图　(b) 刹车离合装置模块 2 的受力图

图 3 - 17　系统受力图

$$F_{k1} = k_1(x_2 - x_1 - l_1) \qquad (3-20)$$

$$F_{d1} = (\dot{x}_2 - \dot{x}_1)d_1 \qquad (3-21)$$

$$F_{12g} = (m_1 + m_2 + m_s)g \qquad (3-22)$$

$$F_{R1} = (\dot{x}_2 + \dot{x}_3 - \dot{x}_1)\mu_r \qquad (3-23)$$

$$F_{R2} = (\dot{x}_2 - \dot{x}_1)\mu_r \qquad (3-24)$$

$$F_{Rb} = (\dot{x}_2 + \dot{x}_3)\mu_b \qquad (3-25)$$

$$F_{k2} = k_2(x_1 - l_2) \qquad (3-26)$$

$$F_{d2} = \dot{x}_1 d_2 \qquad (3-27)$$

$$F_{3g} = m_3 g \qquad (3-28)$$

对于 m_3 进行受力分析可得式(3-29)所示表达式：

$$(m_3 + m_r)\ddot{x}_1 = -(2\mu_r + d_1 + d_2)\dot{x}_1 - (k_1 + k_2)x_1 + (2\mu_r + d_1)\dot{x}_2 + k_1 x_2 + \mu_r \dot{x}_3 + k_2 l_2 - k_1 l_1 - (m_3 + m_r)g \qquad (3-29)$$

对 m_1、m_s 及 m_2 的整体进行受力分析，可得式(3-30)所示表达式：

$$(m_1 + m_2 + m_s)\ddot{x}_2 = -(2\mu_r + \mu_b + d_1)\dot{x}_2 - k_1 x_2 + (2\mu_r + d_1)\dot{x}_1 + k_1 x_1 - (m_1 + m_s)\ddot{x}_3 - (\mu_r + \mu_b)\dot{x}_3 + k_1 l_1 - (m_1 + m_2 + m_3)g \qquad (3-30)$$

4. 弹跳运动分析及仿真

研究弹性驱动器在简谐激励下的弹跳运动，即研究简谐激励输入信号中的不同参数是如何影响系统的输出参数，采用什么样的输入能够实现能量的高效利用及稳态弹跳。把式(3-29)、式(3-30)改写成式(3-31)、式(3-32)所示表达式：

$$(m_3 + m_r)\ddot{x}_1 + \tilde{d}_1 \dot{x}_1 + \tilde{k}_1 x_1 = \tilde{F}_1(x_3(t), \dot{x}_2, x_2) \qquad (3-31)$$

$$m_{\text{tot}}\ddot{x}_2 + \widetilde{d}_2\dot{x}_2 + k_1x_2 = \widetilde{F}_2(x_3(t),\dot{x}_1,x_1) \tag{3-32}$$

其中，
$$\widetilde{d}_1 = 2\mu_r + d_1 + d_2$$

$$\widetilde{k}_1 = k_1 + k_2$$

$$\widetilde{F}_1 = (2\mu_r + d_1)\dot{x}_2 + k_1x_2 + \mu_r\dot{x}_3 + k_2l_2 - k_1l_1 - (m_3 + m_r)g$$

$$m_{\text{tot}} = m_1 + m_2 + m_s$$

$$\widetilde{d}_2 = 2\mu_r + \mu_b + d_1$$

$$\widetilde{F}_2 = (2\mu_r + d_1)\dot{x}_1 + k_1x_1 - (m_1 + m_s)\ddot{x}_3 - (\mu_r + \mu_b)\dot{x}_3 + k_1l_1 -$$
$$(m_1 + m_2 + m_3)g$$

对于式(3-31)及式(3-32)，写成标准表达式如式(3-33)所示：

$$\ddot{q} + \frac{d}{m}\dot{q} + \frac{k}{m}q = \frac{1}{m}F(t) \tag{3-33}$$

若 $\omega_0 = \sqrt{\dfrac{k}{m}}$, $\tau = \omega_0 t$, 式(3-33) 可以写成式(3-34)：

其中，
$$q'' + 2\xi q' + q = f(\tau)$$

$$q' = \frac{dq}{d\tau} \quad \xi = \frac{d}{2\sqrt{mk}} \quad f(\tau) = \frac{1}{m\omega_0^2}F\left(\frac{\tau}{\omega_0}\right) \tag{3-34}$$

设系统的输入为：$F(t) = F_0\sin(\omega_1 t)$，激励频率 ω_1 与系统的固有频率 ω_0 的比率定义为 η，则 $\eta = \dfrac{\omega_1}{\omega_0}$，式(3-34)的解为：$q(\tau) = V\dfrac{F_0}{m\omega_0^2}\sin(\eta\tau + \varphi)$，其中，$V = V(\eta,\xi)$ 为振幅放大值，而弹跳系统的目标就是寻找最大的激励频率 $\omega_{1\max}$，使 x_1 的值最大，即实现最大的弹跳高度。最大的激励频率 $\omega_{1\max}$ 必然产生最大的振幅放大值 $V_{\max}$，而 $V_{\max}$ 主要由 ξ 决定。由高等数学求极值的方法可得，当频率比 η 为：$\eta_{\max} = \sqrt{1 - 2\xi^2}$ 时，系统动力系数有最大值，即 $V_{\max} = \dfrac{1}{2\xi\sqrt{1-\xi^2}}$，所以，可计算出最大激励频率 $\omega_{1\max}$ 如式(3-35) 所示：

$$\omega_{1\max} = \omega_0\eta_{\max} = \sqrt{\frac{k}{m} - \frac{d^2}{2m^2}} \tag{3-35}$$

根据表3-3中的系统模型参数值，把质量块 m_1 与 m_2 看成一个整体，可以获得动力学系统的模型参数如表3-4所示。

表3-3 系统模型表

参数	数值
电动机及支撑座质量块的质量 m_1/kg	0.680 7
刹车装置1的质量 m_2/kg	0.130 097
刹车装置2的质量 m_3/kg	0.126 07
刹车轨道的质量 m_r/kg	0.280 34
丝杠螺母的质量 m_s/kg	0.119 86
设置在 m_2 与 m_3 之间的弹簧的弹性系数 k_1/(N·mm^{-1})	2 000
设置在 m_2 与 m_3 之间的阻尼器的阻尼系数 d_1/(Ns·m^{-1})	22
导轨上的滑动摩擦因数 μ_r/(Ns·m^{-1})	9
丝杠上的滚动摩擦因数 μ_b/(Ns·m^{-1})	≈0

表3-4 系统模型计算结果

参数	数值
系统固有频率 ω_{01}/(rad·s^{-1})	64.68
阻尼比 ξ_1/(rad·s^{-1})	0.589 8
最大激励频率 ω_{1max}/(rad·s^{-1})	35.684
系统固有频率 ω_{02}/(rad·s^{-1})	42.732
阻尼比 ξ_2/(rad·s^{-1})	0.390
最大激励频率 ω_{2max}/(rad·s^{-1})	35.660

通过上述分析可知,假设系统的输入为:$\widetilde{F}_1(t) = F_{10}\sin(\omega_{1max}t)$ 或 $\widetilde{F}_2(t) = F_{20}\sin(\omega_{2max}t)$,则 x_1 与 x_2 可达到最大振幅,然而 $\widetilde{F}_1(t)$ 与 $\widetilde{F}_2(t)$ 并不是整个系统的输入,整个系统的输入为 $x_3(t) = x_{30}\sin(\omega_3 t)$,但需要判断系统输入的激励频率 ω_3 与 ω_{1max} 及 ω_{2max} 的关系。因此设想 ω_{3max} 与 ω_{1max} 及 ω_{2max} 的值非常接近,因为只有在最大激励频率下才能实现 x_1 与 x_2 的最大振幅,于是结合 ω_{1max} 及 ω_{2max} 的值,进行了 ω_3 在 $20 \sim 40$ rad/s 的不同激励频率下输入的仿真,图3-18为不同频率下 x_1 的振幅图,图3-19为不同频率下 x_2 的振幅图。

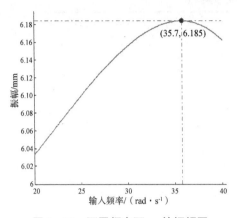

图 3-18　不同频率下 x_1 的振幅图　　　图 3-19　不同频率下 x_2 的振幅图

从图 3-18 及图 3-19 中可以看出,在激励频率 35.7 rad/s 时,x_1 与 x_2 达到最大振幅,从而验证了假设的正确性。

为了达到最大可能的弹跳高度,了解系统模型参数之间的影响,进行了不同负载、不同弹簧的弹性系数下的弹跳运动仿真分析。对简谐激励下的方程式(3-33)进行求解,采用 MATLAB 编程可输出质量在 1~2.5 kg 范围内,弹性系数在 1 500~3 000 N/m 范围内的弹性输出结果,如图 3-20 及图 3-21 所示。

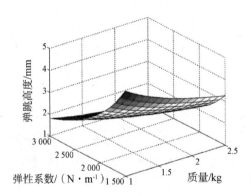
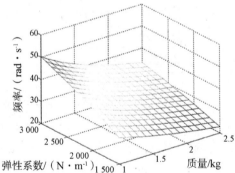

图 3-20　不同弹性系数及质量对应　　　图 3-21　最大弹跳高度下对应
　　　　的最大弹跳高度图　　　　　　　　　　的输入频率

从图 3-20、图 3-21 中可看出,要实现良好的弹跳高度,选择弹簧系数 1 500~2 000 N/m,质量 1~2 kg 比较合适。除了考虑弹跳高度外,还要考虑激励频率,因为如果要实现较大的激励频率,其所需电动机的质量也会随之增加,故选型的原则是,在选定电动机所允许的激励频率范围内,选择合适的弹簧及合适的负载质量来实现良好的弹跳效果。

5. 驱动器的弹跳实验研究

对弹性驱动器样机进行运动控制,控制试验装置如图 3-22 所示。控制系统包含电源模块、电动机驱动器、弹性驱动器样机、数据采集卡、传感器等,分别对弹性驱动器的连续弹跳及单次跳跃进行试验。

(1) 弹性驱动器的弹跳控制试验

对弹跳驱动器进行连续弹跳试验,受简谐激励 $F(t) = F_0 \sin(\omega t)$ 作用,弹性驱动器实现连续弹跳,针对所选用的电动机性能参数,输入的激励频率为 41 rad/s。弹性驱动系统中所选弹簧系数为:2 000 N/m,系统总质量为 2.02 kg,激励振幅为 10 mm 下能实现 15.5 mm 的弹跳高度。采用位移传感器对弹跳高度进行实时检测输出,弹跳试验的输出结果如图 3-23 所示,在一个弹跳周期内的弹跳试验图片如图 3-24 所示。

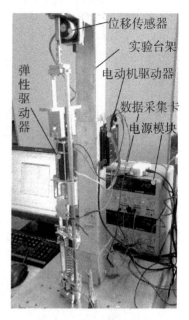

图 3-22 试验现场图

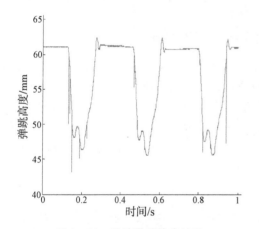

图 3-23 连续弹跳输出结果

图 3-24 弹跳试验图片

(2) 单次弹跳试验

在正弦输入条件下,弹性强的驱动器可实现连续弹跳,若要实现单次弹跳,输入为半个周期内的正弦信号,但由于半个周期正弦信号在电动机输入控制设置中的不易控特性,且根据双曲正切函数的图形特性,采用两个双曲正切函数来模拟半个周期的正弦信号,也即是采用式(3-36)所示的控制输入:

$$F(t) = A\tan h(Kt - f_1) - A\tan h(Kt - f_2) \tag{3-36}$$

式中:A 为幅值;K 为斜率;f_1 与 f_2 为偏差量。图 3-25 为正弦输入信号与双曲正切信号的比较图,由图 3-25 可看出双曲正切函数能很好地模拟半个周期的正弦信号。

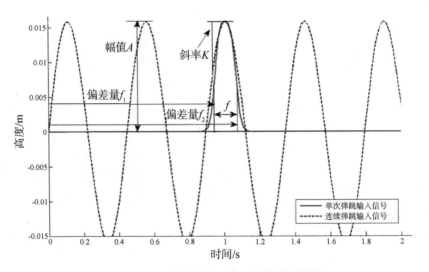

图 3-25　正弦信号与双曲正切信号比较图

对弹性驱动器实施单次弹跳控制试验,输入双曲正切控制函数,单次弹跳与连续弹跳的弹性驱动器系统为同一系统,系统总质量为 2.02 kg,弹簧系数为 2 000 N/m。为了实现最大弹跳高度,采用反复试验的方法:第一步由图 3-25 可知,输入信号中的偏差量 f_1 为运行开始时间,其取值对参数影响不大,初定 $f_1 = 34$;第二步寻找最优输入偏差 f 实现最大弹跳高度,则 $f_2 = f_1 + f$;第三步进行弹跳试验,反复执行 $A = [0 : 0.002 : 0.01]$,$K = [20 : 10 : 70]$,$f = [0 : 0.5 : 4]$ 离散值,记录试验结果;第四步获得最大弹跳高度。

对弹跳高度进行实时监测输出,通过试验检测,当 $A = 0.01$,斜率 $K = 65$,偏差 $f = 3.5$ 时,弹性高度约为 18 mm,弹跳试验的输出结果如图 3-26 所示。

由两次的弹跳对比分析可知,采用双曲正切模拟半个周期内的正弦信号进行电动机的单次弹跳试验,其弹跳高度略好于简谐激励下的连续弹跳。

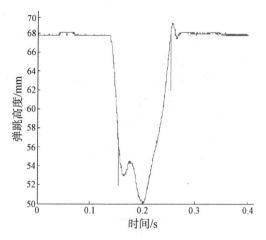

图 3 - 26　单次弹跳输出结果

6. 第一代弹性驱动器在膝关节外骨骼中的应用仿真分析

（1）助力膝关节外骨骼模型设计及运动分析

设计出的驱动器旨在用于膝关节外骨骼的驱动，弹性驱动器安装在膝关节外骨骼上的模型如图 3 - 27 所示。

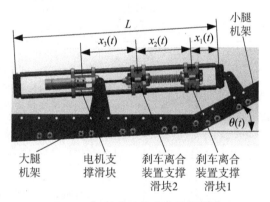

图 3 - 27　助力膝关节外骨骼模型

在膝关节外骨骼的大腿机架和小腿机架上分别有一个装配点，柔性弹性驱动器的电机支撑块与大腿机构联接，弹性驱动器下端与小腿机构联接。弹性驱动器的导杆的长度为 L，$x_1(t)$ 为刹车离合装置 1 与导杆底端的距离，其值可以表示刹车离合装置 1 在导杆上滑动的位置，$x_2(t)$ 为刹车离合装置 1 与刹车离合装置 2 之间的距离，其值能体现弹簧的伸缩量，$x_3(t)$ 为弹性驱动器的输入量，$\theta(t)$ 为小腿机构的摆动角度。

由于弹性驱动器作用于膝关节，不考虑髋关节和踝关节的摆动。假定大腿机构固定,在此前提下,进行弹性驱动器运动模式的分析。运动模式如表3-5所示。刹车离合装置有两种转换模式,刹车离合装置处于状态"0"时,表示刹车离合装置滑块可以在导杆上自由滑动;刹车离合装置处于状态"1"时,表示刹车离合装置与导杆之间为刚性联接,此时刹车离合装置滑块不能在导杆上滑动。电机有正转和反转两种工作状态,当电机正转处于"1"模式时,丝杠螺母推动刹车离合装置2背离电机支撑块移动,$x_3(t)$ 的值增大;当电机反转处于"1"时,电机反转,丝杠螺母拉动刹车离合装置2向电机支撑块移动,$x_3(t)$ 的值减小。当电机处于不工作状态时,即电机不转动时,电机正转和电机反转均处于"0"模式,此时由于滚珠丝杠的作用,$x_3(t)$ 的值保持不变。

表3-5　弹性驱动器工作模式表

序号	运动模式	刹车离合装置1	刹车离合装置2	电机正转	电机反转	模式说明
1	自由模式	0	0	0	0	各支撑滑块能够在导杆上自由移动
		0	0	1	0	电机正反转,调整刹车离合装置支撑滑块2在导杆上的位置
		0	0	0	1	
2	调整模式	0	1	1	0	刹车离合装置支撑滑块2与导杆为刚性联接,电机正转小腿机构的摆角减小;电机反转,小腿机构摆角增大
		0	1	0	1	
3	压缩模式	1	0	1	0	刹车离合装置支撑滑块1与导杆刚性联接,电机正转压缩弹簧,滚珠丝杠的输出量等于弹簧的压缩量,电机反转调整弹簧压缩量
		1	0	0	1	
4	储能模式	1	1	0	0	刹车离合装置支撑滑块1、2与导杆刚性联接,弹簧被压缩后,弹性势能被储存
		1	1	1	0	弹簧处于储能状态时,调整小腿机构摆角
		1	1	0	1	
5	释能模式	0	1	0	0	弹簧将释放,大腿机构、弹性驱动器、小腿机构仍处于刚性联接状态,小腿机构摆角不变
		1	0	0	0	弹簧释放,弹簧推动刹车离合装置支撑滑块1,进而推动小腿机构摆动,摆角减小

为了详细阐述在一个周期内膝关节助力外骨骼在弹性驱动器驱动下的工作过程,结合图3-28做进一步说明。

一个周期内分为四个阶段：

①初始状态，如图 3-28(a)所示。此阶段中，大腿机构固定，刹车离合装置支撑滑块 2 保持在导杆上合适位置，小腿机构与地面接触，而且小腿机构与大腿机构具有初始摆角 θ。

②小腿弯曲阶段，如图 3-28(b)所示。此阶段，刹车离合装置支撑滑块 1 与导杆分离(两者之间可以自由滑动)，刹车离合装置支撑滑块 2 与导杆锁紧(两者之间为刚性联接，无滑动)，电机反转，电机支撑滑块与导杆之间产生相对移动，$x_3(t)$ 逐渐减小，θ 逐渐增大，使小腿上摆弯曲。

③小腿伸直阶段。此阶段又分三种模式：①小腿下摆状态，此状态中，刹车离合装置支撑滑块 2 与导杆分离，刹车离合装置支撑滑块 1 与导杆锁紧，电机正转，$x_3(t)$ 逐渐增大，θ 逐渐减小，推动小腿机构下摆，如图 3-28(c)所示。②柔性接触状态，此状态中，电机继续正转，随着 θ 逐渐减小，小腿机构末端与地面开始接触碰撞，在刚性碰撞的瞬间，由于此时弹簧已经串联进入此柔性驱动系统中，故弹簧将起到重要的缓冲、减振作用，如图 3-28(d)所示。③储能状态，此状态中，电机继续正转，此时小腿与地面仍处于柔性接触状态，电机弹簧将被压缩，能量被储存，直到弹簧被压缩到极限值，如图 3-28(e)所示。

④弹簧释能阶段。此阶段中，电机快速反转，弹簧之前储存的能量将在瞬间释放，由于弹簧作用，小腿机构将被弹起，此刻弹性驱动器将起到能量放大和高效使用能量的作用，如图 3-28(f)所示。

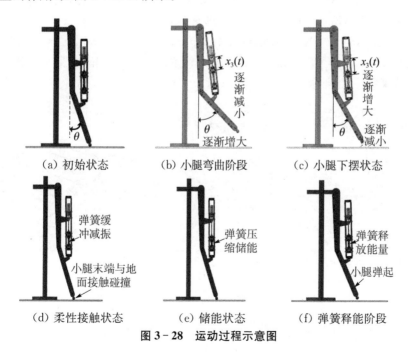

（a）初始状态　　（b）小腿弯曲阶段　　（c）小腿下摆状态

（d）柔性接触状态　　（e）储能状态　　（f）弹簧释能阶段

图 3-28　运动过程示意图

（2）基于弹性驱动器驱动的膝关节外骨骼虚拟样机仿真

为了研究弹性驱动器的驱动效果，对设计的基于弹性驱动器驱动的膝关节外骨骼进行虚拟样机仿真分析。进行助力膝关节外骨骼机构建模，并对模型进行简化，导入动力学仿真软件 ADAMS 中，如图 3－29 所示。改变弹簧刚度及负载质量进行仿真，分析各个参数对膝关节外骨骼运动效果影响。

图 3－29　仿真模型图

①弹簧刚度对膝关节外骨骼运动效果影响

弹簧是弹性驱动器中的关键器件，是决定弹性驱动器能量存储、能量放大的关键因素。根据弹性驱动器及机构系统质量，仿真优化出弹簧性能参数，实现弹性驱动器的最佳驱动效果是仿真分析的主要目的。改变弹簧刚度从 k_1 到 k_8（$k_1 = 0.5 \text{ N/mm}$，$k_2 = 0.8 \text{ N/mm}$，$k_3 = 1 \text{ N/mm}$，$k_4 = 1.4 \text{ N/mm}$，$k_5 = 1.8 \text{ N/mm}$，$k_6 = 2.2 \text{ N/mm}$，$k_7 = 2.6 \text{ N/mm}$，$k_8 = 3 \text{ N/mm}$），进行动力学仿真，得到不同刚度下小腿摆角的变化曲线，如图 3－30 所示。

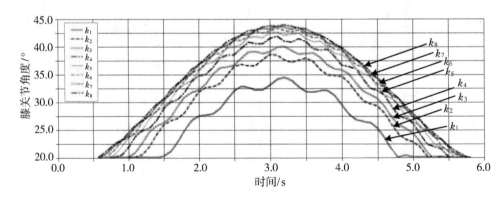

图 3－30　不同弹性系数下的膝关节角度变化

从图 3－30 可看出，在一个运动周期内，随着弹性刚度的增大，小腿的摆角逐渐增大,也即是弹跳高度随着弹簧弹性系数的增大而增大,但当 k 值增加到 1.4 N/mm 之后,随着弹簧刚度的增大,小腿的弹跳摆角变化不再明显。此种情况说明,对于所设置的驱动系统,弹簧刚度系数为 1.4 N/mm 时,弹性驱动器将获得最佳的缓冲、助力效果。

②系统的等效质量对膝关节外骨骼运动效果的影响

膝关节外骨骼在不同的助力负重下,对其驱动系统的输出要求也不一样。在仿真模型中通过改变系统的等效质量来模拟膝关节外骨骼的负重。设置的弹簧刚度系数为 $k = 1.4$ N/mm,弹簧阻尼值为 0,等效质量从 M_1 到 M_6($M_1 = 1$ kg,$M_2 = 3$ kg,$M_3 = 5$ kg,$M_4 = 10$ kg,$M_5 = 20$ kg,$M_6 = 30$ kg),小腿机构在不同负载下的摆角变化如图 3 - 31 所示。

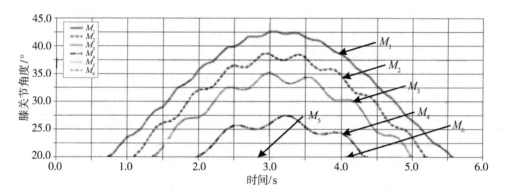

图 3 - 31　不同等效质量下的膝关节角度变化

从图 3 - 31 可以看出,在一个运动周期内,随着系统的等效质量的增加,膝关节的角度逐渐减小,也即是小腿的弹跳高度逐渐降低,这与实际分析相吻合,而当系统的等效质量在 20 kg 的时候,由于受电机性能参数及弹簧的弹性系数的制约,小腿机构几乎无法弹跳。

在本节进行了第一代弹性驱动器的研究,主要结论如下:

(1)提出并设计出一种由电动机带动丝杠螺母串联弹簧,结合相应的刹车离合装置,实现不同运动模式的新型弹性驱动器,并对其运动模式进行了分析。

(2)建立了弹性驱动器的动力学方程,研究了在简谐激励下弹性驱动器的弹跳运动,并进行了不同负载、不同弹簧的弹性系数下的弹跳运动仿真分析。

(3)进行了弹性驱动器的运动性能试验研究,分别对弹性驱动器的刹车力、连续弹跳及单次跳跃进行试验。试验结果表明,弹性驱动器能实现有效刹车;在简谐激励下能实现良好的连续弹跳;在输入的双曲正切信号控制下,能实现良好的单次弹跳,且弹跳高度略好于简谐激励下的连续弹跳。

(4)进行了弹性驱动器的应用研究,把弹性驱动器用于膝关节助力外骨骼中,进行膝关节外骨骼机构设计,并对一个运动周期内弹性驱动器驱动膝关节外骨骼运动的动作过程进行了分析;在弹性驱动器电机输入相同运动函数的情况下,通过设置不同的弹簧刚度值、等效负载质量值进行仿真,分析了不同弹簧刚度及不同等效负载质量对小腿机构的弹跳高度的影响。

3.2.2 第二代弹性驱动器设计及分析

1. 第二代弹性驱动器的机构设计

前文进行了第一代弹性驱动器的研究,此驱动器具有机构紧凑、重量轻等优点,能满足电机驱动、电机串联弹簧驱动及仅有弹簧的多种模式输出,但也存在如下问题:

(1)在刹车过程中,刹车离合块电机需要提供较高的驱动转矩才能保证有效刹车,而刹车机构中的刹车电机内置在椭圆块内,由于椭圆块的尺寸限制,使得刹车电机尺寸参数有限,从而提供的刹车力矩也有限;

(2)由于复位弹簧的作用,电机椭圆块与橡胶刹车片一直保持摩擦接触,这要求离合块电机具有较高的启动转矩,且存在较大的能量损耗;

(3)椭圆块在转动过程中,对两边橡胶刹车片施加的力不对称,从而造成离合块闭合不稳定;

(4)此弹性驱动器中,刹车轨也即是导轨,导致离合块闭合时,刹车片顶住导轨,使导轨受力变形,一旦导轨无法复原,而当离合块分离,离合块在已变形导轨上的运动将受到严重影响。

针对第一代弹性驱动器样机存在的问题,进行了第二代弹性驱动器的研究,所设计弹性驱动器总体机构如图 3-32 所示。弹性驱动器的爆炸视图如图 3-33 所示。

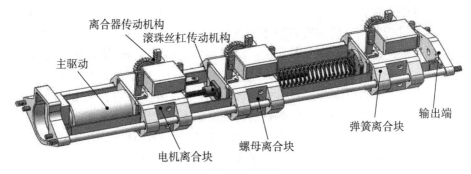

图 3-32 弹性驱动器的总体机构图

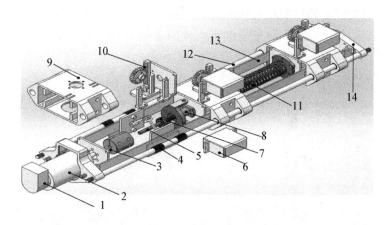

图 3-33 弹性驱动器爆炸视图

1-编码器;2-伺服电机;3-联轴器;4-直线轴承;5-滚珠丝杠;6-离合块电机;7-滚动轴承;8-丝杠螺母;
9-离合块构架;10-齿轮传动机构;11-弹簧;12-导轨;13-刹车轨;14-输出端

伺服电机将输出的转矩通过联轴器传递给滚珠丝杠,通过滚珠丝杠螺母机构及弹簧机构转化为轴向力的输出,再凭借刹车离合块的作用把输出力沿着刹车轨及导轨传递给输出端。

在第二代弹性驱动器中,重点改进机构为刹车模块机构,改进后的刹车模块机构如图 3-34 所示。

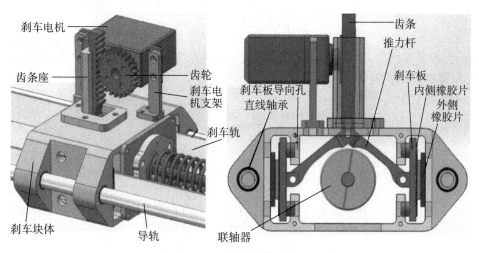

图 3-34 刹车模块结构图

新型刹车模块的组成主要包括:刹车电机、刹车电机支架、齿轮、齿条、齿条座、推力杆、刹车板、刹车橡胶片、直线轴承等。刹车电机转动,带动齿轮转动,齿轮又带动齿条在竖直方向移动,与齿条铰接的两根推力杆在齿条的作用下推动刹车板运动,进而顶住刹车轨以实现离合块闭合。离合块在分离工作状态时,刹车板并没有与刹车轨接触,所以大大减小了刹车电机的启动力矩。由于将导轨与刹车轨分离,离合器闭合时导致刹车轨有轻微变形也不会影响离合块沿着导轨自由滑动。刹车模块的刹车力模型如图 3-35 所示。

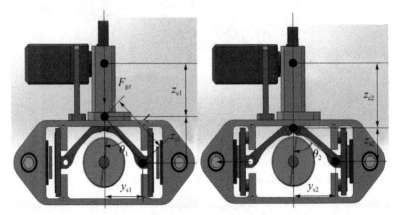

图 3-35 刹车离合器刹车力模型

离合块所提供的理想刹车力为:

$$F_x = F_{sy} \cdot \mu \tag{3-37}$$

F_{sy} 为刹车板所提供的最大正压力,μ 为刹车板橡胶与刹车轨之间的摩擦力。

$$F_{sy} = F_{gz} \cdot \tan \theta_2 \tag{3-38}$$

F_{gz} 为齿条受到向下的推力,同时也为齿轮所受的圆周力,θ_2 为刹车完成以后推力杆与竖直方向的夹角。

齿条向下的位移量为:

$$\Delta z = z_{c2} - z_{c1} \tag{3-39}$$

$$\Delta z = z_{s1} - z_{s2} \tag{3-40}$$

$$\Delta z = \frac{1}{2} Zm\varphi \tag{3-41}$$

式(3-41)中:Z 为齿轮齿数;m 为齿轮模数;φ 离合器电机转动角度(弧度制)。

$$\cos \theta_2 = \frac{z_{s2}}{L} = \frac{z_{s1} - \Delta z}{L} \tag{3-42}$$

齿轮所受的圆周力 F_{gz}、径向力 F_r、法向力 F_n 分别为:

$$F_{gz} = \frac{2T}{Zm} \tag{3-43}$$

$$F_r = F_{gz} \cdot \tan \alpha \qquad (3-44)$$

$$F_n = \frac{F_{gz}}{\cos \alpha} \qquad (3-45)$$

其中：T 为离合器电机转矩；Z 为齿轮齿数；m 为齿轮模数；α 为齿轮压力角。将 (3-38) 式、(3-41) 式、(3-42) 式、(3-43) 式代入 (3-37) 式得刹车离合块所提供的最大摩擦力为：

$$F_x = F_{sy} \cdot \mu = F_{gz} \cdot \tan \theta_2 \cdot \mu = \frac{2T}{Zm} \tan \left[\arccos \frac{z_{sl} - \frac{1}{2} Zm\varphi}{L} \right] \cdot \mu$$

$$(3-46)$$

为了合理选择离合器电机型号，根据刹车离合块所需的最大摩擦力可反解出刹车电机所需的额定转矩：

$$T = \frac{F_x \cdot Z \cdot m}{2 \cdot \tan \left[\arccos \dfrac{z_{sl} - \frac{1}{2} Zm\varphi}{L} \right] \cdot \mu} \qquad (3-47)$$

2. 弹性驱动器的刹车力实验研究

进行刹车力的实验研究，把压力传感器安装在刹车轨道上，如图 3-36 所示。刹车电机旋转，带动推杆机构运动，进而挤压刹车片进行机构刹车，图 3-37 给出了刹车电机旋转角度与刹车力变化关系图，从图中可以看出，当刹车电机旋转至 20° 时，刹车装置完全刹紧，刹车力约 75 N，从开始刹车到完全刹紧的时间约 0.33 s。

图 3-36　刹车力测试平台

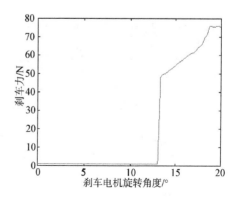

图 3-37　刹车力实验输出

由图 3-37 可以看出,刹车装置的刹车力较第一代样机有了显著提高,且刹车响应时间较快。

3. 弹性驱动器控制模型分析

弹性驱动器中的主驱电机输入的角位移可以通过编码器精确测出,建立基于位置源的控制模型,并且推导出其控制模型开环和闭环系统的传递函数,依据传递函数绘制出的奈奎斯特(Nyquist)图和伯德(Bode)图对系统稳定性和动力学模型的控制特性进行分析。

位置源模型是把弹性驱动器的主电机转动,进而带动滚珠丝杠螺母位置的移动看作输出源,弹性驱动器大多数工作时间均处于电机串联弹簧的弹性工作模式,故重点研究弹性驱动模式下控制模型及其系统稳定性,把弹性元件简化为弹簧-阻尼器并联系统,得到位置源控制模型,如图 3-38 所示。

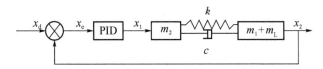

图 3-38 弹性驱动器位置源模型图

为了得到位置控制模型公式,定义 x_1 为离合块2的位移量,x_2 为离合块1的位移量。在弹性模式驱动器运动过程中,离合块1与负载闭合联接,所以弹性驱动器输出端与离合块1具有相同的位移量,m_1 为离合块1的质量,m_2 为离合块2的质量加上传动机构的等效质量,m_L 为弹性驱动器输出端负载的质量,c 为系统等效阻尼,k 为弹性元件刚度系数。

根据弹性驱动器的位置源控制模型,首先建立其位置源动力学模型公式:

$$k(x_1 - x_2) + c(x_1 - x_2) = (m_1 + m_2) \cdot x_2 \qquad (3-48)$$

在频域内,把式(3-48)进行 Laplace 变换得:

$$k(X_1 - X_2) + c \cdot s \cdot (X_1 - X_2) = s^2(m_1 + m_2) \cdot X_2 \qquad (3-49)$$

将式(3-49)整理得到输出为 $X_1(s)$、输入为 $X_2(s)$ 的开环传递函数:

$$G(s) = \frac{X_2(s)}{X_1(s)} = \frac{c \cdot s + k}{(m_1 + m_2) \cdot s^2 + c \cdot s + k} \qquad (3-50)$$

闭环控制要对输出端进行检测,得到输出反馈,比较反馈结果与输入信息的差值,从而进行调节与纠正。本文采用 PID 单位负反馈控制法,对于闭环系统其偏差为:

$$x_e = x_d - x_2 \qquad (3-51)$$

驱动系统的位移为：

$$x_1 = K_p \cdot x_e + \int K_i \cdot x_e \mathrm{d}t + K_d \cdot \dot{x}_e \qquad (3-52)$$

在频域内，对式(3-52)进行 Laplace 变换得：

$$X_1 = K_p \cdot X_e + \frac{K_i}{s} \cdot X_e + s \cdot K_d \cdot X_e \qquad (3-53)$$

把式(3-53)代入式(3-50)，可得到弹性模式下闭环传递函数为：

$$G(s) = \frac{X_2}{X_1} = \frac{A_3 \cdot s^3 + A_2 \cdot s^2 + A_1 \cdot s + A_0}{B_3 \cdot s^3 + B_2 \cdot s^2 + B_1 \cdot s + B_0} \qquad (3-54)$$

其中：

$$A_3 = c \cdot K_d \quad B_3 = m + c \cdot K_d$$
$$A_2 = c \cdot K_p + k \cdot K_d \quad B_2 = c + c \cdot K_p + k \cdot K_d$$
$$A_1 = c \cdot K_i + k \cdot K_p \quad B_1 = k + c \cdot K_i + k \cdot K_p$$
$$A_0 = k \cdot K_i \quad B_0 = k \cdot K_i$$

4. 弹性驱动器的频域特性分析

（1）开环系统频域特性分析

式(3-54)给出了弹性驱动器控制模型的开环传递函数，首先考察弹簧刚度对弹性模式下系统稳定性的影响，设定等效阻尼系数 $c = 0.015\,\mathrm{N/mm}$，离合块1的质量 $m_1 = 0.299\,\mathrm{kg}$，负载质量 $m_L = 0.5\,\mathrm{kg}$，研究弹簧刚度系数 k 值分别为 0.5 N/mm、1 N/mm、3 N/mm、6 N/mm、10 N/mm 时系统的稳定性。

计算出上述 5 种不同刚度系数时系统开环传递函数特征方程的根，如表 3-6 所示。

表 3-6　不同刚度系数下开环特征方程根

弹性模式下弹簧刚度系数 $k/(\mathrm{N \cdot mm^{-1}})$	系统开环传递函数特征根（极点）
0.5	$-0.009\,4 + 0.791\,0\mathrm{i}$；$-0.094 - 0.791\,0\mathrm{i}$
1	$-0.009\,4 + 1.118\,7\mathrm{i}$；$-0.009\,4 - 1.118\,7\mathrm{i}$
3	$-0.009\,4 + 1.937\,7\mathrm{i}$；$-0.009\,4 - 1.937\,7\mathrm{i}$
6	$-0.009\,4 + 2.740\,3\mathrm{i}$；$-0.009\,4 - 2.740\,3\mathrm{i}$
10	$-0.009\,4 + 3.537\,7\mathrm{i}$；$-0.009\,4 - 3.537\,7\mathrm{i}$

利用 MATLAB 软件绘制出弹性模式下不同刚度系数时开环系统奈奎斯特图（图 3-39）和伯德图（图 3-40）。

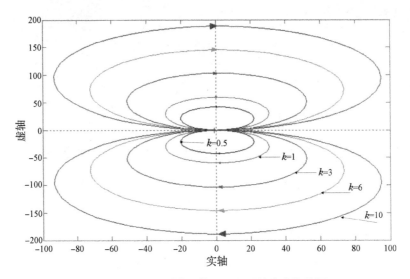

图 3 - 39　不同刚度系数下开环系统奈奎斯特图

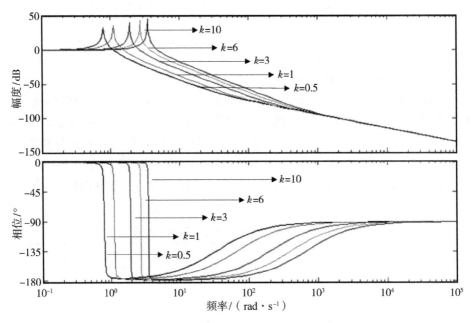

图 3 - 40　不同刚度系数下开环系统伯德图

由弹性驱动器弹性模式下开环系统的奈奎斯特图可得:不同弹簧刚度值对应的开环系统特征方程的根均有负实部,所有的极点都在 s 的左半平面,所以系统是稳定的;奈奎斯特曲线与负实轴无交点,系统具有较好稳定性。

由弹性驱动器弹性模式下开环系统伯德图可得:相位曲线与－180°没有相交,

具有良好的幅值裕量,该模型的跟随特性在低频带效果良好;随着弹簧系数增大,系统相位裕量逐渐减小,稳定性也变差,模型频率增大时,会出现相位滞后现象。弹簧刚度增大到最大时,此模型幅频特性出现最大谐振峰值,由此可知弹簧刚度越大模型系统的稳定性越低。

其次考察阻尼对弹性模式下系统稳定性的影响,设定弹簧刚度系数为 $k = 1\,\text{N/mm}$,离合块 1 的质量 $m_1 = 0.299\,\text{kg}$,负载质量 $m_\text{L} = 0.5\,\text{kg}$,研究阻尼值分别为 $0.005\,\text{Ns/mm}$、$0.015\,\text{Ns/mm}$、$0.05\,\text{Ns/mm}$、$0.5\,\text{Ns/mm}$、$1\,\text{Ns/mm}$ 时系统的稳定性。

计算出上述 5 种不同阻尼系数时系统开环传递函数特征方程的根,如表 3 - 7 所示。

表 3 - 7　不同阻尼系数开环系统特征方程根

弹性模式下阻尼系数 $c/(\text{Ns} \cdot \text{mm}^{-1})$	系统开环传递函数特征根(极点)
0.005	$-0.003\,1 + 1.118\,7\text{i}$;$-0.003\,1 - 1.118\,7\text{i}$
0.015	$-0.009\,4 + 1.118\,7\text{i}$;$-0.009\,4 - 1.118\,7\text{i}$
0.05	$-0.031\,3 + 1.118\,3\text{i}$;$-0.031\,3 - 1.118\,3\text{i}$
0.5	$-0.312\,9 + 1.074\,1\text{i}$;$-0.312\,9 - 1.074\,1\text{i}$
1	$-0.625\,8 + 0.927\,3\text{i}$;$-0.625\,8 - 0.927\,3\text{i}$

利用 MATLAB 软件绘制出弹性模式下不同阻尼系数时开环系统奈奎斯特图(图 3 - 41)和伯德图(图 3 - 42)。

由开环 Nyquist 图可得:Nyquist 曲线不包围 $-1 + \text{j}0$ 点,而且不同阻尼系数时开环系统特征方程的根都为负实部,系统的极点均在 s 左半平面,故系统是稳定的。

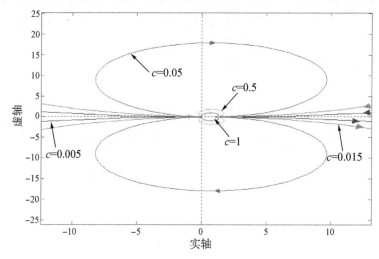

图 3 - 41　不同阻尼系数下开环系统奈奎斯特图

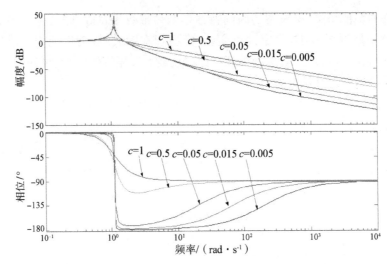

图 3 - 42　不同阻尼系数下开环系统伯德图

由伯德图可得：幅值裕量和相位裕量都为正，模型稳定性良好；由图可知相位曲线位于 −180°线上方，具有正的相位裕量，系统阻尼值减小时，其对应的相位裕量也较少；幅值曲线发生了谐振峰值，在系统阻尼系数增大的情况下，谐振峰值随之减小，在时域内其阶跃响应超调量也随之减小，故由分析可知，较大的阻尼值有助于系统的稳定性。

（2）闭环系统频域特性分析

首先考察弹簧刚度对弹性模式下系统稳定性的影响，设定等效阻尼系数 $c = 1\,\mathrm{Ns/mm}$，离合块 1 的质量 $m_1 = 0.299\,\mathrm{kg}$，负载质量 $m_L = 0.5\,\mathrm{kg}$，控制参数 $K_p = 15$，$K_i = 0.1$，$K_d = 1.8$，研究弹簧刚度系数 k 值分别为 $0.5\,\mathrm{N/mm}$、$1\,\mathrm{N/mm}$、$3\,\mathrm{N/mm}$、$6\,\mathrm{N/mm}$、$10\,\mathrm{N/mm}$ 时系统的稳定性。

计算出上述 5 种不同刚度系数时系统闭环传递函数特征方程的根，如表 3 - 8 所示。

表 3 - 8　不同刚度系数下闭环系统特征根

弹性模式下弹簧刚度系数 $k/(\mathrm{N \cdot mm^{-1}})$	系统闭环传递函数特征根（极点）
0.5	$-7.726\,2$；$-0.517\,5$；$-0.006\,3$
1	$-7.415\,3$；$-1.078\,4$；$-0.006\,3$
3	$-4.746\,9+1.207\,4\mathrm{i}$；$-4.746\,9-1.207\,4\mathrm{i}$；$-0.006\,3$
6	$-5.496\,9+4.214\,9\mathrm{i}$；$-5.496\,9-4.214\,9\mathrm{i}$；$-0.006\,3$
10	$-6.496\,9+6.144\,9\mathrm{i}$；$-6.496\,9-6.144\,9\mathrm{i}$；$-0.006\,3$

利用 MATLAB 软件绘制出弹性模式下不同刚度系数时闭环系统的奈奎斯特图(图 3-43)和伯德图(图 3-44)。

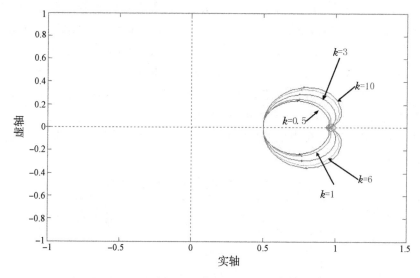

图 3-43 不同刚度系数下闭环系统奈奎斯特图

由弹性驱动器弹性模式下闭环系统的奈奎斯特图可得:奈奎斯特曲线不包围－1＋j0 点,而且所有不同刚度的特征方程的根具有负实部,其所有极点都在 s 平面左半平面,故闭环系统稳定。

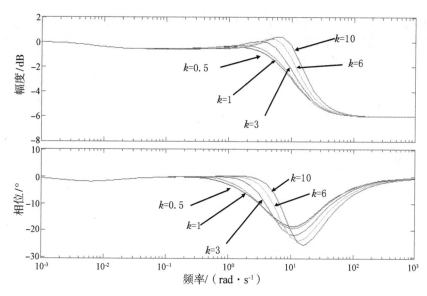

图 3-44 不同刚度系数下闭环系统伯德图

由弹性驱动器弹性模式下闭环系统的伯德图可得:弹性模式下闭环系统具有良好的幅值裕量和相位裕量,系统稳定,但是随着弹簧刚度的增大,相位裕量将较小,系统稳定性也将降低;当刚度增大时,系统幅值跟随特性和相位跟随特性变好,然而刚度增大到最大时,系统出现谐振峰值,在时域系统内阶跃跟随存在超调量。

其次考察系统阻尼对弹性模式下系统稳定性的影响,设定刚度系数 $k = 1\ \mathrm{N/mm}$,离合块 1 的质量 $m_1 = 0.299\ \mathrm{kg}$,负载质量 $m_\mathrm{L} = 0.5\ \mathrm{kg}$,控制参数 $K_\mathrm{p} = 15, K_\mathrm{i} = 0.1, K_\mathrm{d} = 1.8$,研究系统阻尼值分别为 $0.005\ \mathrm{Ns/mm}$、$0.015\ \mathrm{Ns/mm}$、$0.05\ \mathrm{Ns/mm}$、$0.5\ \mathrm{Ns/mm}$、$1\ \mathrm{Ns/mm}$ 时系统的稳定性。

计算出上述 5 种系统阻尼系数时系统闭环传递函数特征方程的根,如表 3 - 9 所示。

表 3 - 9　不同阻尼系数下闭环系统特征根

弹性模式下 系统阻尼系数 $c/(\mathrm{Ns \cdot mm^{-1}})$	系统闭环传递函数特征根(极点)
0.005	$-0.928\ 5 + 3.870\ 9\mathrm{i}$；$-0.928\ 5 - 3.870\ 9\mathrm{i}$；$-0.006\ 3$
0.015	$-0.990\ 1 + 3.819\ 5\mathrm{i}$；$-0.990\ 1 - 3.819\ 5\mathrm{i}$；$-0.006\ 3$
0.05	$-1.189\ 5 + 3.640\ 4\mathrm{i}$；$-1.189\ 5 - 3.640\ 4\mathrm{i}$；$-0.006\ 3$
0.5	$-2.575\ 8 + 1.334\ 3\mathrm{i}$；$-2.575\ 8 - 1.334\ 3\mathrm{i}$；$-0.006\ 3$
1	$-5.266\ 7$；$-1.084\ 2$；$-0.006\ 3$

利用 MATLAB 软件绘制出弹性模式下不同阻尼系数时闭环系统的奈奎斯特图(图 3 - 45)和伯德图(图 3 - 46)。

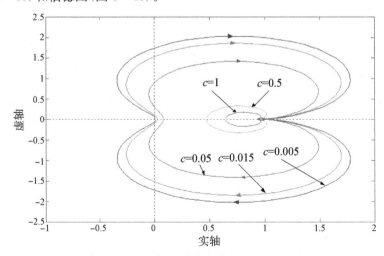

图 3 - 45　不同阻尼系数下闭环系统奈奎斯特图

由弹性驱动器弹性模式下闭环系统的奈奎斯特图可得：奈奎斯特曲线不包围 $-1+j0$ 点，所有不同阻尼系数的闭环系统特征方程根都有负实部，所有极点均在 s 左半平面，故弹性模式下闭环系统稳定；奈奎斯特曲线与负实轴不相交，对应的伯德图中相位曲线在 $-180°$ 上方，故系统有较好的幅值裕量。

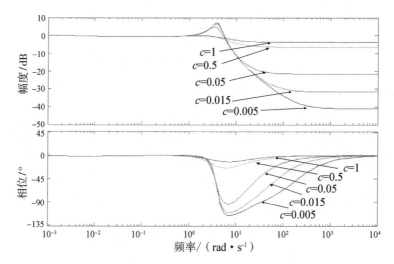

图 3-46　不同阻尼系数下闭环系统伯德图

从弹性驱动器弹性模式下闭环系统的伯德图可得：系统幅值裕量位于 0 dB 以下，相位裕量位于 $-180°$ 以上，系统稳定；阻尼增大时，相位裕量逐渐增大，弹性驱动器系统相对稳定性也会提升。

5. 弹性驱动器的驱动能量分析

弹性驱动器输出能量的研究旨在通过驱动器在一定驱动行程范围内，其能量的产生、存储、放大特征的研究。弹性驱动器输出能量的分析是在归一化的前提条件下进行。

（1）弹性驱动器刚性模式能量输出分析

把弹性驱动器离合块 2 闭合，离合块 1、离合块 3 分离，弹性驱动器工作模式转变为刚性模式，此时弹簧未被串入驱动系统，系统输出为刚性输出，由于整个传递过程为刚性传递，故能对输出端进行精确的位置控制，其刚性模式输出模型如图 3-47 所示。

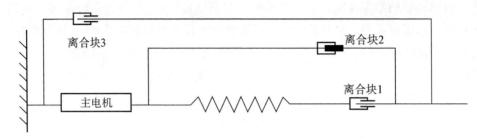

图 3 - 47　弹性驱动器刚性模式输出模型

建立驱动器的刚性模式下动力学模型,为了简化模型,将电机的电气阻尼和联轴器、滚珠丝杠的传动阻尼看作一个等效阻尼 c。为了与弹性模式下系统能量放大相比较,把刚性模式看作一个最简机械模型,故暂时不考虑等效质量块 m_2(即把 m_2 看作传动机构的等效质量),得到弹性驱动器刚性模式动力学模型,如图 3 - 48 所示(图中 f 为螺母施加给离合块 1 和负载的推力,m_1 为离合块 1 的质量,m_L 为弹性驱动器输出端负载质量)。

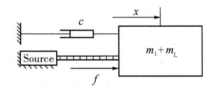

图 3 - 48　刚性模式动力学模型

由图 3 - 48 动力学模型可以得到刚性模式下系统动力学方程:

$$(m_1 + m_L) \cdot \ddot{x} = f - c \cdot \dot{x} \tag{3-55}$$

在时域内,求解微分方程式(3 - 55),并代入初始条件 $x(0) = 0, \dot{x}(0) = 0$,得:

$$x(t) = \frac{\mathrm{e}^{\frac{ct}{m_1 + m_L}} \cdot f \cdot \left[c \cdot \mathrm{e}^{\frac{ct}{m_1 + m_L}} \cdot t + m_1 + m_L - (m_1 + m_L) \cdot \mathrm{e}^{\frac{ct}{m_1 + m_L}} \right]}{c^2} \tag{3-56}$$

$$v = \dot{x}(t) = \frac{\mathrm{e}^{\frac{ct}{m_1 + m_L}} \cdot f \cdot \left(c\mathrm{e}^{\frac{ct}{m_1 + m_L}} + \dfrac{c^2 \mathrm{e}^{\frac{ct}{m_1 + m_L}} \cdot t}{m_1 + m_L} - c\mathrm{e}^{\frac{ct}{m_1 + m_L}} \right)}{c^2}$$
$$- \frac{\mathrm{e}^{\frac{ct}{m_1 + m_L}} \cdot f \cdot \left[c\mathrm{e}^{\frac{ct}{m_1 + m_L}} \cdot t + m_1 + m_L - (m_1 + m_L)\mathrm{e}^{\frac{ct}{m_1 + m_L}} \right]}{c(m_1 + m_L)} \tag{3-57}$$

进而可得到刚性模式下系统的能量公式:

$$E = \frac{1}{2}(m_1 + m_L) \cdot v^2 \qquad (3-58)$$

根据式(3-57)、式(3-58),进行参数归一化处理,编程出弹性驱动器刚性模式下系统能量输出图,如图3-49所示。其中,弹性驱动器输出端位移 x 为横坐标轴,输出系统输出能量 E 为纵坐标轴。

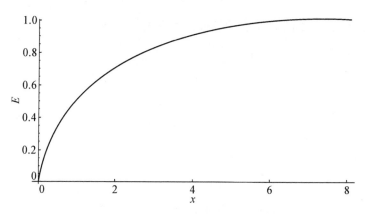

图3-49　弹性驱动器刚性模式下能量输出图

(2)弹性驱动器弹性模式能量输出分析

弹性驱动器离合块2和离合块3分离,离合块1闭合时,弹性驱动器工作模式转变为弹性模式,此时弹簧串入驱动系统,系统输出为柔性输出,由于整个传动过程为柔性传动,故不能对输出端进行精确的位置控制,其弹性模式下工作模型如图3-50所示。

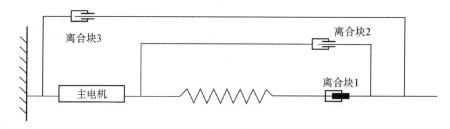

图3-50　弹性驱动器柔性模式输出模型

建立驱动器的弹性模式动力学模型,为了简化模型,将电机的电气阻尼、机械传动阻尼、弹簧阻尼看作一个等效阻尼 c,k 为串入系统的弹簧刚度系数。为了完善分析系统能量的模型,引入等效传动质量 m_2(即把 m_2 看作离合块2质量与传动机构质量之和的等效质量),得到弹性驱动器弹性模式动力学模型,如图3-51所示,其中 x_1 为离合块2的位移, x_2 为输出端的位移。

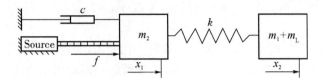

图 3 - 51　刚性模式动力学模型

由上述模型,得到驱动器在弹性模式下系统动力学方程:

$$f - k\Delta x - c\dot{x}_1 = m_2 \cdot \ddot{x}_1 \tag{3-59}$$

$$k\Delta x = (m_1 + m_L)\ddot{x}_2 \tag{3-60}$$

$$v_2 = \dot{x}_2 \tag{3-61}$$

$$\Delta x = x_1 - x_2 \tag{3-62}$$

在频域内,对上述动力学方程组进行 Laplace 变换得:

$$F(s) - k\Delta X(s) - csX(s) = s^2 m_2 X_1 \tag{3-63}$$

$$\Delta X(s) = X_1(s) - X_2(s) \tag{3-64}$$

$$V_2(s) = sX_2(s) \tag{3-65}$$

根据考察系统能量输出所需的参数,以 ΔX、V_2、X_1 为状态变量,得出如下传递函数:

$$\frac{X_1(s)}{F(s)} = \frac{(m_1 + m_L)s^2 + k}{m_2(m_1 + m_L)s^4 + c(m_1 + m_L)s^3 + k(m_2 + m_1 + m_L)s^2 + cks} \tag{3-66}$$

$$\frac{\Delta X(s)}{F(s)} = \frac{(m_1 + m_L)s}{m_2(m_1 + m_L)s^3 + c(m_1 + m_L)s^2 + k(m_2 + m_1 + m_L) + kc} \tag{3-67}$$

$$\frac{V_2(s)}{F(s)} = \frac{k}{m_2(m_1 + m_L)s^3 + c(m_1 + m_L)s^2 + k(m_2 + m_1 + m_L)s + kc} \tag{3-68}$$

弹性驱动器弹性模式下,其总能量 E 由弹簧压缩所储存的势能 E_p 和输出端动能 E_k 共同组成,故其系统能量公式为:

$$E_p = \frac{1}{2}k\Delta x^2 = \frac{1}{2}k(x_1 - x_2)^2 \tag{3-69}$$

$$E_k = \frac{1}{2}(m_1 + m_L) \cdot v_2^2 = \frac{1}{2}(m_1 + m_L) \cdot \dot{x}_2^2 \tag{3-70}$$

$$E = E_p + E_k \qquad (3-71)$$

首先分析弹簧刚度对驱动器能量输出的影响,除弹簧刚度 k 外,把其他参数(f、c、m_1、m_2)归一化处理,按照弹簧刚度值 $k=0.2\,\text{N/mm}$、$0.5\,\text{N/mm}$、$1\,\text{N/mm}$、$10\,\text{N/mm}$、$20\,\text{N/mm}$、$100\,\text{N/mm}$ 绘制弹性模式下系统的能量图,系统势能如图 3-52 所示,系统动能如图 3-53 所示,系统总能量如图 3-54 所示.

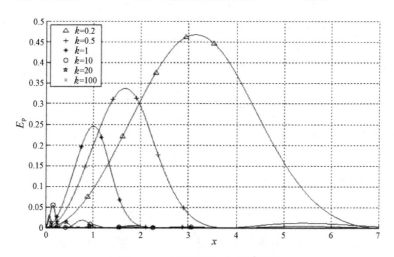

图 3-52　不同刚度系统势能图

由图 3-52 可知,弹簧刚度越小,系统能够存储弹性势能越大,反之弹簧刚度越大,则系统存储弹性势能的能力越低。当驱动器驱动位移达到一定程度以后,随着弹簧刚度值的不同,弹性势能将在某个位移值后逐步减小。

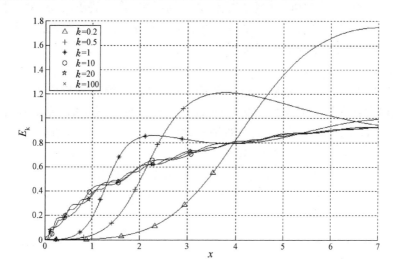

图 3-53　不同刚度系统动能图

　　由图 3-53 可知,弹簧刚度值较大时,系统的动能增加轨迹接近,当弹簧刚度值较小时,初始阶段动能增加缓慢,到达一定位移量后动能才开始增加。

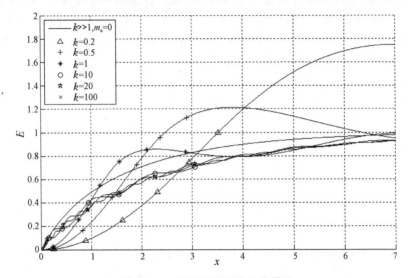

图 3-54　不同刚度系统总能量图

　　由系统总能量图 3-54 可知,在一定驱动位移的条件下,弹簧刚度 $k=0.2\,\text{N/mm}$、$k=0.5\,\text{N/mm}$、$k=1\,\text{N/mm}$ 的系统总能量曲线超过了弹性驱动器在刚性模式下的能量曲线。弹性模式下系统能量超过刚性模式下系统能量的现象为能量放大。由不同刚度系统总能量图可知,弹簧刚度值较小时,能量放大的起始点靠后,但是其能量放大倍数和持久性越好。

　　分析传动机构等效质量对系统能量输出的影响,除等效质量 m_2 外,对其余参数(f、c、m_1、m_2)归一化处理。按照等效质量 m_2 分别取 $0.05\,\text{kg}$、$0.5\,\text{kg}$、$1\,\text{kg}$、$10\,\text{kg}$、$20\,\text{kg}$、$100\,\text{kg}$ 的阻尼值绘制出系统能量图,系统势能如图 3-55 所示,系统动能如图 3-56 所示,系统总能量如图 3-57 所示。

　　由图 3-55 可知,等效质量对系统势能影响较大,当传动机构等效质量较大时,弹簧储存弹性势能的能力较低,当传动机构等效质量较小时,弹簧具有较好的储存弹性势能的能力。故在设计弹性驱动器时,要尽量减小传动机构的质量,以此保证弹性驱动器具有较高的能量输出。

　　由图 3-56 可以看出传动机构等效质量对输出端动能的影响。传动机构等效质量越小,弹性驱动器输出端动能越大。由此可见,在弹性驱动器设计过程中,减小传动机构质量十分重要。

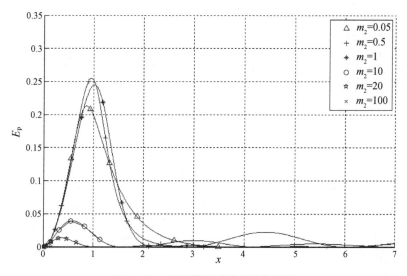

图 3 - 55　不同等效质量系统势能图

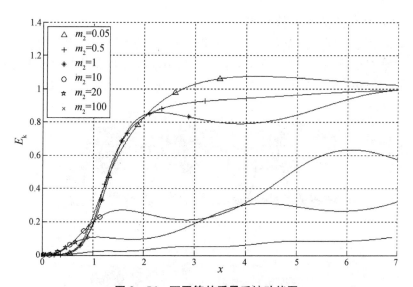

图 3 - 56　不同等效质量系统动能图

　　由图 3 - 57 可以得出，传动机构等效质量较大时，不能实现能量放大。当传动机构等效质量较小时，弹性驱动器能够实现能量放大，并且传动机构质量越小，输出端能量放大倍数越高，放大行程也越长。故在弹性驱动器设计过程中，应当重点关注如何减小弹性驱动器传动机构的质量，以提高弹性驱动器的能量输出性能。

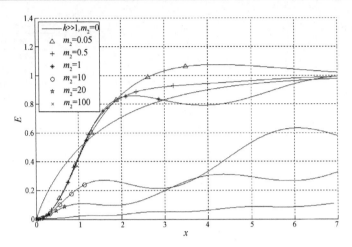

图 3 - 57 不同等效质量系统总能量图

3.2.3 第三代弹性驱动器设计及分析

1. 第三代弹性驱动器的机构设计

尽管第二代弹性驱动器较第一代弹性驱动器有了较大的改进,刹车力有了显著提高,但是刹车过程是靠电机堵转进行刹车,从而造成电机易损坏,为了设计更加安全可靠的刹车系统,进行刹车模块的改进,设计的第三代弹性驱动器如图 3 - 58 所示。

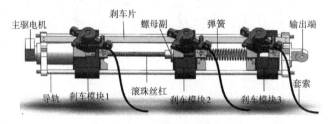

（a）第三代弹性驱动器装配图

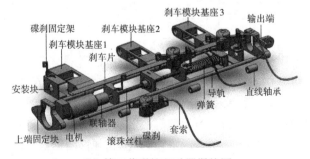

（b）第三代弹性驱动器爆炸图

图 3 - 58 膝关节弹性驱动器图

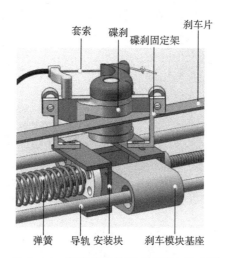

图 3-59　膝关节弹性驱动器刹车模块图

图 3-59 为第三代弹性驱动器的刹车模块图,机构主要由驱动器外架、主驱动两部分构成。驱动器外架含上端固定块、输出端、导轨和刹车片;主驱动包含电机、联轴器、滚珠丝杠、螺母副、刹车模块、弹簧。其连接关系为:电机安装在刹车模块 1 上并与滚珠丝杠采用联轴器连接;滚珠丝杠与螺母副保持传动关系;螺母副与刹车模块基座 2 采用螺栓固定;刹车模块 2 与刹车模块 3 之间串联弹簧。其中,刹车模块主要含安装块、碟刹固定架、碟刹、套索、刹车模块基座。采用气缸带动套索对刹车机构进行刹车,控制器根据膝关节弹性驱动器的运动状态和工作需要控制电磁阀。当驱动器需要刹车时,电磁阀根据控制器指令通过切换电动阀门来改变气路进而控制压缩气体作用到气缸中,气缸在压缩气体的作用下推动活塞运动,活塞拉动套索驱动碟刹挤压刹车片,产生刹车力。当驱动器不需要刹车力时,控制器控制电磁阀切换电动阀门来改变气路流向,气缸受到气体压力而缩回,碟刹在复位弹簧的作用下打开并释放刹车片。

2. 弹性驱动器输出特性分析

驱动器在 SEA 工作模式下,弹簧的引入改善了驱动器的柔性,但弹簧的引入也降低了驱动器的输出性能,而对于应用于下肢外骨骼机器人中的驱动器来说,驱动器的带宽决定着其究竟能在多大范围内跟随穿戴者运动。为此,对驱动器进行仿真分析,研究不同的弹性参数、阻尼参数和负载变化对系统输出带宽的影响。

(1)弹性参数对输出带宽的影响

设定负载质量 $m=0.5\,\text{kg}$,阻尼 $c=0.05\,\text{Ns/mm}$,比例系数 $K_p=16$,积分系数 $K_i=0.588\,2$,微分系数 $K_d=0.001\,5$,弹簧刚度系数 k 分别取 $2\,\text{N/mm}$、$4\,\text{N/mm}$、

6 N/mm、8 N/mm 和 10 N/mm,在不同刚度系数下仿真得到的伯德图与带宽统计如图 3 - 60 及表 3 - 10 所示。

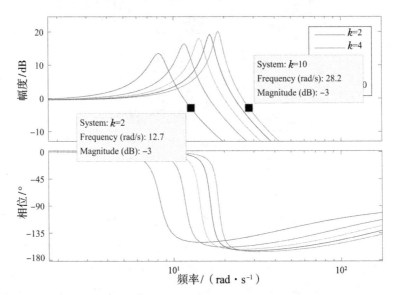

图 3 - 60　不同刚度系数下伯德图

表 3 - 10　不同刚度系数下的带宽输出

带宽 ω_1	刚度系数/(N·mm^{-1})				
	2	4	6	8	10
rad/s	12.7	18	22	25.3	28.2
Hz	2.03	2.87	3.5	4.03	4.49

由图 3 - 60 和表 3 - 10 可知,增大弹簧弹性系数能有效提高系统带宽,但带宽增大趋势减缓。

(2) 阻尼参数对输出带宽的影响

设定负载质量 $m = 0.5$ kg,弹簧刚度系数 $k = 5$ N/mm,$K_p = 16$,阻尼 c 分别取 0.005 Ns/mm、0.05 Ns/mm、0.1 Ns/mm、0.5 Ns/mm 和 1 Ns/mm,在不同阻尼系数下仿真得到的伯德图与带宽统计如图 3 - 61 及表 3 - 11 所示。

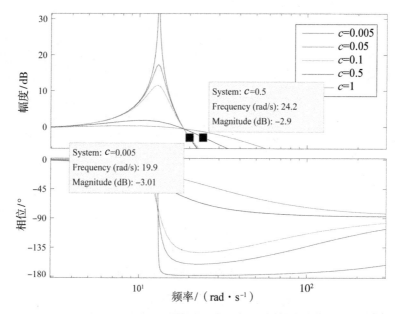

图 3-61 不同阻尼系数下的伯德图

表 3-11 不同阻尼系数下带宽输出

带宽 ω_2	阻尼系数 $c/(\text{Ns} \cdot \text{mm}^{-1})$				
	0.005	0.05	0.1	0.5	1
rad/s	8.96	9.04	9.41	17.1	30.8
Hz	1.44	1.44	1.5	2.73	4.91

由图 3-61 和表 3-11 可知，随着阻尼的增大，带宽增大越来越明显，同时系统的柔性有所降低。

（3）负载对输出带宽的影响

设定弹簧刚度系数 $k=5$ N/mm，阻尼 $c=0.05$ Ns/mm，$K_\text{p}=16$，负载质量 m 分别取 0.5 kg、0.7 kg、0.9 kg、1.1 kg 和 1.3 kg，在不同负载质量下仿真得到的伯德图与带宽统计如图 3-62 及表 3-12 所示。

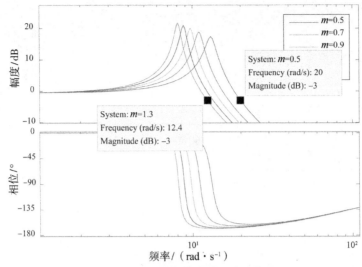

图 3-62　不同负载质量下的伯德图

表 3-12　不同负载质量下的带宽输出

带宽 ω_b	质量 m/kg				
	0.5	0.7	0.9	1.1	1.3
rad/s	20.1	16.9	14.9	13.4	12.4
Hz	3.2	2.7	2.37	2.14	1.97

由图 3-62 和表 3-12 可知,随着负载质量的增加,系统的带宽逐渐变窄。

3. 弹性驱动器在膝关节外骨骼机器人中的应用

把设计出的弹性驱动器用于膝关节外骨骼机器人中,进行驱动器安装位置的设计,并进行传感器安装位置设计等,膝关节外骨骼机械腿如图 3-63 所示。

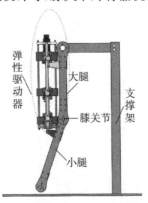

图 3-63　基于弹性驱动器的膝关节外骨骼机械腿

（1）基于运动状态机的控制策略研究

人体的行走步态研究结果表明,在一个步态周期内,行走分为支撑相与摆动相,在支撑相内又分为脚跟着地、脚部放平、脚跟离地和脚尖离地。在支撑相内,脚跟着地后,足底力由零逐渐增大直至脚尖蹬离地面之前足底力达到最大值,而在脚尖离地后的摆动相内,足底力又变为零。在支撑相内,腿部肌肉先进行弹性势能的储能,以实现在脚尖蹬离地面阶段的释能,达到推动人体向上及向前运动的目的。外骨骼机械腿旨在通过穿戴者的运动导向,在穿戴者的行走运动中助力,故对外骨骼机械腿控制的目的是实现与人体运动模式相匹配的动作输出。借鉴人体行走运动特征及人体肌肉的运行机理,对膝关节外骨骼机械腿控制采用基于运动状态机的控制策略,其运行机制变化表如表 3-13 所示,控制状态机如图 3-64 所示。根据布置在膝关节机械腿腿部末端的压力传感器对其运动状态进行识别判断和控制刹车模块的锁紧与闭合,进而实现膝关节外骨骼在支撑相的柔性驱动模式运动和在摆动相的刚性驱动模式运动。

表 3-13　运行机制变化表

二进制表示	目标	状态
0 _ _	脚底压力传感器	未受力
1 _ _	脚底压力传感器	受力
_ 0 _	滚珠丝杠	丝杠正转、抬起小腿
_ 1 _	滚珠丝杠	丝杠反转、摆下小腿
_ _ 0	电机刹车块 3	松开
_ _ 1	电机刹车块 3	锁紧

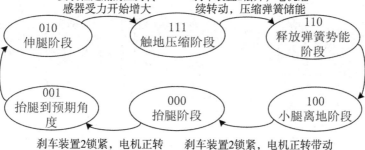

图 3-64　膝关节外骨骼的控制状态机

（2）膝关节外骨骼机械腿的运动实验研究

为了测试多模式弹性驱动器运行的有效性及平稳性,首先进行外骨骼机械腿单独的运动控制实验,即在没有穿戴者运动导向的前提下,膝关节外骨骼机械腿根据图3-64的控制策略完成一个步态周期内的运动序列。控制系统实验平台中包含电源模块、电机驱动器、数据采集卡、带动刹车线运动的气源及气缸装置、安装机械腿末端的压力传感器、用于检测刹车模块间位移变化的传感器及检测刹车力变化的力传感器等。膝关节外骨骼机械腿在一个运动周期内的运动序列图及对应的弹性驱动器的驱动模式如图3-65所示。图3-65(a)为机械腿的抬腿阶段,图3-65(b)为机械腿抬腿至最高位置,图3-65(c)为机械腿下摆阶段,图3-65(d)为机械腿下摆至刚刚触地,在机械腿下摆至触地前,刹车模块2与导轨锁紧,弹性驱动器为电机驱动的刚性驱动模式。在机械腿触地后直至图3-65(e)的触地压缩阶段,刹车模块1与刹车模块3锁紧,刹车模块2松开,此过程中,电机带动丝杠螺母运动压缩弹簧进行储能为电机串联弹簧的柔性驱动模式。弹簧的引入减小了机械腿与地面碰撞产生的振动,同时,弹簧压缩储存的弹性势能在图3-65(f)中机械腿弹离地面过程中得以有效利用。

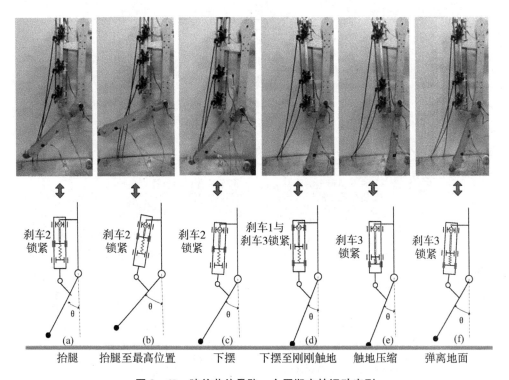

图3-65　膝关节外骨骼一个周期内的运动序列

实验过程中,下肢机械腿的膝关节角度、机械腿末端压力、刹车模块 2 与 3 的刹车力和刹车模块 2 与 3 的位移变化分别如图 3－66(a)～(e)所示。

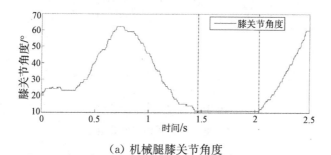

（a）机械腿膝关节角度

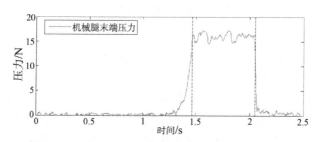

（b）机械腿末端压力

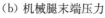

（c）刹车模块 2 的刹车力

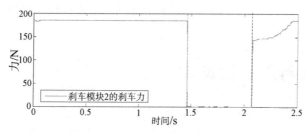

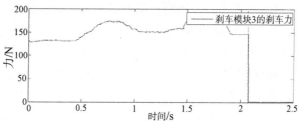

（d）刹车模块 3 的刹车力

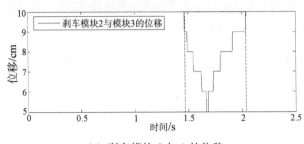

（e）刹车模块 2 与 3 的位移

图 3-66　膝关节外骨骼机械腿运动输出

由图 3-66(a)可看出，随着膝关节机械腿的抬腿运动，膝关节角度 θ 值逐渐增大至最大角度，其后膝关节机械腿进行下摆运动，膝关节角度 θ 值逐渐减小，大约至 1.47 s，膝关节角度降至最小，机械腿触地，机械腿末端压力值逐渐变大，如图 3-66(b)所示。同时，由图 3-66(c)可看出，刹车模块 2 刹车力变为零，刹车模块 2 松开，电机带动丝杠螺母压缩弹簧，进入电机串联弹簧的 SEA 柔性驱动模式，机械腿触地压缩约至 2.06 s 后机械腿末端压力值变为零。由图 3-66(d)可看出，刹车模块 3 的刹车力变为零，刹车模块 3 松开，机械腿进入离地反弹的抬腿阶段。由图 3-66(e)可看出，在机械腿触地至弹离地面阶段，驱动器为柔性驱动，弹簧先压缩后伸长，刹车模块 2 与模块 3 的位移也呈现先减小后增加的变化趋势，与实际运动模式相一致，实验输出结果说明了弹性驱动器运行的合理性。

3.3　类肌肉仿生驱动器

由于生物肌肉相较于传统机械驱动器具有体积小、能量密度高、爆发力强等优点，故模拟人体肌肉进行仿生驱动器的研究是近年来的一个研究热点。关于类肌肉仿生驱动器研究主要围绕着气动人工肌肉、形状记忆合金驱动器、压电陶瓷驱动器、电致收缩聚合物驱动器等。生物肌肉的伸展和收缩是由肌原纤维中穿插排列的粗纤维丝和细纤维丝在横桥的推动下，彼此相互滑行的结果，而粗细肌丝组成肌小节，多个肌小节串联组成肌原纤维，多个肌原纤维并行排列形成肌纤维。借鉴生物肌肉的组成结构特征，布鲁塞尔大学的 Mathijssen G 等人[16]进行了串并联式的电磁收缩人工肌肉驱动器的研究，国内西北工业大学的秦现生等人[17]对电磁收缩人工肌肉进行了初步的研究，电磁装置使用自制的类肌小节驱动器，但其驱动器中并没有引入柔性元件，而是刚性的直线运动。借鉴国内外研究基础，进行了类肌肉仿生驱动器的研究。

3.3.1　基于生物肌肉启发的仿生驱动器原理分析

结合肌肉基本结构组成分析及骨骼肌生物力学模型分析可知,肌肉力学主要有并串联(parallel-series)肌肉模型和串并联(series-parallel)肌肉模型。在进行仿生驱动器研究中,多采用主驱动单元组合弹性单元的设计方式,主驱动单元可选用电机、液压、气压等驱动方式,弹性单元多选用弹簧。弹性单元可与主驱动单元串联或并联。

（1）串联弹性驱动器

串联弹性驱动器(SEA)为主驱动单元串联弹性单元,进而带动负载,此类驱动器特征是主驱动单元通过弹性单元降低碰撞冲击。驱动器原理图如图 3-67 所示,图中,SE 表示串联弹性单元,k_p 为并联弹性单元的弹性系数。为了更好地模拟生物肌肉的特征,目前 SEA 多集中在进行变刚度串联弹性驱动器的研究。

图 3-67　串联弹性驱动器 SEA

串联弹性驱动器具有碰撞安全和瞬时输出功率调节的特性,但由于引入了弹簧等弹性元件,系统自由度增加,增加了运动控制复杂度。

（2）并联弹性驱动器

并联弹性驱动器是将弹性单元与主驱动单元并联而形成的驱动器,驱动器原理图如图 3-68 所示。图中,PE 表示并联弹性单元,k_s 为串联弹性单元的弹性系数。并联弹性驱动器通过主动控制单元调节并联弹性单元的被动能量。

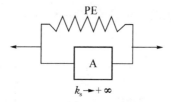

图 3-68　并联弹性驱动器

并联弹性驱动器利用对主动元件的控制调节弹性元件能量流的输出,并联弹性元件能够抵消驱动元件所需要的力矩,可以减小或平滑驱动元件的输出力或力矩,但并联弹性驱动器也存在缺陷,如只能实现能量的单向存储,及能量储存和释放时间不可控等。

（3）多构态弹性驱动器

除了串联弹性驱动器和并联弹性驱动器,还存在串并式弹性驱动器(PSEA)

与并串式弹性驱动器(SPEA),如图3-69所示及3-70所示。图中,k_s为串联弹性单元的弹性系数,k_p为并联弹性单元的弹性系数,SE表示串联弹性单元,PE表示并联弹性单元。

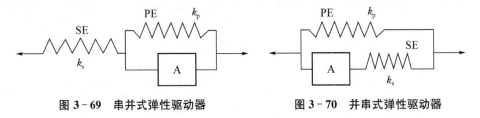

图3-69　串并式弹性驱动器　　　　图3-70　并串式弹性驱动器

串并联弹性驱动器与并串联弹性驱动器有较好的类肌肉仿生特征,但由于机构实现的复杂性,很难按照高度的仿生特征进行不同运动控制,影响其在功率调制、能量调节和碰撞安全方面性能的进一步发挥。

3.3.2　类肌肉仿生驱动器方案设计

(1) 类肌肉仿生驱动器的方案设计

基于肌丝滑行学说和Hill双元素模型理论进行类肌肉仿生驱动器的设计,设计的串联弹性驱动器,CE单元选取为直线电机,SE单元选择弹簧,通过电机与弹簧的串联组成基本单元。基本单元机具有四种输出状态,如图3-71(a)为初始状态,没有外负载,电机处于未激活状态,弹簧处于初始长度,此时的电机处于浮动状态,在行程范围内可以自由活动;(b)负载小于电机的最大输出力,电机激活收缩,弹簧产生形变,弹簧形变量小于电机输出位移量;(c)负载大于电机最大输出力,电机激活但是无法收缩,同时电机触发锁止机构,弹簧被拉伸;(d)电机单元受到负载,但是电机未激活,电机触发锁止机构,弹簧被拉伸。

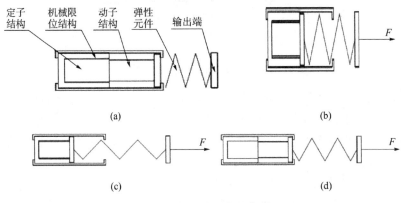

图3-71　电机单元示意图

　　基本单元可以通过串联、并联两种方式进行组合,单条串联结构如图 3 - 72(a)所示,通过电机单元的串联可以增加驱动器的输出位移量,并联结构如图 3 - 72(b)所示,通过电机单元的并联可以增加驱动器的输出力。图 3 - 72(c)为多个串联单元组成的先串后并结构,图 3 - 72(d)为多个并联单元组成的先并后串结构。

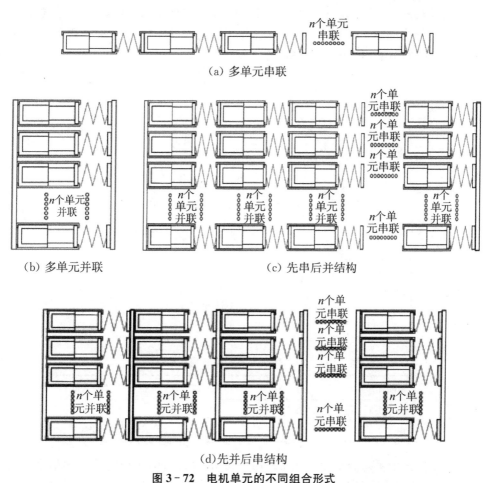

图 3 - 72　电机单元的不同组合形式

(2) 类肌肉仿生驱动器的应用举例

　　设计类肌肉仿生驱动器旨在用于仿生机械,实现仿生机械的柔顺驱动效果。本着驱动简单,便于实验调试的原则,拟设计用于肘关节康复装置的类肌肉仿生驱动器。

　　人体存在多种关节结构,通过肌肉驱动关节结构使得人能完成各种运动,在这些关节中,肘关节是人实现上肢运动的基础,肘关节能做屈伸运动以及小臂的旋转运动。肘关节是肱骨下端和桡骨、尺骨上端构成的复合关节,在肘关节做运动范围为$-10°\sim145°$,旋前和旋后角度范围均为$0\sim90°$,如图3-73所示。肘关节的屈伸运动主要通过肱三头肌外侧头、肱三头肌长头、肱二头肌和肱桡肌收缩来实现。由人体运动生物力学实验可知,正常成年男性的肘关节空载状态下完成屈伸运动的过程中,当屈曲达到$60°$时,关节转矩达到最大值$1.13\ N\cdot m$,随着屈曲角度进一步增加,关节转矩逐渐下降,当屈曲达到$150°$时,关节转矩为$0.54\ N\cdot m$。在转动过程中,关节始终保持$10\ N$以上的力,来维持小臂的重量,肘关节屈曲过程中肱二头肌与肱三头肌输出力如表3-14所示。

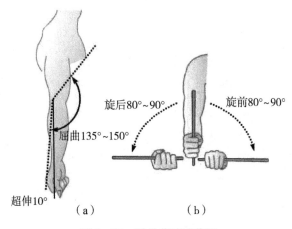

图3-73 肘关节活动范围

表3-14 肌肉输出力与肘关节屈曲角度关系

屈曲角度	30°	90°	120°
肱二头肌	20.32 N	20.75 N	17.06 N
肱三头肌	21.47 N	15.16 N	11.82 N

类肌肉仿生驱动器采用如图3-74所示的对抗结构驱动肘关节的单个自由度,两组驱动器排列在大臂的上下两侧,成对抗结构,一侧驱动器运行,带动关节运动,另一侧驱动器提供对抗力,使肘关节能在不同角度保持平衡。

（3）面向肘关节康复装置的类肌肉仿生驱动器选型分析

①电机选型

肌肉结构中肌丝的运动形式为单向的直线运动,类似的驱动有液压缸、气缸、直线电机等,其中直线电机具有高速、高加速、高响应的特性,同时直线电机的运行原理简单,对控制电路和控制方案的要求相对较低,当大量的电机单元组合时,控制方案的简单有效可以显著提高驱动器的运行效率,因此选择直线电机作为收缩

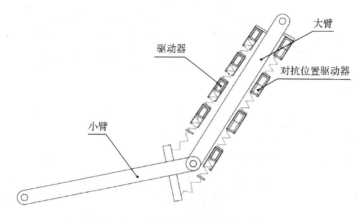

图 3 - 74　驱动器驱动肘关节示意图

单元。直线音圈电机作为直线电机的一种,相较于普通直线电机的响应速度更快,加速度更快,电机输出力更大,输出位移与输出力可控精度更高,同时音圈电机的结构尺寸小于普通直线电机。故采用音圈电机作为驱动器的收缩单元,如图 3 - 75 所示。

图 3 - 75　定制音圈电机

普通身高的成年男性的肱二头肌的初始长度为 300 mm,最大收缩率约为20%,肌肉收缩输出位移量为 60 mm。基于肘关节的运动学数据,进行音圈电机的定制,定制结构如图 3 - 76 所示。电机性能参数如表 3 - 15。通过将多个该音圈电机进行串并联,可以满足肘关节的驱动要求。

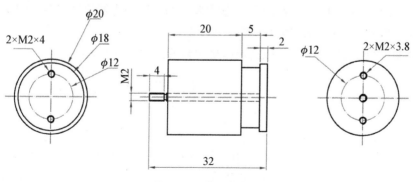

图 3 - 76　电机尺寸图

表 3 - 15　电机参数

参数	电阻	电感	额定电流	峰值电流	持续输出力	线圈质量	磁钢质量
值	2 Ω	0.2 H	1 A	1.2 A	1.5 N	15 g	35 g

②弹簧选型

弹簧在电机单元中主要承担力的传递作用,通过弹簧将电机与负载或将不同的电机单元进行连接。主要输出形式为电机收缩使弹簧被拉伸从而产生形变力,弹簧与电机之间通过特殊的连接件进行连接。

基于音圈电机的尺寸进行弹簧参数的设计分析,电机收缩时,电机的中轴穿入弹簧内部,所以弹簧的长度应大于电机中轴外露长度的最大值 9 mm,同时为了留弹簧的安装长度,故在弹簧的两端各留 3 mm 安装长度,因此弹簧的总长度 L_0 取 15 mm。同时为使驱动器具有柔性,可在受到径向负载时产生弯曲,故弹簧的内径应足够大,使电机的中轴不会与弹簧产生干涉,考虑到电机的安装尺寸,弹簧中径 D 取 12 mm。

基本单元长度 L 等于电机的长度与弹簧的长度,弹簧的长度与负载值成正比,基本的长度依据负载的大小不同可分为三种情况,表达式如下:

$$L = \begin{cases} \dfrac{F_L}{k_S} + L_{VCM}^{min}, F_L < F_{VCM} \\[2mm] \dfrac{F_L}{k_S} + L_{VCM}, F_L = F_{VCM} \\[2mm] \dfrac{F_L}{k_S} + L_{VCM}^{max}, F_L > F_{VCM} \end{cases} \qquad (3-72)$$

式中:F_L 为外部载荷,F_{VCM} 为电机最大输出拉力,L_{VCM}^{min} 和 L_{VCM}^{max} 分别为电机完全收缩时和电机收缩量为零时的长度,k_S 为弹簧的刚度系数。当外力 F_L 与电机的最大输出力 F_{VCM} 确定时,电机的收缩量为不确定值 L_{VCM},L_{VCM} 的值介于最小值 L_{VCM}^{min} 与最大值 L_{VCM}^{max} 之间。由式(3-72)可知,基本单元的长度与弹簧的刚度系数相关,相同负载下,弹簧的刚度系数越大,基本单元的长度越小。

依据音圈电机最大拉力和总行程,确定弹簧的刚度系数 k_{VCM} 为:

$$k_{VCM} = \frac{F_{VCM}}{X_{VCM}} \qquad (3-73)$$

式中:F_{VCM} 为音圈电机最大拉力;X_{VCM} 为音圈电机的最大行程。

依据表 3-15 音圈电机的参数可得到 k_{VCM} 为 0.3 N/mm,为了尽可能测量多种刚度系数的弹簧,故实验中选择刚度系数为 0.1 N/mm、0.3 N/mm、0.5 N/mm、

0.8 N/mm、1 N/mm 的 5 种弹簧进行测试。

利用公式计算出弹簧的相关量：

旋绕比：

$$C = D/d \tag{3-74}$$

变形量：

$$\lambda = \frac{8FC^3 n}{Gd} \tag{3-75}$$

弹簧的圈数：

$$n = \frac{L_0}{d} \tag{3-76}$$

刚度系数：

$$k = \frac{F}{\lambda} = \frac{Gd}{8C^3 n} = \frac{Gd^5}{8D^3 L_0} \tag{3-77}$$

线径：

$$d = \sqrt[5]{\frac{8kD^3 L_0}{G}} \tag{3-78}$$

式中：G 为弹簧材料的剪切模量，弹簧材料选用不锈钢，故 $G = 71\,000$ MPa；F 为负载；n 为弹簧圈数。

计算得各刚度系数的弹簧的线径如表 3-16 所示。

表 3-16　弹簧参数

弹簧刚度系数 /(N·mm^{-1})	总长/mm	中径/mm	圈数	线径/mm
0.1			19.2	0.781 7
0.3			15.4	0.973 9
0.5	15	12	13.9	1.078 7
0.8			12.7	1.185 0
1			12.1	1.239 0

③弹簧连接件设计

前面设计的弹簧结构不具备拉钩，因此不能通过普通的连接方式对弹簧进行连接。弹簧连接结构采用串扣的形式,结构如图3-77、图3-78、图3-79所示,弹簧与连接件连接时,弹簧穿过连接件的两个固定孔进行固定,弹簧本身为紧密结构,依靠弹簧张力将弹簧与连接件进行固定。连接件具有两个显著的特点:首先弹簧与连接件之间非完全固定,通过简单的旋转即可安装和拆卸弹簧,便于实验中对于不同弹簧性能的测试;其次,弹簧的两个固定空位存在高低差,因为弹簧为螺旋结构,相同高度的连接件会使弹簧产生一定的倾斜,弹簧倾斜对电机单元的输出力影响较大,因此通过连接件结构的改变来减少弹簧的倾斜状况。

图3-77　弹簧连接件　　　　图3-78　弹簧与连接件

图3-79　串联结构

3.3.3　类肌肉仿生驱动器的仿真分析

前文对类肌肉仿生驱动器基本单元进行了设计说明,本节从串联结构、并联结构出发对驱动器单元的性能进行仿真分析,并进行对抗结构驱动的肘关节模拟仿真,分析驱动器结构的输出效果。仿真分析时对音圈电机结构进行简单处理,将限位螺母与电机转子合并成整体,减少约束添加,简化结构如图3-80所示。此外为了更好对比实验结果,对仿真模拟环境设置进行简化,仿真中设置的参数如表3-17所示。

图 3 - 80　驱动器简化结构

表 3 - 17　仿真模拟实验标准参数表

参数	参数值
音圈电机最大输出力 F_{VCM}/N	1.5
音圈电机最大输出位移 X_{VCM}/mm	5
弹簧刚度系数标准值为 $k_{VCM}/(N \cdot mm^{-1})$	0.3

1. 串联仿生驱动器仿真

（1）串联电机单元数量对驱动器输出的影响

模拟肌肉等长收缩，对串联驱动器的两端添加固定约束，保持串联驱动器的长度不变，基本单元设置采用表 3 - 17 中的值，串联的电机单元的数量选择为 4 个、5 个、6 个。依次激活串联驱动器中的基本单元，测量串联驱动器内各弹簧的形变量及输出力，并对比输出力的变化曲线。

以 5 个基本单元串联而成的串联驱动器为例，单独激活不同的基本单元时，对每个基本单元内的弹簧的形变量进行测量，弹簧形变量随基本单元激活状态的变化曲线如图 3 - 81 所示。基本单元中的弹簧变化量相同，最大应变量为 5 mm，等于电机最大输出位移量。因此可以得出串联驱动器内每个基本单元的受力相等。也即当单独激活不同基本单元时，串联驱动器内部弹簧承受力相同，形变量相等，串联驱动器不同的输出状态，可以输出相同的结果，从而证明类肌肉仿生驱动器具有冗余特性。

仿真分析不同数量的基本单元串联成的驱动器整体输出力的变化，分别进行 4 个电机、5 个电机、6 个电机的运动仿真，如图 3 - 82 所示。由图 3 - 80 可知，不同串联驱动器的输出最大值相等，与电机输出力的标准值 1.5 N 相等。

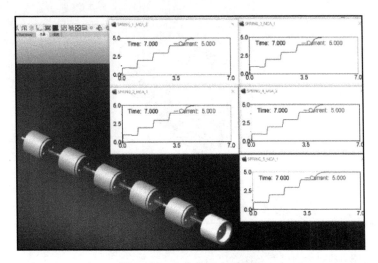

图 3 - 81　5 个电机串联结构

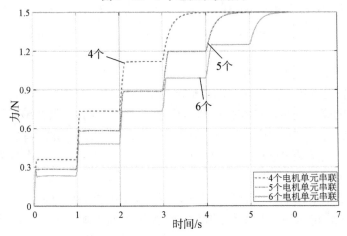

图 3 - 82　串联结构等长收缩结果

　　串联结构中,串联的电机数增加时,不能改变结构整体的最大输出值,但可使输出的力的种类增加。依据输出力与电机激活状态的关系,可推导串联结构等长收缩时的输出力与电机激活数的关系为:

$$F_{out} = \frac{m}{n} \times F_{VCM} \tag{3-79}$$

式中:n 为串联的电机总数;m 为处于激活状态的电机数。

　　(2) 电机输出力对驱动器输出的影响

　　仿真音圈电机输出力对类肌肉仿生驱动器输出的影响,采用与图 3 - 82 相同模型,对串联驱动器的两端进行固定。串联驱动器中串联基本单元的数量为 6 个。从零时间开始,间隔 1 s 激活一个电机,每个电机在激活后输出力由 0 N 逐渐增加至最大值,对驱动器运动进行仿真,其仿真输出如图 3-83 所示。

　　第一个电机的输出力从零时刻开始每秒增加 0.25 N;第二电机在 1 s 时刻激活,第一秒内,输出增长 0.5 N,之后每秒增长 0.25 N;第三个电机在 2 s 时刻激活,第一秒内增长 0.75 N,之后每秒增长 0.25 N;第四个电机在 3 s 时刻激活,第一秒内增长 1 N,之后每秒增长 0.25 N;第五个电机在 4 s 时刻激活,第一秒内增长 1.25 N,之后每秒增长 0.25 N;第六个电机在 5 s 时刻激活,第一秒内增长 1.5 N,之后保持不变。由图 3-83 可知,第一个电机输出到达 0.25 N 后,串联结构总输出稳定在 0.25 N,且不随第一个电机输出的增加而增加。当第二个电机激活时,总输出依旧保持不变,直至第二个电机的输出达到 0.25 N,串联结构的总输出开始变化,当第一个和第二个电机的输出达到 0.5 N 后,串联结构的总输出再次处于稳定状态。之后的串联驱动器的总输出与电机输出的变化同上所述。仿真输出每个电机输出的位移的情况,结果如图 3-84。图中各虚线为电机输出位移的变化情况,实线为结构整体输出的力的变化情况。从图 3-84 可知,串联结构的输出力随着电机输出位移量的增加而增加,随着激活电机数的增加,结构整体的输出力增加。

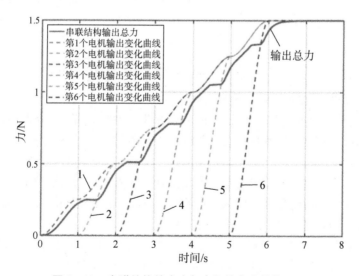

图 3-83　串联结构输出力与电机输出力的关系图

　　综合分析图 3-83 与图 3-84,在 1 s 时刻,第一个电机输出力为 0.25 N,其输出的位移量达到最大值 5 mm,1 s 后电机输出的力增大,但弹簧的形变量不变,驱动器整体输出的总力不变。在 1.5 s 前,第二个电机输出的力小于 0.25 N,电机无法收缩,弹簧的形变量不变,在 1.5 s 后,第二个电机的输出力达到 1.5 N,开始输出位移,驱动器整体的输出力增加。在 2 s 时,第一个电机和第二个电机的输出力达到 0.5 N,两电机输出的位移量达到最大值,驱动器整体输出的力再次达到稳定值,不随两电机输出力的增大而增大。之后电机的变化状态与上述分析过程一致。综上分析可知,等长收缩时,串联结构输出力的大小同时取决于驱动器中电机输出的力的大小和位移量的大小,通过检测电机输出位移量可以获得驱动器的输出力与输出位移。

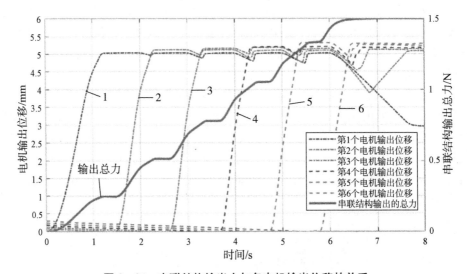

图 3 - 84　串联结构输出力与各电机输出位移的关系

（3）弹簧的刚度对驱动器输出的影响

仿真模型采用 6 个基本单元串联,弹簧采取两种刚度系数,分别为 0.3 N/mm 和 0.1 N/mm,两种类型的弹簧在串联结构中交替排列。依次激活电机,驱动器内 6 个弹簧的形变量如图 3 - 85 所示。由图 3 - 85 可知,同等刚度系数的弹簧的变化量相同,将两种弹簧的形变状态进行对比,同时将形变量对应其弹簧力,则输出如图 3 - 86 所示。将弹簧的刚度系数设为 0.5 N/mm、0.3 N/mm、0.1 N/mm 三种类型混合,进行仿真,仿真输出如图 3 - 87 所示。

分析两组仿真的输出结果可知,在同一串联结构中每个基本单元承受的输出力相等,因此每个基本单元内的弹簧的形变量由弹簧的刚度系数决定,整体结构的形变量又取决于每一个基本单元内弹簧的形变量,故在串联结构中改变弹簧的刚度系数等同于改变串联结构整体的刚度系数。同时串联结构中刚度系数小的弹簧的占比越大,串联结构在等长收缩时输出的力越小。

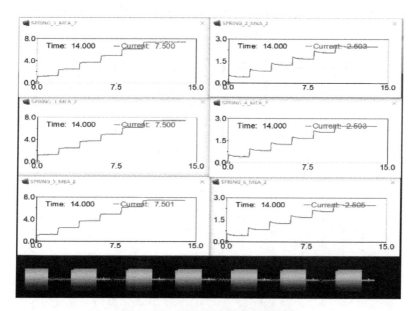

图 3-85　两种弹簧刚度系数串联

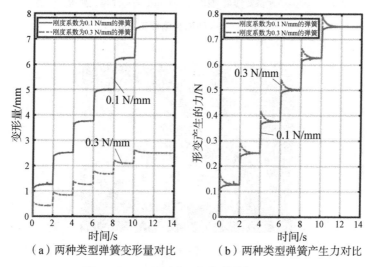

（a）两种类型弹簧变形量对比　　　　（b）两种类型弹簧产生力对比

图 3-86　两种刚度系数的弹簧状态比较

2. 并联仿生驱动器仿真

（1）并联电机单元的数量对驱动器输出力的影响

将 6 个电机单元进行并联,结构如图 3-88 所示。每个基本单元添加轴向的滑动副,使电机的输出力沿着轴线方向。图 3-88 中两块板件之间的弹簧用于检测驱动器结构整体的输出力,该弹簧的刚度系数设置为 1 000 N/m,因此其形变量对于驱动器输出影响可以忽略不计。仿真过程中,依次激活基本单元,观察等长收缩时并联结构输出状态的变换,结果如图 3-89 所示。

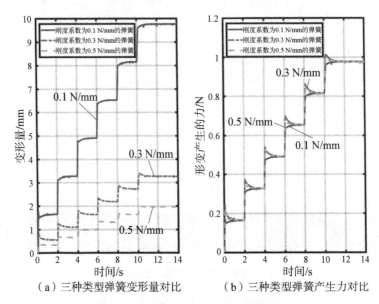

（a）三种类型弹簧变形量对比　（b）三种类型弹簧产生力对比

图 3-87　两种弹簧刚度系数串联

图 3-88　并联结构仿真模型图

图 3-89 中实线为并联结构总输出力,虚线为各弹簧形变产生的力。由图 3-89 可知,随着电机激活数量的增加,并联结构总输出力也增加,与串联结构不同,并联结构输出力可表示为:

$$F = n \times F_{VCM} \tag{3-80}$$

式中:n 为并联电机单元的数量;F_{VCM} 为单个电机的最大输出力。

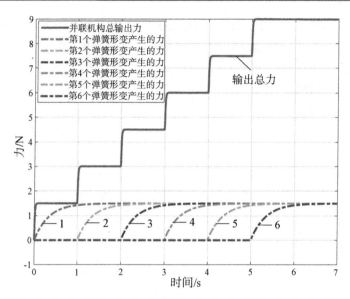

图3-89　随并联电机单元数的增加并联结构输出变化

（2）弹簧刚度系数对驱动器输出的影响

仿真模型仍为图3-88所示的6个基本单元并联结构，结构中外圈三个电机单元的弹簧刚度系数选取0.3 N/mm，内圈电机单元的弹簧刚度系数选取0.1 N/mm。仿真过程中，同时激活相同刚度系数的基本单元，第1 s内激活刚度系数为0.1 N/mm的所有基本单元，第2 s内激活刚度系数为0.3 N/mm的所有基本单元，第3 s内同时激活两种类型的基本单元，各弹簧的形变状况如图3-90所示。

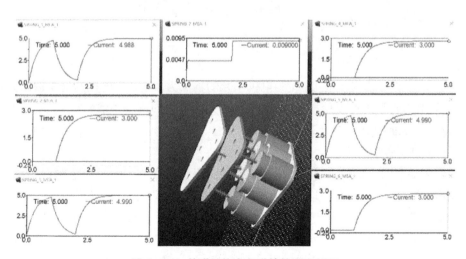

图3-90　并联结构中各弹簧的形变状况

由图 3-90 可知同类型的电机单元变化状态相同,所有基本单元中的弹簧的最大形变量相等,等同于电机最大输出位移量。仿真过程中驱动器输出力如图 3-91所示。由图 3-91 可知,并联结构总输出力等于各单元输出力的和,基本单元的最大输出力与弹簧的刚度系数成正比。

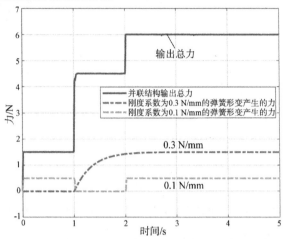

图 3-91 并联电机单元的刚度系数对并联结构输出的影响

由上述仿真可知,在等长收缩中,并联结构的输出力与各电机单元的关系为:

$$F_{\text{out}} = \sum_{i=1}^{n} F_i \tag{3-81}$$

$$F_i = \begin{cases} F_{\text{VCM}} \times k_i & k_i \leqslant \dfrac{F_{\text{VCM}}}{X_{\text{VCM}}} \\ F_{\text{VCM}} & k_i \geqslant \dfrac{F_{\text{VCM}}}{X_{\text{VCM}}} \end{cases} \tag{3-82}$$

式中:F_{out} 为并联结构总输出;F_i 为电机单元的输出力;F_{VCM} 为电机的最大输出力;X_{VCM} 为电机的最大输出位移量;k_i 为电机单元内弹簧的刚度系数。

3. 串并联组合的仿生驱动器仿真

(1) 等长收缩仿真

将驱动器的两端固定,仿真不同刚度的驱动器在等长收缩时的输出状态。仿真模型如图 3-92 所示,采取 3 个电机并联成单元组,两个单元组再串联的结构。驱动器中电机的输出设置与表 3-16 相同,改变弹簧刚度系数的大小,弹簧的刚度系数取 0.05 N/mm、0.1 N/mm、0.2 N/mm、0.3 N/mm、0.4 N/mm、0.5 N/mm、0.6 N/mm、0.8 N/mm、1.0 N/mm、1.1 N/mm、1.2 N/mm、1.4 N/mm、1.6 N/mm、1.8 N/mm、2.0 N/mm。由前面的仿真分析可知,该结构中同一并联组内的基本

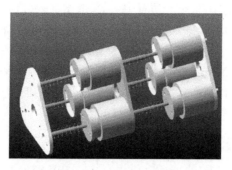

图 3 - 92　组合结构模型

单元的变化状态及输出相同,故每个并联组只取其中一个基本单元进行数据输出分析。数据输出包括弹簧的形变量、电机输出位移量、弹簧产生的形变力和结构输出的总力,如图 3 - 93 所示。图中实线为电机输出的位移量,虚线为弹簧形变产生的力。从图 3 - 93 可知,在弹簧的刚度系数小于标准值 0.3 N/mm 时,电机输出的位移量可以达到最大,弹簧产生最大形变,但是弹簧形变产生的力小于电机的最大输出力,电机输出力无法被充分利用。在弹簧的刚度系数为 0.3 N/mm 时,电机输出位移量达到最大值,同时弹簧产生最大形变且形变产生的力等同于电机的最大输出力。当弹簧的刚度系数大于标准值 0.3 N/mm 时,电机输出的位移量逐渐减少,即弹簧的形变量减小,但弹簧形变产生的力等于电机的最大输出力。由分析结果可知,在需要输出较大的力与位移量时,应选择刚度系数较大的弹簧,而需要较小的输出力与位移量时则需要选择刚度系数较小的弹簧。

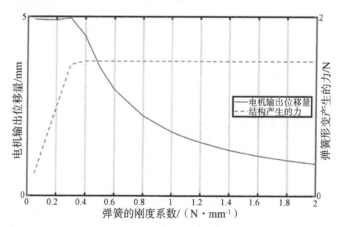

图 3 - 93　结构产生的力、电机输出位移量与弹簧刚度系数的关系

（2）等张收缩

将驱动器结构的一端施加固定约束,对结构的另一端施加外力,仿真分析驱动器结构的变化状态及输出状态。仿真中,仍采取图 3-92 所示结构,三个电机一组并联后串联,对右侧的底板施加固定约束,对左侧的三角形板施加一个轴向的力,力的大小在 0 N 到 5 N 之间变化。基本单元内弹簧的刚度系数为统一值,其数值在 0.1 N/mm 到 1.5 N/mm 之间变化,如图 3-94 和图 3-95 所示。图 3-94 给出了不同刚度系数的弹簧在外力变化时的输出,图 3-95 给出了结构输出位移量随外力的变化。

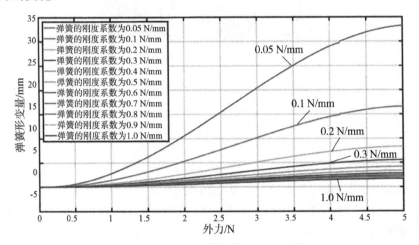

图 3-94　弹簧的形变量随外力的变化

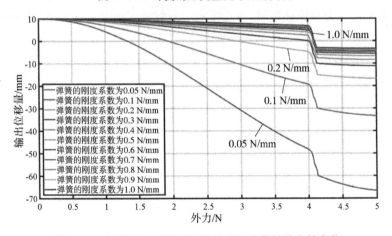

图 3-95　不同刚度系数下结构输出位移量随外力的变化

由图 3-95 可知,刚度系数小于 0.3 N/mm 的弹簧的变化量较大,刚度系数大于 0.3 N/mm 的弹簧的变化量较小,且弹簧的最大变形量在电机的最大输出范围内。由图 3-95 可知,外力小于 4 N 时,即小于结构的最大输出力时,刚度系数为 0.3 N/mm 到 1 N/mm 的结构输出的位移量为正值,当外力在 4 N 到 4.2 N 之间,输出位移量瞬时产生较大变化,且不同刚度系数的结构的变化值相等,同为驱动器的最大输出位移量 10 mm,当外力继续增加时,输出位移量逐渐减小为负值,即结构被拉长。当外力达到 4 N 时,外力接近驱动器的最大输出值,外力大于 4 N 时,驱动器失效。在负载范围内,结构输出的位移量取决于弹簧的刚度系数,弹簧的刚度系数越大,输出的位移量越大。当负载达到最大值时,电机输出位移量骤减至 0,驱动器被拉长,驱动器输出位移量变为负值。

　　为了获得弹簧刚度系数对驱动器结构输出的影响,计算不同刚度系数的驱动器在负载为 3.5 N 时的收缩率,即电机运行后驱动器整体结构的长度与初始长度的比值,得到数据如表 3-18 所示。由表 3-18 可知,弹簧的刚度系数越大,收缩率越高,但随着弹簧刚度系数变大,收缩率增长减小,收缩率逐渐接近电机收缩率。

表 3-18　收缩率与弹簧刚度系数的关系

刚度系数/(N·mm^{-1})	0.05	0.1	0.2	0.3	0.4	0.5	0.6	0.7	0.8	0.9	1.0
收缩率/%	−39.9	−15.1	−2.7	1.4	3.5	4.7	5.6	6.1	6.6	7.0	7.2

4. 关节驱动仿真

（1）串联结构

研究类肌肉仿生器在肘关节中的运动,采用串联结构的驱动模式,两组驱动器组成对抗结构排布在关节两侧,两组驱动器单独运行或同时运行来驱动关节运动。仿真分析中简化关节结构,以连杆代替关节,连杆中心添加转动副,连杆两端与驱动器相连。采用两组驱动器,每组中由 5 个基本单元串联而成,如图 3-96 所示。

图 3-96　单支链串联结构

两组驱动器分别为 A 组和 B 组。第一组仿真中，依次激活 A 组和 B 组的电机单元，测量连杆旋转角度变化。第二组仿真中，减少驱动器中串联的电机单元数目，驱动器内各串联 4 个电机，进行仿真分析。第三组和第四组实验，改变弹簧的刚度系数，将刚度系数设为 0.5 N/mm 和 0.1 N/mm 后，进行仿真分析。四组仿真的结果如图 3-97 所示。对比第一组和第二组的数据可以看出，激活相同数量的电机，输出的角度变化相等，由此推断，串联的电机单元数量越多可输出的角度越多，输出角度的最大值越大。对比第一、三、四组实验的数据可以看出，弹簧刚度系数的改变对于对抗结构的角度输出影响较小，三组实验数据几乎重合。

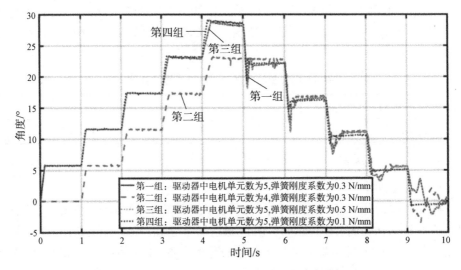

图 3-97　串联对抗结构输出角度与各参数的关系

（2）并联结构

驱动器采用先并联后串联的结构，三个基本单元先并联，两个此并联模块再串联形成一个驱动支链，如图 3-98 所示，两组驱动器分别为 A 组和 B 组，依次激活 A 组 B 组的电机，时间间隔 1 s。仿真输出的肘关节角度如图 3-99 所示。各组中弹簧的形变量如图 3-100 至图 3-103 所示。

由图 3-100 和图 3-101 可以看出，在 A 组驱动器中，每一组并联的基本单元中，第一个电机激活后，该电机所在的基本单元承受绝大部分的负载，其余并联的基本单元承受剩余的小部分力。当负载小于电机最大输出力时，电机完全收缩，基本单元可以输出较大的位移量，同时因为第二和第三个基本单元处于浮动状态，当第一个电机收缩时，第二和第三个电机受到影响，产生一定的收缩，但不输出力。当第二个电机激活时，因为初始状态改变，可输出的最大位移量减小，驱动器整体输出的角度减小。故可得出并联单元中，激活第一个基本单元时，输出角度变化值最大,之后依次减小。B组驱动器的输出如图3-102和图3-103所示,每一组并联的基本单元中的第一个电机激活时,受到的负载大于基本单元的最大输出力,电机不能完全收缩,因此第二和第三个基本单元处于被拉伸状态,输出少量的力。当第二个基本单元中的电机激活时,负载小于两个电机输出力的最大值,因此两个基本单元内的电机均完全收缩,输出位移量较大,此时第三个电机从被拉伸状态改变为浮动状态,电机收缩但不输出力。当第三个基本单元中的电机激活时,因其初始状态改变,可输出的位移量减小,因此结构输出的角度变化值较小。

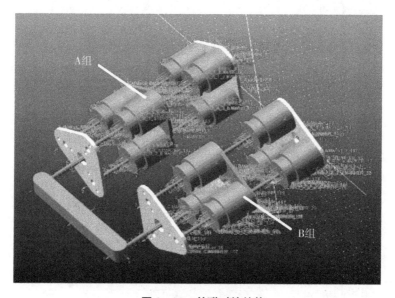

图3-98　并联对抗结构

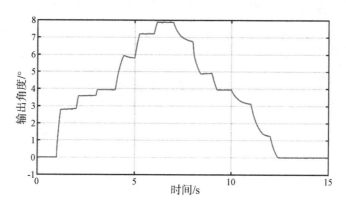

图3-99　并联对抗结构输出角度随电机单元激活数的变化

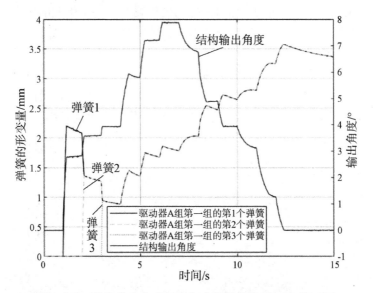

图 3 - 100　结构输出角度与 A 组中弹簧的关系（A 组第一组）

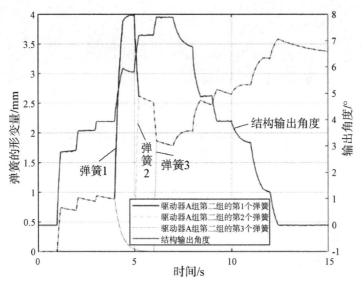

图 3 - 101　结构输出角度与 A 组中弹簧的关系（A 组第二组）

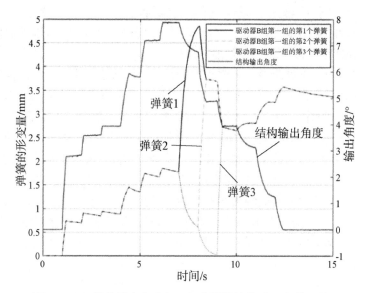

图 3 - 102　结构输出角度与 B 组中弹簧的关系（B 组第一组）

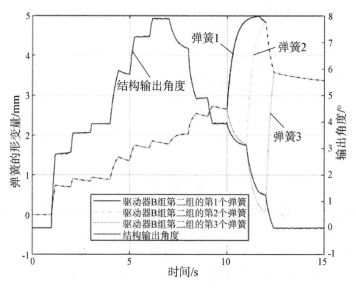

图 3 - 103　结构输出角度与 B 组中弹簧的关系（B 组第二组）

（3）速度模拟

类肌肉仿生驱动器中所选用的主动驱动器为音圈电机，此电磁式驱动器与其他材料的驱动器相比，其输出的速度、加速度可控，电机单元本身便具有较高的爆发能力。弹簧具有储能特性，在对抗结构中，一端的驱动器运行收缩时，另一端的驱动器被拉伸,同时弹簧存储弹性势能,当激活状态改变时,弹性势能释放,可以增加驱动器的瞬时输出能力,如同人跳远时,做半蹲的准备动作,可以使肌腱存储弹性势能,并在跳起的瞬间将弹性势能释放。

为了进一步仿真类肌肉仿生驱动器的性能,采用对抗结构模拟肌肉的储能特性。首先只激活 A 组电机单元,设置输出力为 1.5 N,仿真输出肘关节转动副的角速度。改变电机的输出力,进行多次仿真,输出结果如图 3-104 所示。由图 3-104 可知,随着电机输出力的增加,关节转动速度越快,B 组电机单元的形变速度快,对抗力迅速变大,因此关节转动速度下降较快,输出状态相对不稳定。电机输出力越小,关节转动的最大速度越小,B 组电机单元的形变速度慢,对抗力缓慢增加,关节转动速度减小缓慢,输出相对稳定。此外,由图 3-104 可知,关节转动的最大速度为 25°/s。对比 Hill 实验获得的肌肉速度随负载的变化曲线可知,所设计的类肌肉仿生驱动器在负载增加时,其输出的速度减小,与肌肉变化特征相似。

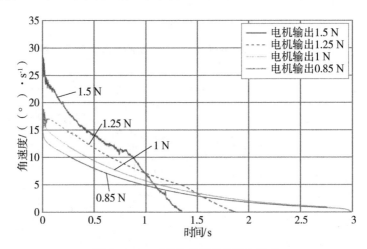

图 3-104　对抗结构关节转动角速度

进行类肌肉仿生驱动器不同工作状态的模拟仿真分析,先使 B 组的电机单元全部激活,A 组电机单元被拉伸,弹簧存储弹性势能,平衡后,使 B 组电机失活,同时激活 A 组电机,得到肘关节的关节的角速度如图 3-105 所示。由 3-105 可知,2.4 s 时 A 组电机激活,B 组电机失活,关节正向转动,速度值为 120°/s,且逐渐增加至 130°/s,此时关节转动角度从 -16° 骤变为 +8°。改变驱动器的工作状态,首先同时激活 A、B 两组电机,接着使 B 组电机失活,得到关节的转动速度如图 3-106 所示。2.5 s 时 B 组电机失活,关节转动的角速度瞬时增加至 60°/s,关节角度变化为 15°,达到最大值。与普通激活状态相比,驱动器在进行储能后,对于结构输出速度有明显的提升,与肌肉变化特征相似。

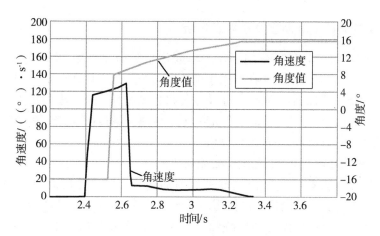

图 3－105　模式 1 关节转动角速度

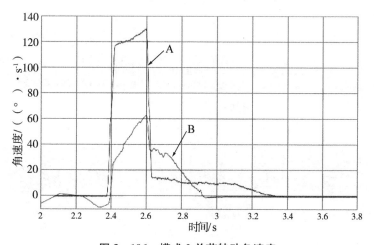

图 3－106　模式 2 关节转动角速度

由本章的仿真分析可知,类肌肉仿生驱动器的串联结构可以使电机输出位移量增加,但是驱动器的输出力不发生变化,并联结构则相反。同时,仿真分析也验证了类肌肉仿生驱动器的冗余特性,不同的电机激活模式可以输出相同的力与位移,从侧面验证了类肌肉仿生驱动器具有抗损伤能力,在部分电机失效的情况下,驱动器能够继续输出。弹簧在驱动器结构中起到至关重要的作用,不同结构中弹簧刚度变化对于结构的影响不同,在并联结构中,可以通过改变并联结构内激活电机的数量来改变结构的刚度,在串联结构中,刚度大小对于输出位移影响较大,同负载下,刚度越大,可输出的最大位移量越大。在肘关节的对抗结构中,弹簧不仅可以传递电机输出力及位移,还可以进行储能,合理利用弹簧的储能特性可以显著提高驱动器的输出性能。

3.3.4 类肌肉仿生驱动器样机实验研究

研制仿生驱动器样机,分别制作了串联仿生驱动器样机、并联仿生驱动器样机、基于仿生驱动器的机械臂样机用来模拟肘关节运动。搭建样机控制系统的软、硬件平台,进行下位机电路系统制作及上位机控制编程。进行串联仿生驱动器、并联仿生驱动器的输出性能测试实验研究;进行仿生驱动器带动单关节机械臂的摆动控制实验研究,对实验结果进行分析。

1. 串联仿生驱动器测试平台及实验研究

串联仿生驱动器测试平台三维模型图如图 3 - 107(a) 所示,样机实物图如图 3 - 107(b) 所示。样机系统包括驱动器底座、驱动器安装固定架、六个基本驱动单元串联而成的机构本体、拉力传感器。串联仿生驱动器测试平台主要进行多个串联电机等长收缩时驱动器的输出性能测试实验。

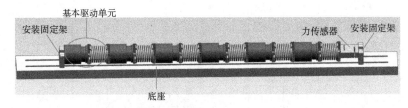

(a) 串联仿生驱动器测试平台三维模型图

(b) 串联仿生驱动器测试平台实物图

图 3 - 107　串联仿生驱动器测试平台

串联仿生驱动器测试实验,主要针对不同数量基本单元串联组成的驱动器进行输出力测试,验证串联结构对于驱动器输出力的影响。首先进行一个基本单元的测试,测试系统实物图如图 3 - 108 所示。将单个基本单元与力传感器串联,设置电机电压并激活电机,进行运动输出。

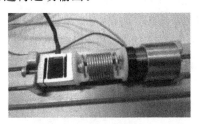

图 3 - 108　电机单元测试

　　基本单元中选中刚度为 0.1 N/mm 的弹簧,其测试数据如图 3 - 109 所示,运行电压值设置为 2.9 V,预紧力为 0.5 N,弹簧的形变量等于电机最大收缩量为 5 mm,驱动器输出力为 1.4 N,得到弹簧的实际刚度值为 0.28 N/mm。基本单元选中刚度 0.3 N/mm 的弹簧,其测试数据如图 3 - 110 所示。运行电压值设置为 3.7 V,预紧力为 0.5 N,弹簧的形变量等于电机最大收缩量为 5 mm,电机单元实际输出为 2.7 N,得到弹簧的实际刚度值为 0.54 N/mm。

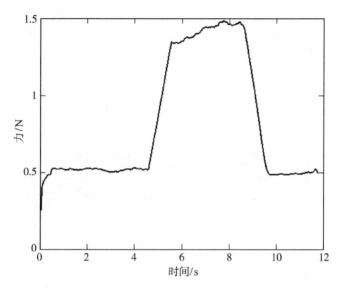

图 3 - 109　刚度为 0.1 N/mm 的电机单元测试结果

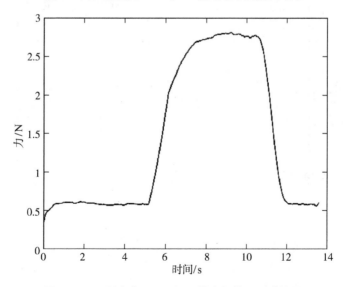

图 3 - 110　刚度为 0.3 N/mm 的电机单元测试结果

将两个基本单元进行串联,选用刚度为 0.1 N/mm 的弹簧进行测试,测试系统实物图如图 3-111 所示,测试结果如图 3-112 所示。两个电机单独激活时,串联驱动器的输出力均为 1.2 N,同时激活两个电机,串联驱动器的输出力达到 1.5 N。图 3-113 为三个刚度为 0.1 N/mm 的基本单元串联组成的驱动器的测试结果,测试时同时激活所有电机,串联驱动器的最大输出力为 1.5 N。

由图 3-111、图 3-112 及图 3-113 对比分析可知,无论是一个基本单元,两个基本单元串联还是三个基本单元串联,驱动器的最大输出值相等,输出值略大于电机的最大输出值 1.4 N。在两个基本单元串联实验中,若仅激活单个电机,串联驱动器的输出力为 1 N,其输出值低于仅一个基本单元的驱动器输出力,实验结果与前文的仿真分析一致。

图 3-111　两个电机单元串联形成串联驱动器

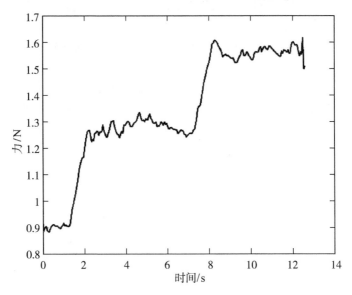

图 3-112　2 个刚度为 0.1 N/mm 的电机单元串联

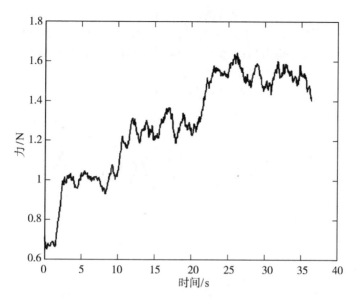

图 3-113 3 个刚度为 0.1 N/mm 的电机单元串联

将 6 个刚度为 0.1 N/mm 的基本单元进行串联,单独激活每个电机,测量驱动器的输出结果,如图 3-114 所示。由图 3-114 可知,距离传感器越远的电机单独激活时,其输出力受到摩擦力影响越大。图 3-115 为串联结构中电机逐个激活的输出变化曲线,第一个电机单元激活后,串联驱动器的输出力达到 1 N,之后串联驱动器的输

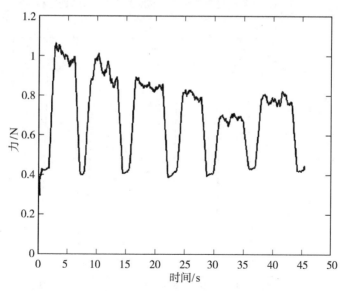

图 3-114 依次单独激活 6 个刚度为 0.1 N/mm 的电机

出变化幅度较小,最终串联驱动器的输出最大值为 1.15 N。由驱动器运行结果可知,由于受摩擦力的影响,不同位置的电机激活,驱动器的输出存在差异,距离传感器较远的电机激活时,传递至力传感器的力受到摩擦力的影响损耗较多。采用刚度为 0.5 N/mm 的弹簧重复上述实验,结果如图 3－116 所示。由图 3－116 可知,每个电机单独激活时,串联驱动器的输出结果受到摩擦力的影响减小。

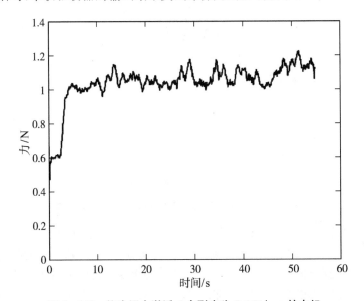

图 3－115　依次逐个激活 6 个刚度为 0.1 N/mm 的电机

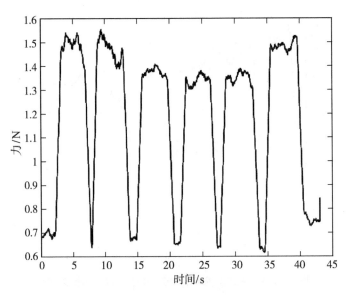

图 3－116　6 个刚度为 0.5 N/mm 的电机单元串联

　　改变串联的电机单元的刚度,将 2 个刚度为 0.1 N/mm 的基本单元与 1 个刚度为 0.3 N/mm 的基本单元组成混合串联驱动器,实验结果如图 3 - 117 所示。与图 3 - 112对比分析可知,增加弹簧刚度后串联驱动器的输出力增加,第一个电机激活时,驱动器输出力为 1.1 N,两个电机激活后,驱动器输出力为 1.4 N,全部激活时,驱动器输出力为 1.7 N。图 3 - 118 为两组 4 个电机单元串联组成的串联驱动器的输出曲线,两种刚度的电机单元混合的串联驱动器的输出大于单刚度的串联驱动器。

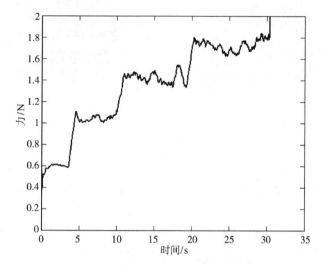

图 3 - 117　两种刚度的电机单元混合串联

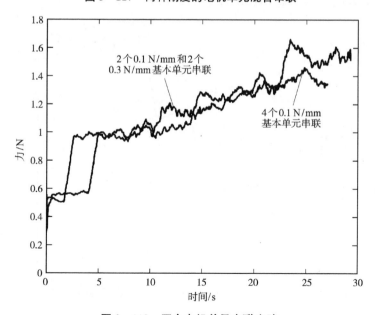

图 3 - 118　四个电机单元串联实验

2. 并联仿生驱动器测试平台及实验研究

并联仿生驱动器测试平台三维模型图如图 3-119(a)所示，样机实物图如图 3-119(b)所示。样机系统包括驱动器底座、驱动器安装固定架、六个基本驱动单元并联而成的机构本体、拉力传感器。并联仿生驱动器测试平台主要进行多个并联电机等长收缩时驱动器的输出性能测试实验。

(a) 并联仿生驱动器测试平台三维模型图   (b) 并联仿生驱动器测试平台实物图

图 3-119　并联仿生驱动器测试平台

实验中将 6 个刚度为 0.1 N/mm 的电机单元进行并联，使用自动模式激活电机，测量结构整体输出，结果如图 3-120 所示。随着激活的电机单元的数量增加，并联驱动器的输出力增加，每增加一个激活电机，驱动器的输出力约增加 1.4 N，最终驱动器的最大输出力约为 8.4 N。图 3-121 为 4 个刚度为 0.3 N/mm 的电机单元并联组成的驱动器的输出变化曲线，对比图 3-120 与图 3-121 可知，随着刚度系数的增加，并联驱动器的输出力显著增加。

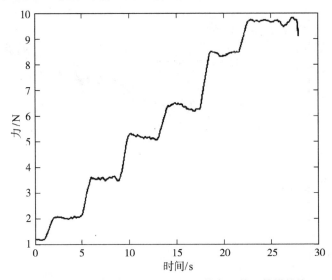

图 3-120　6 个刚度为 0.1 N/mm 的电机单元并联结构

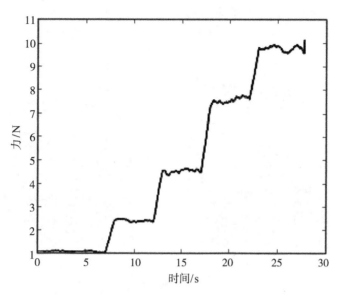

图 3 - 121　4 个刚度为 0.3 N/mm 的弹簧并联

3. 基于类肌肉仿生驱动器的机械臂样机实验

研制基于类肌肉仿生驱动器的机械臂,模拟肘关节的运动。进行机械臂的摆动实验研究。基于类肌肉仿生驱动器的机械臂三维模型图如图 3 - 122(a)所示,样机如图 3 - 122(b)所示。样机系统包括小臂、大臂、机械臂关节、仿生驱动器、角度传感器。为了减轻机构系统重量,机械臂采用轻型工程塑料制作,其底座、弹簧连接件及轴类构件仍采用高强度工程塑料通过 3D 打印成型。

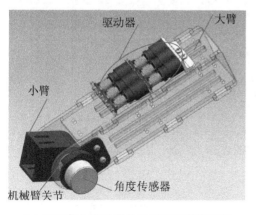

（a）基于仿生驱动器的机械臂三维模型图　　（b）基于仿生驱动器的机械臂实物图

图 3 - 122　机械臂结构

实验中,机械臂中的驱动器采用两种排布方式,如图 3-123 所示,A 型结构为 3 个电机单元并联后串联,B 型结构为 3 个电机单元串联后并联。

(a) A 型结构　　　　　　　　(b) B 型结构

图 3-123　驱动器结构

图 3-124 为 A 型驱动器结构的输出变化曲线,小臂转动范围为 46.8°至 65.0°,第一组电机单元激活小臂角度增加 6°,第二组电机单元激活下臂转动角度增加 8°,第三组电机单元激活下臂转动角度增加 4.3°。图 3-125 为 B 型驱动器结构的输出变化曲线,图中显示了四种不同的激活状态驱动器的输出,第一种状态为激活一组并联单元内的两个电机单元驱动器的输出,第二种状态为两组并联单元

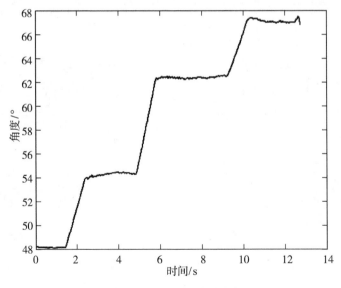

图 3-124　A 型驱动器输出

内激活两个电机的输出,第三种状态为一组并联单元内的电机全部激活时的输出,最后一种为所有电机单元全部激活的输出。比较两种形式驱动器的输出,A 型驱动器的最大输出位移量大于 B 型,因此结构输出的角度更大,但是 B 型驱动器可输出的位移量变化更多。

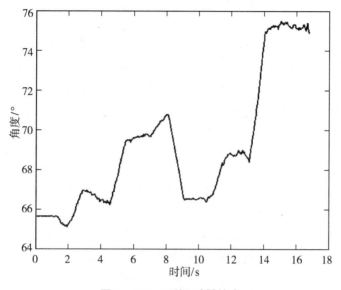

图 3 - 125　B 型驱动器输出

　　类肌肉仿生驱动器的实验验证了驱动器的类肌肉特征。在串联驱动器中,串联驱动器电机单元数增加不能提高驱动器的最大输出力,串联驱动器的最大输出力等于单个电机单元的最大输出力。电机单元内弹簧的刚度越大,电机单元的输出力越大,由电机单元组成的串联驱动器的输出力越大,同时弹簧刚度的增加能有效减小摩擦力对于串联驱动器输出力的影响。在并联驱动器的实验中,并联电机单元数量的增加可以使驱动器的最大输出力改变,并联驱动器的输出力等于并联结构内激活的电机单元的输出力的和。在机械臂的实验中,两种结构类型的驱动器在输出位移上存在很大的差异,A 型结构输出位移量大于 B 型结构,但是 A 型结构的驱动器刚度不可变,可输出位移量种类较少,B 型结构的驱动器可以通过激活不同的电机单元来改变驱动器的刚度,从而实现输出可变。

　　采用电机作为 CE 单元,使驱动器具有优秀的响应特性、良好的速度、较好的负载能力,驱动器的控制电路及控制方案的设计相对更为简单。但是在电机输出功率较高时,电机发热较为明显,限制了电机的输出能力。实验中,为了节约实验资源,采用了通用的弹簧连接件,导致部分弹簧的连接不稳定,实际使用时需要针对不同的弹簧进行定制。

参考文献

[1] Hashtrudi-Zaad K, Salcudean S E. Analysis of Control Architectures for Teleoperation Systems with Impedance/Admittance Master and Slave Manipulators[J]. The International Journal of Robotics Research, 2001,20(6): 419 - 445.

[2] Ott C, Mukherjee R, Nakamura Y. Unified Impedance and Admittance Control[C]. IEEE International Conference on Robotics and Automation (ICRA), 2010:554 - 561.

[3] Pratt G A, Willisson P, .Bolton C, et. al. Late motor processing in low-impedance robots: impedance control of series-elastic actuators[J]. American Control Conference, Boston, MA, USA, 2004: 3245 - 3251.

[4] D. Paluska and H. Herr, The effect of series elasticity on actuator power and work output : Implications for robotic and prosthetic joint design[J]. Robotics and Autonomous Systems, 2006, 54(8):667 - 673.

[5] 马洪文,赵朋,王立权,等. 刚度和等效质量对 SEA 能量放大特性的影响[J]. 机器人,2012, 34(3):275 - 281.

[6] Seyfarth A, Tausch R, Stelzer M, et. al. Towards bipedal jogging as a natural result of optimizing walking speed for passively compliant three-segmented legs[J]. The International Journal of Robotics Research, 2009, 28(2):257 - 265.

[7] Veneman J F, Ekkelenkamp R, Kruidhof R, et al. A series elastic and bowden-cable-based actuation system for use as torque actuator in exoskeleton-type robots[J]. International Journal of Robotics Research. 2006, 25(3): 261 - 281.

[8] Bae J, Kong K, Tomizuka M. Gait phase-based smoothed sliding mode control for a rotary series elastic actuator installed on the knee joint[C]. American Control Conference (ACC), Balti more, MD, USA, 2010:6030 - 6035.

[9] Jafari A, Tsagarakis N, Vanderborght B, et. al. A novel actuator with adjustable stiffness (AwAS) [C]. IEEE/RSJ International Conference on Intelligent Robots and Systems (IROS), 2010: 4201 - 4206.

[10] Choi J, Hong S, Lee W, et. al. A robot joint with variable stiffness using leaf springs, IEEE Transactions on Robotics, 2011, 27(2):229 - 238.

[11] Nikitczuk J, Weinberg B, Canavan P, et. al. Active knee rehabilitation orthotic device with variable damping characteristics implemented via an electrorheological fluid[J]. IEEE/ASME Transactions on Mechatronics, 2010, 15(6):952 - 960.

[12] Bulea T C, Kobetic R, To C S, et. al, A variable impedance knee mechanism for controlled stance flexion during pathological gait[J]. IEEE/ASME Transactions on Mechatronics, 2012, 17(5):822 - 832.

[13] Tenzer Y, Davies B L, Baena F R Y. Four-state rotary joint control: Results with a novel programmable brake[J]. IEEE/ASME Transactions on Mechatronics, 2012, 17 (5): 915 - 923.

[14] Leach D, Gunther F, Maheshwari N, et al. Linear multimodal actuation through discrete coupling[J]. IEEE/ASME Transactions on Mechatronics, 2014,19(3):827 - 839.

[15] Gunther F, Iida F. Preloaded hopping with linear multi-modal actuation[C]. IEEE/RSJ International Conference on Intelligent Robots and Systems (IROS), 2013:5847 - 5852.

[16] Mathijssen G, Schultz J, Vanderborght B, et al. A muscle-like recruitment actuator with modular redundant actuation units for soft robotics[J]. Robotics and Autonomous Systems, 2015,74(Part A)):40 - 50.

[17] 李靖,秦现生,张雪峰,等. 直线电磁驱动串并联阵列人工肌肉设计研究[J]. 中国机械工程, 2012,23(8):883 - 887.

第四章　下肢外骨骼机器人的动力学分析

下肢外骨骼机器人的动力学研究是设计驱动系统与控制系统的理论基础,同时也有利于全面理解下肢外骨骼在进行各种常见运动时,其各关节的运动机理。外骨骼的动力学模型具有显著的非线性,这点与传统腿式机器人类似,不同的是,外骨骼动力学模型严重依赖于对人体步态的阶段划分。因此,本章采用不同的动力学分析方法,对下肢外骨骼机器人进行动力学建模分析,并采用ADAMS进行了仿真验证。

4.1　动力学建模方法分析

外骨骼机器人与腿式机器人的动力学建模过程类似,常见的方法有:拉格朗日第二类方程、牛顿—欧拉方程、达朗伯—拉格朗日方程、Kane方程等,各建模方法的特点简介如下:

(1) 牛顿—欧拉方程:该方法将系统的运动分解为刚体平动与刚体转动,并分别采用牛顿方程与欧拉方程进行描述,属于经典矢量力学的范畴,具有很强的几何直观性。本书中第二章的人体运动生物力学研究即采用该方法求解人体下肢各关节扭矩与功率。由于足底力是比较容易通过传感器直接检测获得的机器人与外部环境的交互力,因此该方法一般从足部开始分析与杆件质量有关的力平衡(牛顿)方程和与杆件相对于其质心的转动惯量有关的力矩平衡(欧拉)方程,进而获得踝处的关节力与关节力矩。然后,依此向躯干方向逐步分析小腿、大腿的力与力矩平衡方程,求得膝、髋处的关节力矩。牛顿—欧拉法是一种递归形式的动力学求解方法,非常适合于计算机编程,但是迭代形式的解不易对机器人动力学特性进行统一描述,所以不利于控制系统的设计。

(2) 拉格朗日第二类方程:外骨骼机器人或腿式机器人通常都是具有完整约

束的动力学系统,因此可以采用能量法进行研究,即只关注系统的动能、势能及其微分。一般情况下,将机器人各关节的各自由度定义为广义自由度,建立各广义自由度与各杆件质心处的连杆局部坐标系至基础坐标系的 D-H 变换,求得各杆件质心在基础坐标系中的瞬时位姿、瞬时线速度以及瞬时角速度,进而可结合各杆件质量与相对于质心的转动惯量等获得系统向各杆件质心处简化后的系统瞬时动能(包括平动动能与转动动能)与瞬时势能,由拉格朗日第二类方程获得各广义自由度对应的广义力,也即各关节各自由度上的扭矩。

(3)达朗伯—拉格朗日方程:也称动力学普遍方程,是一种虚功形式的动力学方程。该方法通过达朗伯原理引入惯性力(包括平动惯性力与转动惯性力),将动力学问题转化为静力学问题,即作用在系统上的主动力、惯性力以及约束力构成平衡力系。虚位移是质点或质点系在约束允许的条件下所可能产生的无限小位移,无需任何力或时间,是一种等时变分问题,且虚位移的产生不会对质点或质点系的平衡或运动状态等产生任何影响。虚功方程即为作用于质点或质点系的所有外力在任何虚位移上所做的虚功之和为 0,且对任意瞬时或位形都成立。对已经转换为静力学问题的系统应用虚功方程即为达朗伯—拉格朗日方程。

(4)Kane 方程:Kane 方程是由动力学普遍方程推广而得,对完整与非完整系统都适用。Kane 方程在形式上表示为广义主动力与广义惯性力之和为 0,因此,采用 Kane 法建立系统动力学模型的关键是求得系统的广义主动力与广义惯性力的表达式。作用于刚体上的对应于某一独立速度的广义主动力为刚体简化中心点上的主矢与主矩分别与该点对应于该独立速度的偏速度与偏角速度的标量积之和;作用于刚体上的对应于某一独立速度的广义惯性力为刚体简化中心点上的惯性力与该点对应于该独立速度的偏速度的标量积之和。偏速度与偏角速度是分析力学中的概念,比较复杂,这里不再赘述。

从动力学的本质考虑,以上四种最常用的外骨骼动力学建模方法都是等价的,只是建立过程的不同使得各方法有不同的适用环境。本章分别采用拉格朗日法及达朗伯—拉格朗日法进行下肢外骨骼机器人动力学分析。

4.2　基于拉格朗日法的下肢外骨骼机器人动力学分析及仿真

尽管下肢助力外骨骼的关节自由度比较多,但其主要运动为矢状面内的运动,故采用拉格朗日法对助力外骨骼进行矢状面内的动力学分析[1]。

下肢助力外骨骼的行走过程可看成由单脚支撑(一脚为全脚掌着地,另一脚摆动）、双脚支撑（两脚均为全脚掌着地）、一脚虚触地的双脚支撑（一脚为全脚掌着地，而另一脚非全脚掌着地，如脚跟着地、脚尖蹬离地面时刻）三个交替过程组成的运动，分别对三种行走模式进行研究，求出各关节力矩，并采用 ADAMS 对下肢助力外骨骼进行动力学仿真，验证理论分析的正确性。

4.2.1 单脚支撑行走模式

（1）动力学建模方法

下肢助力外骨骼单脚支撑模型如图 4-1 所示，在此种运动模式下，下肢助力外骨骼可简化成七连杆模型，分别为双足、小腿、大腿及上肢共七个部分。

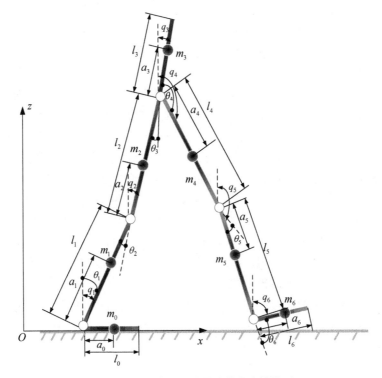

图 4-1　下肢助力外骨骼单脚支撑模型

在单脚支撑行走模式下，下肢助力外骨骼的动力学为：

$$M(q)\ddot{q} + C(q,\dot{q}) + G(q) = T_{\text{exoskeleton}} + t_{\text{human}} \qquad (4-1)$$

其中：$T_{\text{exoskeleton}}$ 为外骨骼各关节力矩；t_{human} 为外骨骼穿戴者作用于外骨骼上的力矩。外骨骼行走控制的目标是使得 t_{human} 趋于零，这样才能达到穿戴者在穿戴外骨骼行走过程中既进行了助力又不会对人体行走造成影响的目的。

等式(4-1)中左边表达式的求解过程如下：

图 4-1 中符号说明为：m_i 为各杆件质量，其中 $i = 0,1,2,3,4,5,6$；l_i 为各杆件长度；a_i 为杆件质心距两杆件交点的距离；q_i 为杆件与垂直方向的夹角，支撑脚除外；θ_i 为杆件间的夹角，但支撑脚与小腿的夹角如图 4-1 中所示；设支撑腿上的踝关节世界坐标系的坐标为 $(x_a,0)$，则各杆件的质心 $G_i(x_i,z_i)$ 为：

$$\begin{cases} x_0 = x_a + a \\ x_1 = x_a + a_1 \sin q_1 \\ x_2 = x_a + l_1 \sin q_1 + a_2 \sin q_2 \\ x_3 = x_a + l_1 \sin q_1 + l_2 \sin q_2 + a_3 \sin q_3 \\ x_4 = x_a + l_1 \sin q_1 + l_2 \sin q_2 + a_4 \sin q_4 \\ x_5 = x_a + l_1 \sin q_1 + l_2 \sin q_2 + l_4 \sin q_4 + a_5 \sin q_5 \\ x_6 = x_a + l_1 \sin q_1 + l_2 \sin q_2 + l_4 \sin q_4 + l_5 \sin q_5 + a_6 \sin q_6 \end{cases} \tag{4-2}$$

$$\begin{cases} z_0 = 0 \\ z_1 = a_1 \cos q_1 \\ z_2 = l_1 \cos q_1 + a_2 \cos q_2 \\ z_3 = l_1 \cos q_1 + l_2 \cos q_2 + a_3 \cos q_3 \\ z_4 = l_1 \cos q_1 + l_2 \cos q_2 + a_4 \cos q_4 \\ z_5 = l_1 \cos q_1 + l_2 \cos q_2 + l_4 \cos q_4 + a_5 \cos q_5 \\ z_6 = l_1 \cos q_1 + l_2 \cos q_2 + l_4 \cos q_4 + l_5 \cos q_5 + a_6 \cos q_6 \end{cases} \tag{4-3}$$

则下肢助力外骨骼的动能为：

$$E_k = \frac{1}{2} \sum_{i=1}^{6} \left[I_i \dot{q}_i^2 + m_i (\dot{x}_i^2 + \dot{z}_i^2) \right] \tag{4-4}$$

其中：I_i 为各杆件绕其质心的转动惯量。

下肢助力外骨骼的势能为：

$$E_p = \sum_{i=0}^{6} m_i g z_i \tag{4-5}$$

下肢助力外骨骼七连杆机构的拉格朗日函数为：

$$L = E_k - E_p \tag{4-6}$$

拉格朗日动力学方程为：

$$\frac{\mathrm{d}}{\mathrm{d}t}\left[\frac{\partial L}{\partial \dot{q}_i}\right] - \frac{\partial L}{\partial q_i} = T_i (i = 1, 2, \cdots, 6) \tag{4-7}$$

其中：T_i 为连杆间的关节力矩；M 为质量矩阵；C 为离心力与哥氏力矢量；G 为重力矢量。关节力矩表达式如式（4-8）：

$$\boldsymbol{M}(q)\ddot{\boldsymbol{q}} + \boldsymbol{C}(q,\dot{q}) + \boldsymbol{G}(q) = \boldsymbol{T} \tag{4-8}$$

由于关节空间中的双足机器人动力学方程更容易建立，所以轨迹跟踪控制更容易在关节空间得到实现。因此，用已知的理想笛卡儿空间轨迹来得到期望的关节空间轨迹是必需的，这可以通过应用反运动学变换得到，即笛卡儿空间与关节空间的轨迹匹配，用 $\theta_i(i = 1, 2, \cdots, 6)$ 来表示相邻关节间的转角，则有：

$$\theta_1 = q_1, \theta_2 = q_1 - q_2, \theta_3 = q_2 - q_3,$$
$$\theta_4 = q_4 - q_3, \theta_5 = q_5 - q_4, \theta_6 = q_5 - q_6$$

则转化后的拉格朗日方程为：

$$\boldsymbol{D}(\theta)\ddot{\boldsymbol{\theta}} + \boldsymbol{C}(\theta,\dot{\theta}) + \boldsymbol{G}(\theta) = \boldsymbol{\tau} \tag{4-9}$$

其中：$\tau = \begin{bmatrix} \tau_1, \tau_2, \tau_3, \tau_4, \tau_5, \tau_6 \end{bmatrix}$；$\tau_1$ 是支撑腿踝关节处的驱动力矩；τ_2 是支撑腿膝关节处的驱动力矩；τ_3 是支撑腿髋关节处的驱动力矩；τ_4 是摆动腿髋关节处的驱动力矩；τ_5 是摆动腿膝关节处的驱动力矩；τ_6 是摆动腿踝关节处的驱动力矩。

（2）下肢各关节力矩结果

对下肢各关节力矩进行求解，可得式（4-9）中各力矩表达式为：

$$\begin{bmatrix} D_{11} & D_{12} & D_{13} & D_{14} & D_{15} & D_{16} \\ D_{21} & D_{22} & D_{23} & D_{24} & D_{25} & D_{26} \\ D_{31} & D_{32} & D_{33} & D_{34} & D_{35} & D_{36} \\ D_{41} & D_{42} & D_{43} & D_{44} & D_{45} & D_{46} \\ D_{51} & D_{52} & D_{53} & D_{54} & D_{55} & D_{56} \\ D_{61} & D_{62} & D_{63} & D_{64} & D_{65} & D_{66} \end{bmatrix} \begin{bmatrix} \ddot{\theta}_1 \\ \ddot{\theta}_2 \\ \ddot{\theta}_3 \\ \ddot{\theta}_4 \\ \ddot{\theta}_5 \\ \ddot{\theta}_6 \end{bmatrix} + \begin{bmatrix} C_1 \\ C_2 \\ C_3 \\ C_4 \\ C_5 \\ C_6 \end{bmatrix} + \begin{bmatrix} G_1 \\ G_2 \\ G_3 \\ G_4 \\ G_5 \\ G_6 \end{bmatrix} = \begin{bmatrix} \tau_1 \\ \tau_2 \\ \tau_3 \\ \tau_4 \\ \tau_5 \\ \tau_6 \end{bmatrix} \tag{4-10}$$

$$t_1 = m_1 a_1^2 + (m_2 + m_3 + m_4 + m_5 + m_6)l_1^2,$$
$$t_2 = m_2 a_2^2 + (m_3 + m_4 + m_5 + m_6)l_2^2,$$
$$t_3 = m_3 a_3^2, t_4 = m_4 a_4^2 + m_5 l_4^2 + m_6 l_4^2,$$

$$t_5 = m_5 a_5^2 + m_6 l_5^2, t_6 = m_6 a_6^2,$$

$$t_7 = m_2 l_2 a_2 + (m_3 + m_4 + m_5 + m_6) l_1 l_2,$$

$$t_8 = m_3 l_1 a_3, t_9 = m_4 l_1 a_4 + (m_5 + m_6) l_1 l_4,$$

$$t_{10} = m_5 l_1 a_5 + m_6 l_1 l_5,$$

$$t_{11} = m_6 l_1 a_6, t_{12} = m_3 l_2 a_3,$$

$$t_{13} = m_4 l_2 a_4 + (m_5 + m_6) l_2 l_4,$$

$$t_{14} = m_5 l_2 a_5 + m_6 l_2 l_5,$$

$$t_{15} = m_6 l_2 a_6, t_{16} = m_5 l_4 a_5, t_{17} = m_6 l_4 a_6,$$

$$t_{18} = m_6 l_5 a_6, t_{19} = m_1 a_1 + (m_2 + m_3 + m_4 + m_5 + m_6) l_1,$$

$$t_{20} = m_2 a_2 + (m_3 + m_4 + m_5 + m_6) l_2,$$

$$t_{21} = m_3 a_3, t_{22} = m_4 a_4 + (m_5 + m_6) l_4$$

$$t_{23} = m_5 a_5 + m_6 l_5, t_{24} = m_6 a_6, t_{25} = m_2 a_2 + (m_3 + m_4 + m_5 + m_6) l_6$$

$$\sin(\theta_i + \theta_j - \theta_k + \cdots + \theta_l) = s\theta_{i+j-k+\cdots+l}$$

$$\cos(\theta_i + \theta_j - \theta_k + \cdots + \theta_l) = c\theta_{i+j-k+\cdots+l}$$

则式(4－10)中的各参数如下：

$$
\begin{aligned}
D_{11} =\ & I_1 + t_1 + t_2 + t_3 + t_4 + t_5 + t_6 + 2t_7 c\theta_2 + 2t_8 c\theta_{2+3} + 2t_9 c\theta_{2+3-4} + 2t_{10} c\theta_{2+3-4-5} \\
& + 2t_{11} c\theta_{2+3-4-5+6} + 2t_{12} c\theta_3 + 2t_{13} c\theta_{3-4} + 2t_{14} c\theta_{3-4-5} + 2t_{15} c\theta_{3-4-5+6} + 2t_{16} c\theta_5 \\
& + 2t_{17} c\theta_{6-5} + 2t_{18} c\theta_6
\end{aligned}
$$

$$
\begin{aligned}
D_{12} =\ & -t_2 - t_3 - t_4 - t_5 - t_6 - t_7 c\theta_2 - t_8 c\theta_{2+3} - t_9 c\theta_{2+3-4} - t_{10} c\theta_{2+3-4-5} \\
& - t_{11} c\theta_{2+3-4-5+6} - 2t_{12} c\theta_3 - 2t_{13} c\theta_{3-4} - 2t_{14} c\theta_{3-4-5} - 2t_{15} c\theta_{3-4-5+6} - 2t_{16} c\theta_5 \\
& - 2t_{17} c\theta_{6-5} - 2t_{18} c\theta_6
\end{aligned}
$$

$$
\begin{aligned}
D_{13} =\ & -t_3 - t_4 - t_5 - t_6 - t_7 c\theta_2 - t_8 c\theta_{2+3} - t_9 c\theta_{2+3-4} - t_{10} c\theta_{2+3-4-5} \\
& - t_{11} c\theta_{2+3-4-5+6} - 2t_{12} c\theta_3 - 2t_{13} c\theta_{3-4} - 2t_{14} c\theta_{3-4-5} - 2t_{15} c\theta_{3-4-5+6} - 2t_{16} c\theta_5 \\
& - 2t_{17}\ c\theta_{6-5} - 2t_{18} c\theta_6
\end{aligned}
$$

$$
\begin{aligned}
D_{14} =\ & t_4 + t_5 + t_6 + t_9 c\theta_{2+3-4} + t_{10} c\theta_{2+3-4-5} + t_{11} c\theta_{2+3-4-5+6} + t_{13} c\theta_{3-4} \\
& + t_{14} c\theta_{3-4-5} + t_{15} c\theta_{3-4-5+6} + 2t_{16} c\theta_5 + 2t_{17} c\theta_{6-5} + 2t_{18} c\theta_6
\end{aligned}
$$

$$
\begin{aligned}
D_{15} =\ & t_5 + t_6 + t_{10} c\theta_{2+3-4-5} + t_{11} c\theta_{2+3-4-5+6} + t_{15} c\theta_{3-4-5+6} + t_{16} c\theta_5 + t_{17} c\theta_{6-5} \\
& + 2t_{18} c\theta_6
\end{aligned}
$$

$$D_{16} = -t_6 - t_{11} c\theta_{2+3-4-5+6} - t_{15} c\theta_{3-4-5+6} - t_{17} c\theta_{6-5} - t_{18} c\theta_6$$

$$D_{21} = D_{12}$$

$$
\begin{aligned}
D_{22} =\ & I_{21} + t_2 + t_3 + t_4 + t_5 + t_6 + 2t_{12} c\theta_3 + 2t_{13} c\theta_{3-4} + 2t_{14} c\theta_{3-4-5} + 2t_{15} c\theta_{3-4-5+6} \\
& + 2t_{16} c\theta_5 + 2t_{17} \cos\theta_{6-5} + 2t_{18} c\theta_6
\end{aligned}
$$

$$D_{23} = t_3 + t_4 + t_5 + t_6 + t_{12} c\theta_3 + t_{13} c\theta_{3-4} + t_{14} c\theta_{3-4-5} + t_{15} c\theta_{3-4-5+6} + 2t_{16} c\theta_5$$

$$+ 2t_{17}c\theta_{6-5} + 2t_{18}c\theta_6$$

$$D_{24} = -t_4 - t_5 - t_6 - t_{13}c\theta_{3-4} - t_{14}c\theta_{3-4-5} - t_{15}c\theta_{3-4-5+6} - 2t_{16}c\theta_5 - 2t_{17}c\theta_{6-5}$$
$$- 2t_{18}c\theta_6$$

$$D_{25} = -t_5 - t_6 - t_{14}c\theta_{3-4-5} - t_{15}c\theta_{3-4-5+6} - t_{16}c\theta_5 - t_{17}c\theta_{6-5} - 2t_{18}c\theta_6$$

$$D_{26} = t_6 + t_{15}c\theta_{3-4-5+6} + t_{17}c\theta_{6-5} + t_{18}c\theta_6, D_{31} = D_{13}, D_{32} = D_{23}$$

$$D_{33} = I_3 + t_3 + t_4 + t_5 + t_6 + 2t_{16}c\theta_5 + 2t_{17}c\theta_{6-5} + 2t_{18}c\theta_6$$

$$D_{34} = -t_4 - t_5 - t_6 - 2t_{16}c\theta_5 - 2t_{17}c\theta_{6-5} - 2t_{18}c\theta_6$$

$$D_{35} = -t_5 - t_6 - t_{16}c\theta_5 - t_{17}c\theta_{6-5} - 2t_{18}c\theta_6$$

$$D_{36} = t_6 + t_{17}c\theta_{6-5} + t_{18}c\theta_6, D_{41} = D_{14}, D_{42} = D_{24}, D_{43} = D_{34}$$

$$D_{44} = I_4 + t_4 + t_5 + t_6 + 2t_{16}c\theta_5 + 2t_{17}c\theta_{6-5} + 2t_{18}c\theta_6$$

$$D_{45} = t_5 + t_6 + t_{16}c\theta_5 + t_{17}c\theta_{6-5} + 2t_{18}c\theta_6$$

$$D_{46} = -t_6 - t_{17}c\theta_{6-5} - t_{18}c\theta_6$$

$$D_{51} = D_{15}, D_{52} = D_{25}, D_{53} = D_{35}, D_{54} = D_{45}, D_{55} = I_5 + t_5 + t_6 + 2t_{18}c\theta_6$$

$$D_{56} = -t_6 - t_{18}c\theta_6, D_{61} = D_{16}, D_{62} = D_{26}, D_{63} = D_{36}, D_{64} = D_{46},$$

$$D_{65} = D_{56}, D_{66} = I_6 + t_6$$

$$\begin{aligned}
C_1 = {} & (t_7 s\theta_2 + t_8 s\theta_2 + t_9 s\theta_{2+3-4} + t_{10} s\theta_{2+3-4-5} + t_{11}\dot{s}\theta_{2+3-4-5+6})\dot{\theta}_2^2 \\
& + (t_8 s\theta_{2+3} + t_9 s\theta_{2+3-4} + t_{10} s\theta_{2+3-4-5} + t_{11} s\theta_{2+3-4-5+6} + t_{12} s\theta_3 + t_{13} s\theta_{3-4} \\
& + t_{14} s\theta_{3-4-5} + t_{15} s\theta_{3-4-5+6})\dot{\theta}_3^2 + (t_9 s\theta_{2+3-4} + t_{10} s\theta_2 + t_{11} s\theta_{2+3-4-5+6} \\
& + t_{13} s\theta_{3-4} + t_{14} s\theta_{3-4-5} + t_{15} s\theta_{3-4-5+6})\dot{\theta}_4^2 + (t_{10} s\theta_{2+3-4-5+6} + t_{11} s\theta_{2+3-4-5+6} \\
& + t_{14} s\theta_{3-4-5} + t_{15} s\theta_{3-4-5+6} - t_{16} s\theta_5 + t_{17} s\theta_{6-5})\dot{\theta}_5^2 + (t_{11} s\theta_{2+3-4-5+6} \\
& + t_{15} s\theta_{3-4-5+6} + t_{17} s\theta_{6-5} + t_{18} s\theta_6)\dot{\theta}_6^2
\end{aligned}$$

$$\begin{aligned}
C_2 = {} & (-t_{12} s\theta_3 - t_{13} s\theta_3 - t_{14} s\theta_{3-4-5} - t_{15} s\theta_{3-4-5+6})\dot{\theta}_3^2 + (-t_{13} s\theta_{3-4} - t_{14} s\theta_{3-4-5} \\
& - t_{15} s\theta_{3-4-5+6})\dot{\theta}_4^2 + (-t_{14} s\theta_{3-4-5} - t_{15} s\theta_{3-4-5+6} - t_{17} s\theta_{6-5})\dot{\theta}_5^2 \\
& + (-t_{15} s\theta_{3-4-5+6} - t_{17} s\theta_{6-5} - t_{18} s\theta_6)\dot{\theta}_6^2
\end{aligned}$$

$$C_3 = (t_{16} s\theta_5 - t_{17} s\theta_{6-5})\dot{\theta}_5^2 - (t_{17} s\theta_{6-5} + t_{18} s\theta_6)\dot{\theta}_6^2$$

$$C_4 = (-t_{16} s\theta_5 + t_{17} s\theta_{6-5})\dot{\theta}_5^2 + (t_{17} s\theta_{6-5} + t_{18} s\theta_6)\dot{\theta}_6^2$$

$$C_5 = t_{18} s\theta_6 \dot{\theta}_6^2, C_6 = 0,$$

$$\begin{aligned}
G_1 = {} & -t_{19} gs\,\theta_1 - t_{20} gs\,\theta_{1-2} - t_{21} gs\,\theta_{1-2-3} - t_{22} gs\,\theta_{1-2-3+4} - t_{23} gs\,\theta_{1-2-3+4+5} \\
& - t_{24} gs\,\theta_{1-2-3+4+5-6}
\end{aligned}$$

$$G_2 = t_{25} gs\,\theta_{1-2} + t_{21} gs\,\theta_{1-2-3} + t_{22} gs\,\theta_{1-2-3+4} + t_{23} gs\,\theta_{1-2-3+4+5} + t_{24} gs\,\theta_{1-2-3+4+5-6}$$

$$G_3 = t_{21} gs\,\theta_{1-2-3} + t_{22} gs\,\theta_{1-2-3+4} + t_{23} gs\,\theta_{1-2-3+4+5} + t_{24} gs\,\theta_{1-2-3+4+5-6}$$

$$G_4 = - t_{22} gs\,\theta_{1-2-3+4} - t_{23} gs\,\theta_{1-2-3+4+5} - t_{24} gs\,\theta_{1-2-3+4+5-6}$$

$$G_5 = - t_{23} gs\,\theta_{1-2-3+4+5} - t_{24} gs\,\theta_{1-2-3+4+5-6}$$

$$G_6 = t_{24} gs\,\theta_{1-2-3+4+5-6}$$

4.2.2 双脚支撑行走模式

下肢助力外骨骼的双脚支撑(两足都处于全脚掌着地状态)模型如图 4-2 所示,在此种运动模式下可把左右腿分开成两个三自由度的连杆模型分别进行动力学分析,分别如图 4-3、图 4-4 所示。

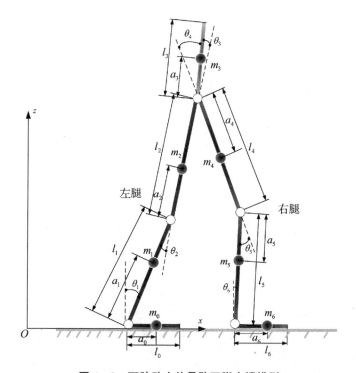

图 4-2 下肢助力外骨骼双脚支撑模型

在双脚支撑行走模式下,下肢助力外骨骼左、右腿的动力学分别如式(4-11)、式(4-12)所示。

$$M_L(\theta)\ddot{\theta} + C_L(\theta,\dot{\theta}) + G(\theta) = T_{Lexoskeleton} + t_{Lhuman} \qquad (4-11)$$

$$M_R(\theta)\ddot{\theta} + C_R(\theta,\dot{\theta}) + G(\theta) = T_{Rexoskeleton} + t_{Rhuman} \qquad (4-12)$$

其中：$T_{\text{Lexoskeleton}}$、$T_{\text{Rexoskeleton}}$ 分别为外骨骼左、右各关节力矩；t_{Lhuman}、t_{Rhuman} 分别为外骨骼穿戴者作用于外骨骼左、右腿上的力矩。同样，外骨骼行走控制的目标是使得 t_{Lhuman}、t_{Rhuman} 趋于零。

在双脚支撑模型中，可把上肢的质量 m_3 看作两部分，一个是作用于左腿的质量 m_{L3} 及作用于右腿的质量 m_{R3}，且 m_{L3}、m_{R3} 可通过 x_{L3}（左脚质心与 m_3 质心在 x 轴上距离）及 x_{R3}（右脚质心与 m_3 质心在 x 轴上距离）计算获得。

$$x_{\text{L3}} = l_1 \sin \theta_1 + l_2 \sin(\theta_1 - \theta_2) + a_3 \sin(\theta_1 - \theta_2 + \theta_3) - a_0 \qquad (4-13)$$

$$x_{\text{R3}} = a_6 - l_5 \sin \theta_6 + l_4 \sin(\theta_5 - \theta_6) - a_3 \sin(\theta_4 - \theta_5 + \theta_6) \qquad (4-14)$$

$$\frac{m_{\text{L3}}}{m_{\text{R3}}} = \frac{x_{\text{R3}}}{x_{\text{L3}}} \qquad (4-15)$$

$$m_3 = m_{\text{L3}} + m_{\text{R3}} \qquad (4-16)$$

由式(4-13)～式(4-16)可求出 m_{L3} 及 m_{R3}。

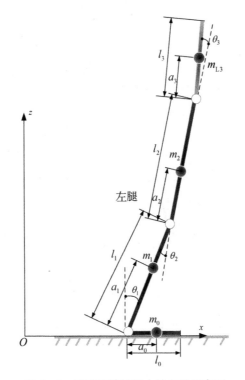

图 4-3　双脚支撑模型中的左腿示意图

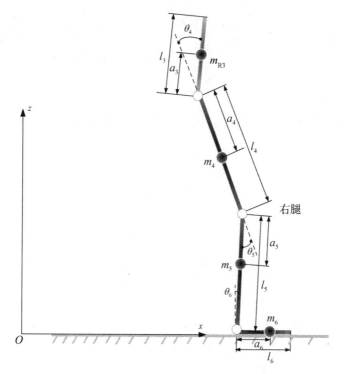

图 4-4 双脚支撑模型中的右腿示意图

1) 左腿建模方法及关节力矩结果

对于左腿模型,如图 4-3 所示,设左踝关节世界坐标系的坐标为 $(x_a,0)$,各杆件的质心 $G_i(x_i,z_i)$ 如式(4-17)、式(4-18)所示。

$$\begin{cases} x_0 = x_a + a_0 \\ x_1 = x_a + a_1 \sin \theta_1 \\ x_2 = x_a + l_1 \sin \theta_1 + a_2 \sin(\theta_1 - \theta_2) \\ x_3 = x_a + l_1 \sin \theta_1 + l_2 \sin(\theta_1 - \theta_2) + a_3 \sin(\theta_1 - \theta_2 + \theta_3) \end{cases} \quad (4-17)$$

$$\begin{cases} z_0 = 0 \\ z_1 = a_1 \cos \theta_1 \\ z_2 = l_1 \cos \theta_1 + a_2 \cos(\theta_1 - \theta_2) \\ z_3 = l_1 \cos \theta_1 + l_2 \cos(\theta_1 - \theta_2) + a_3 \cos(\theta_1 - \theta_2 + \theta_3) \end{cases} \quad (4-18)$$

左腿动能如式(4-19)所示:

$$E_k = \frac{1}{2} \sum_{i=1}^{2} (I_i \dot{q}_i^2 + m_i(\dot{x}_i^2 + \dot{z}_i^2)) + \frac{1}{2}(I_{L3} \dot{q}_3^2 + m_{L3}(\dot{x}_3^2 + \dot{z}_3^2)) \quad (4-19)$$

其中：I_i 为各杆件绕其质心的转动惯量；$q_1 = \theta_1, q_2 = \theta_1 - \theta_2, q_3 = \theta_1 - \theta_2 + \theta_3$。

左腿势能如式（4-20）所示：

$$E_p = \sum_{i=1}^{2} (m_i g z_i) + m_{L3} g z_3 \qquad (4-20)$$

代入拉格朗日动力学方程式（4-21）中，可求出各关节力矩。

$$\frac{d}{dt}\left[\frac{\partial L}{\partial \dot{\theta}_i}\right] - \frac{\partial L}{\partial \theta_i} = \tau_i \qquad (4-21)$$

$$(i = 1, 2, 3, L = E_k - E_p)$$

也即

$$\boldsymbol{M}_L(\theta)\ddot{\boldsymbol{\theta}} + \boldsymbol{C}_L(\theta, \dot{\theta}) + \boldsymbol{G}(\theta) = \boldsymbol{\tau} \qquad (4-22)$$

则式（4-22）中力矩表达式为：

设 $p_1 = I_1 + m_1 a_1^2 + m_2 l_1^2 + m_{L3} l_1^2$，$p_2 = I_2 + m_2 a_2^2 + m_{L3} l_2^2$，$p_3 = I_{L3} + m_{L3} a_3^2$，$p_4 = m_2 l_1 a_2 + m_{L3} l_1 l_2$，$p_5 = m_{L3} l_1 a_3$，$p_6 = m_{L3} l_2 a_3$，$p_7 = m_1 a_1 + m_2 l_1 + m_{L3} l_1$，$p_8 = m_2 a_2 + m_{L3} l_2$，$p_9 = m_{L3} a_3$，$\sin(\theta_i + \theta_j - \theta_k + \cdots + q_l) = s\theta_{i+j-k+\cdots+l}$，$\cos(\theta_i + \theta_j - \theta_k + \cdots + \theta_l) = c\theta_{i+j-k+\cdots+l}$

则下肢助力外骨骼左腿上的踝关节、膝关节、髋关节力矩的具体表达式分别如式（4-23）~式（4-25）所示。

$$
\begin{aligned}
\tau_1 = {} & (p_1 + p_2 + p_3 + 2p_4 c\theta_2 + 2p_5 c\theta_{2-3} + 2p_6 c\theta_3)\ddot{\theta}_1 - (p_2 + p_3 + p_4 c\theta_2 \\
& + 2p_6 c\theta_3 + p_5 c\theta_{2-3})\ddot{\theta}_2 - (p_3 + p_6 c\theta_3 + p_5 c\theta_{2-3})\ddot{\theta}_3 - (2p_4 s\theta_2 \\
& + 2p_5 s\theta_{2-3})\dot{\theta}_1\dot{\theta}_2 + (2p_5 s\theta_{2-3} - 2p_6 s\theta_3)\dot{\theta}_1\dot{\theta}_3 + (p_4 s\theta_2 + p_5 s\theta_{2-3})\dot{\theta}_2^2 \\
& + (2p_6 s\theta_3 - 2p_5 s\theta_{2-3})\dot{\theta}_2\dot{\theta}_3 + (p_5 s\theta_{2-3} - p_6 s\theta_3)\dot{\theta}_3^3 - p_7 gs\theta_1 - p_8 gs\theta_{1-2} \\
& - p_9 gs\theta_{1-2+3} \qquad (4-23)
\end{aligned}
$$

$$
\begin{aligned}
\tau_2 = {} & -(p_2 + p_3 + p_4 c\theta_2 + p_5 c\theta_{2-3} + 2p_6 c\theta_3)\ddot{\theta}_1 + (p_2 + p_3 + 2p_6 c\theta_3)\ddot{\theta}_2 \\
& - (p_3 + p_6 c\theta_3)\ddot{\theta}_3 + (p_4 s\theta_2 + p_5 s\theta_{2-3})(\dot{\theta}_1)^2 + (2p_6 s\theta_3)\dot{\theta}_1\dot{\theta}_3 \\
& - 2p_6(s\theta_3)\dot{\theta}_2\dot{\theta}_3 + p_6 s\theta_3(\dot{\theta}_3)^2 + p_8 gs\theta_{1-2} + p_9 gs\theta_{1-2+3} \qquad (4-24)
\end{aligned}
$$

$$
\begin{aligned}
\tau_3 = {} & (p_3 + p_5 c\theta_{2-3} + p_6 c\theta_3)\ddot{\theta}_1 - (p_3 + p_6 c\theta_3)\ddot{\theta}_2 + p_3\ddot{\theta}_3 + (p_6 s\theta_3 \\
& - p_5 s\theta_{2-3})(\ddot{\theta}_1)^2 - 2p_6 s\theta_3\dot{\theta}_1\dot{\theta}_2 + (p_6 s\theta_3)(\dot{\theta}_2)^2 - p_9 gs\theta_{1-2+3} \qquad (4-25)
\end{aligned}
$$

2) 右腿建模方法及关节力矩结果

对于右腿模型,如图 4-4 所示,设右踝关节世界坐标系的坐标为 $(x_b,0)$,各杆件的质心 $G_i(x_i,z_i)$ 如式(4-26)、式(4-27)所示。

$$\begin{cases} x_6 = x_b + a_6 \\ x_5 = x_b + (l_5 - a_5)\sin\theta_6 \\ x_4 = x_b + l_5\sin\theta_6 - (l_4 - a_4)\sin(\theta_5 - \theta_6) \\ x_3 = x_b + l_5\sin\theta_6 - l_4\sin(\theta_5 - \theta_6) + a_3\sin(\theta_4 - \theta_5 + \theta_6) \end{cases} \quad (4-26)$$

$$\begin{cases} z_6 = 0 \\ z_5 = (l_5 - a_5)\cos\theta_6 \\ z_4 = l_5\cos\theta_6 + (l_4 - a_4)\cos(\theta_5 - \theta_6) \\ z_3 = l_5\cos\theta_6 + l_4\cos(\theta_5 - \theta_6) + a_3\cos(\theta_4 - \theta_5 + \theta_6) \end{cases} \quad (4-27)$$

则右腿动能为:

$$E_k = \frac{1}{2}(I_{R3}\dot{q}_3^2 + m_{R3}(\dot{x}_3^2 + \dot{z}_3^2)) + \frac{1}{2}\sum_{i=4}^{5}\left[I_i\dot{q}_i^2 + m_i(\dot{x}_i^2 + \dot{z}_i^2)\right] \quad (4-28)$$

其中: I_i 为各杆件绕其质心的转动惯量; $q_3 = \theta_4 - \theta_5 + \theta_6$; $q_4 = \theta_5 - \theta_6$; $q_5 = q_6$。

右腿势能为:

$$E_p = m_{R3}gz_3 + \sum_{i=4}^{5}m_igz_i \quad (4-29)$$

代入拉格朗日动力学方程式(4-30)中,可求各关节力矩。

$$\frac{d}{dt}\left[\frac{\partial L}{\partial\dot{\theta}_i}\right] - \frac{\partial L}{\partial\theta_i} = \tau_i' \quad (4-30)$$

$$(i = 3,4,5, L = E_k - E_p)$$

也即

$$\boldsymbol{M}_R(\theta)\ddot{\boldsymbol{\theta}} + \boldsymbol{C}_R(\theta,\dot{\theta}) + \boldsymbol{G}(\theta) = \boldsymbol{\tau}' \quad (4-31)$$

则式(4-31)中力矩表达式为:

设 $t_1 = I_{R3} + m_{R3}a_3^2$, $t_2 = I_4 + m_{R3}l_4^2 + m_4(l_4 - a_4)^2$,
$t_3 = I_5 + m_{R3}l_5^2 = m_4l_5^2 + m_5(l_5 - a_5)^2$, $t_4 = m_{R3}l_5l_4 + m_4l_5(l_4 - a_4)$,
$t_5 = m_{R3}l_5a_3$, $t_6 = m_{R3}l_4a_3$, $t_7 = m_{R3}l_5 + m_4l_5 + m_5(l_5 - a_5)$,
$t_8 = m_{R3}l_4 + m_4(l_4 - a_4)$, $t_9 = m_{R3}a_3$, $\sin(\theta_i + \theta_j - \theta_k + \cdots + \theta_l) = s\theta_{i+j-k+\cdots+l}$,

$$\cos(\theta_i + \theta_j - \theta_k + \cdots + \theta_l) = c\theta_{i+j-k+\cdots+l},$$

则下肢助力外骨骼右腿髋关节、膝关节、踝关节力矩分别如式（4-32）、式（4-33）、式（4-34）所示。

$$\tau_3' = t_1 \ddot{\theta}_4 - (t_1 - t_6 c\theta_4) \ddot{\theta}_5 + (t_1 + t_5 c\theta_{4-5} - t_6 c\theta_4) \ddot{\theta}_6 - t_6 (s\theta_4) \dot{\theta}_4 \dot{\theta}_6$$
$$- t_6 s\theta_4 (\dot{\theta}_5)^2 + 2t_6 (s\theta_4) \dot{\theta}_5 \dot{\theta}_6 + (t_5 s\theta_{4-5} - t_6 s\theta_4)(\dot{\theta}_6)^2 \qquad (4-32)$$

$$\tau_4' = (-t_1 + t_6 c\theta_4) \ddot{\theta}_4 + (t_1 + t_2 - 2t_6 c\theta_4) \ddot{\theta}_5 - (t_1 + t_2 + t_4 c\theta_5 + t_5 c\theta_{4-5}$$
$$- 2t_6 c\theta_4) \ddot{\theta}_6 - t_6 s\theta_4 (\dot{\theta}_4)^2 + 2t_6 (s\theta_4) \dot{\theta}_4 \dot{\theta}_5 - 2t_6 (s\theta_4) \dot{\theta}_4 \dot{\theta}_6 + (t_4 s\theta_5$$
$$- t_5 s\theta_{4-5})(\dot{\theta}_6)^2 \qquad (4-33)$$

$$\tau_5' = (t_1 + t_5 c\theta_{4-5} - t_6 c\theta_4) \ddot{\theta}_4 - (t_1 + t_2 + t_4 c\theta_5 + t_5 c\theta_{4-5}) \ddot{\theta}_5 + (t_1 + t_2 + t_3$$
$$+ 2t_4 c\theta_5 + 2t_5 c\theta_{4-5}) \ddot{\theta}_6 + (-t_5 s\theta_{4-5} + t_6 s\theta_4)(\dot{\theta}_4)^2 + (2t_5 s\theta_{4-5} - 2t_6 s\theta_4) \dot{\theta}_4 \dot{\theta}_5$$
$$- (2t_5 s\theta_{4-5} - 2t_6 s\theta_4) \dot{\theta}_4 \dot{\theta}_6 + (t_4 s\theta_5 - t_5 s\theta_{4-5})(\dot{\theta}_5)^2 + (-2t_4 s\theta_5$$
$$+ 2t_5 s\theta_{4-5}) \dot{\theta}_5 \dot{\theta}_6 - t_7 gs\theta_6 + t_8 gs\theta_{5-6} - t_9 gs\theta_{4-5+6} \qquad (4-34)$$

4.2.3 一脚虚触地的双脚支撑行走模式

一脚虚触地的双脚支撑模式，其中一脚为全脚掌着地，另一脚为脚跟触地或脚尖触地（即虚触地），如图4-5所示。此种运动模式下，可把一全足触地的支撑腿看成一个三连杆模型，把另一个非全足触地的支撑腿看成一个四连杆模型。

在此种行走模式下，下肢助力外骨骼左、右腿的动力学分析类似4.2.2节中式（4-11）、式（4-12）。同理，动力学表达式中左边三连杆、四连杆的动力学表达式的求解过程如下：

同上，可把上肢的质量 m_3 看作两部分，一个是作用于左腿的质量 m_{L3}' 及作用于右腿的质量 m_{R3}'，且 m_{L3}'、m_{R3}' 可通过 x_{L3}'（左脚质心与 m_3 质心在 x 轴上距离），及 x_{R3}'（右脚质心与 m_3 质心在 x 轴上距离）计算获得。也即

$$x_{L3}' = l_1 \sin(\theta_0 + \theta_1) + l_2 \sin(\theta_0 + \theta_1 - \theta_2) + a_3 \sin(\theta_0 + \theta_1 - \theta_2 - \theta_3) - a_0 \cos\theta_0$$
$$(4-35)$$

$$x_{R3}' = a_6 - l_5 \sin\theta_6 + l_4 \sin(\theta_5 - \theta_6) - a_3 \sin(\theta_4 - \theta_5 + \theta_6) \qquad (4-36)$$

$$\frac{m_{L3}'}{m_{R3}'} = \frac{x_{R3}'}{x_{L3}'} \qquad (4-37)$$

$$m_3 = m_{L3}' + m_{R3}' \qquad (4-38)$$

由式（4-35）～式（4-38）可求出 m_{L3}' 及 m_{R3}'。

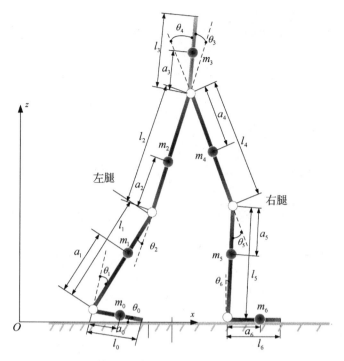

图 4 - 5　一脚虚触地的单脚支撑模型

1）一脚为虚触地所在腿部的动力学研究

对于脚虚触地所在的腿,设定为左腿,在此种条件下,又分为脚尖着地与脚跟着地两种情况,但无论在此两种情况下的任何一种,脚虚触地所在腿的模型均可简化成四连杆模型,本书仅给出脚尖着地的情况下的四连杆模型分析过程(脚跟着地相当于图 4 - 6 中的脚部的着地点到踝关节的距离变短,也即 l_0 变短),一脚虚触地所在腿的模型如图 4 - 6 所示。

设左踝关节世界坐标系的坐标为 (x_a, z_a),则各杆件的质心 $G_i(x_i, z_i)$ 如式(4 - 39)、式(4 - 40)所示。

$$\begin{cases} x_0 = x_a + a_0 \\ x_1 = x_a + a_1\sin(\theta_0 + \theta_1) \\ x_2 = x_a + l_1\sin(\theta_0 + \theta_1) + a_2\sin(\theta_0 + \theta_1 - \theta_2) \\ x_3 = x_a + l_1\sin(\theta_0 + \theta_1) + l_2\sin(\theta_0 + \theta_1 - \theta_2) + a_3\sin(\theta_0 + \theta_1 - \theta_2 + \theta_3) \end{cases}$$

$$(4 - 39)$$

$$\begin{cases} z_0 = z_a - a_0\sin\theta_0 \\ z_1 = z_a + a_1\cos(\theta_0+\theta_1) \\ z_2 = z_a + l_1\cos(\theta_0+\theta_1) + a_2\cos(\theta_0+\theta_1-\theta_2) \\ z_3 = z_a + l_1\cos(\theta_0+\theta_1) + l_2\cos(\theta_0+\theta_1-\theta_2) + a_3\cos(\theta_0+\theta_1-\theta_2-\theta_3) \end{cases}$$

$$(4-40)$$

则左腿的动能如式(4-41)所示:

$$E_k = \frac{1}{2}\sum_{i=1}^{2}(I_i\dot{q}_i^2 + m_i(\dot{x}_i^2 + \dot{z}_i^2)) + \frac{1}{2}(I'_{L3}\dot{q}_3^2 + m'_{L3}(\dot{x}_3^2 + \dot{z}_3^2)) \quad (4-41)$$

其中:I_i 为各杆件绕其质心的转动惯量;$q_0 = \theta_0$;$q_1 = \theta_0 + \theta_1$;$q_2 = \theta_0 + \theta_1 - \theta_2$;$q_3 = \theta_0 + \theta_1 - \theta_2 - \theta_3$。

则左腿的势能如式(4-42)所示:

$$E_p = \sum_{i=1}^{2}(m_igz_i) + m'_{L3}gz_3 \quad (4-42)$$

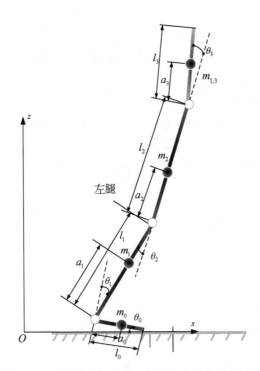

图 4-6 一脚虚触地单脚支撑模型中的左腿示意图

代入拉格朗日动力学方程式(4-43)中可求出各关节力矩。

$$\frac{\mathrm{d}}{\mathrm{d}t}\left[\frac{\partial L}{\partial \dot{\theta}_i}\right] - \frac{\partial L}{\partial \theta_i} = \tau_i'' \quad (i=1,2,3;L=E_k-E_p) \tag{4-43}$$

则式(4-43)中各关节力矩的求解过程如下：

设 $r_1 = I_0 + m_0 a_0^2$，

$r_2 = I_1 + m_1 a_1^2 + m_2 l_1^2 + m_{L3}' l_1^2, r_3 = I_2 + m_2 a_2^2 + m_{L3}' l_2^2,$

$r_4 = I_{L3}' + m_{L3}' a_3^2,$

$r_5 = 2m_2 l_1 a_2 + 2m_{L3}' l_1 l_2, r_6 = 2m_{L3}' l_1 a_3, r_7 = 2m_{L3}' l_2 a_3,$

$r_8 = m_0 a_0 g, r_9 = (m_1 a_1 + m_2 l_1 + m_{L3}' l_1)g,$

$r_{10} = (m_2 a_2 + m_{L3}' l_2)g, r_{11} = m_{L3}' a_3 g,$

$\sin(\theta_i + \theta_j - \theta_k + \cdots + \theta_l) = s\theta_{i+j-k+\cdots+l}, \cos(\theta_i + \theta_j - \theta_k + \cdots + \theta_l) = c\theta_{i+j-k+\cdots+l}$

则下肢助力外骨骼左腿踝关节、膝关节、髋关节力矩，也即 τ_1''、τ_2'' 及 τ_3'' 的表达式如式(4-44)~式(4-46)所示：

$$\begin{aligned}
\tau_1'' &= (r_1 + r_2 + r_3 + r_4 + 2r_5 c\theta_2 + 2r_6 c\theta_{2+3} + 2r_7 c\theta_3)\ddot{\theta}_0 + (r_2 + r_3 + r_4 + 2r_5 c\theta_2 \\
&\quad + 2r_6 c\theta_{2+3} + 2r_7 c\theta_3)\ddot{\theta}_1 - (r_3 + r_4 + r_5 c\theta_2 + r_6 c\theta_{2+3} + 2r_7 c\theta_3)\ddot{\theta}_2 \\
&\quad - (r_4 + r_6 c\theta_{2+3} + r_7 c\theta_3)\ddot{\theta}_3 - (2r_5 s\theta_2 + 2r_6 s\theta_{2+3})\dot{\theta}_0\dot{\theta}_2 - (2r_6 s\theta_{2+3} \\
&\quad + 2r_7 s\theta_3)\dot{\theta}_0\dot{\theta}_3 - (2r_5 s\theta_2 + 2r_6 s\theta_{2+3})\dot{\theta}_1\dot{\theta}_2 - (2r_6 s\theta_{2+3} + 2r_7 s\theta_3)\dot{\theta}_1\dot{\theta}_3 \\
&\quad + (2r_5 s\theta_{2+3} + 2r_7 s\theta_3)\dot{\theta}_2\dot{\theta}_3 + (r_5 s\theta_2 + r_6 s\theta_{2+3})\dot{\theta}_2^2 + (r_6 s\theta_{2+3} \\
&\quad + r_7 s\theta_3)\dot{\theta}_3^2 - r_8 c\theta_0 - r_9 s\theta_{0+1} - r_{10} s\theta_{0+1-2} - r_{11} s\theta_{0+1-2-3}
\end{aligned} \tag{4-44}$$

$$\begin{aligned}
\tau_2'' &= (r_2 + r_3 + r_4 + 2r_5 c\theta_2 + 2r_6 c\theta_{2+3} + 2r_7 c\theta_3)\ddot{\theta}_0 + (r_2 + r_3 + r_4 + 2r_5 c\theta_2 \\
&\quad + 2r_6 c\theta_{2+3} + 2r_7 c\theta_3)\ddot{\theta}_1 - (r_3 + r_4 + r_5 c\theta_2 + r_6 c\theta_{2+3} + 2r_7 c\theta_3)\ddot{\theta}_2 \\
&\quad - (r_4 + r_6 c\theta_{2+3} + r_7 c\theta_3)\ddot{\theta}_3 - (2r_5 s\theta_2 + 2r_6 s\theta_{2+3})\dot{\theta}_0\dot{\theta}_2 - (2r_6 s\theta_{2+3} \\
&\quad + 2r_7 s\theta_3)\dot{\theta}_0\dot{\theta}_3 - (2r_5 s\theta_2 + 2r_6 s\theta_{2+3})\dot{\theta}_1\dot{\theta}_2 - (2r_6 s\theta_{2+3} + 2r_7 s\theta_3)\dot{\theta}_1\dot{\theta}_3 \\
&\quad + (2r_6 s\theta_{2+3} + 2r_7 s\theta_3)\dot{\theta}_2\dot{\theta}_3 + (r_5 s\theta_2 + r_6 s\theta_{2+3})\dot{\theta}_2^2 + (r_6 s\theta_{2+3} + r_7 s\theta_3)\dot{\theta}_3^2 \\
&\quad - r_9 s\theta_{0+1} - r_{10} s\theta_{0+1-2} - r_{11} s\theta_{0+1-2-3}
\end{aligned} \tag{4-45}$$

$$\begin{aligned}
\tau_3'' &= -(r_3 + r_4 + r_5 c\theta_2 + r_6 c\theta_{2+3} + 2r_7 c\theta_3)\ddot{\theta}_0 - (r_3 + r_4 + r_5 c\theta_2 + r_6 c\theta_{2+3} \\
&\quad + 2r_7 c\theta_3)\ddot{\theta}_1 + (r_3 + r_4 + 2r_7 c\theta_3)\ddot{\theta}_2 + (r_4 + r_7 c\theta_3)\ddot{\theta}_3 + r_5 s\theta_2(\dot{\theta}_0 + \dot{\theta}_1)^2 \\
&\quad + r_6 s\theta_{2+3}(\dot{\theta}_0 + \dot{\theta}_1)^2 + r_7 s\theta_3(2\dot{\theta}_0\dot{\theta}_3 + 2\dot{\theta}_1\dot{\theta}_3 - 2\dot{\theta}_2\dot{\theta}_3 - \dot{\theta}_3^2) + r_{10} s\theta_{0+1-2} \\
&\quad + r_{11} s\theta_{0+1-2-3}
\end{aligned} \tag{4-46}$$

2) 一脚为全脚掌着地所在腿部的动力学研究

全脚掌着地所在腿，也即图4-5中的右腿，可看成一个三自由度的连杆机构，其动力学分析过程与 4.2.2 节双脚支撑模式中的右腿建模过程相同,这里不再详述。

4.2.4　下肢助力外骨骼动力学仿真

为验证下肢助力外骨骼机构动力学分析的正确性,采用仿真软件 ADAMS 对其进行动力学仿真。在 Solidworks 中对简化的助力外骨骼进行建模,后导入 ADAMS 中,添加约束及驱动,对其进行仿真。仿真后输出下肢助力外骨骼的各关节力矩,与理论分析结果进行比较分析。

在 ADAMS 中对下肢助力外骨骼进行基本信息的设定:

* 通过对零件自定义密度或直接设置质量使得虚拟样机满足质量要求;
* 通过对构件添加约束和驱动使得虚拟样机满足所需的运动方式;
* 通过修改下肢助力外骨骼脚底与支撑地面间的硬度、渗透度及粗糙度进行外骨骼双足与地面之间接触力大小设置。

ADAMS 中设置好的简化下肢助力外骨骼模型如图 4-7 所示。

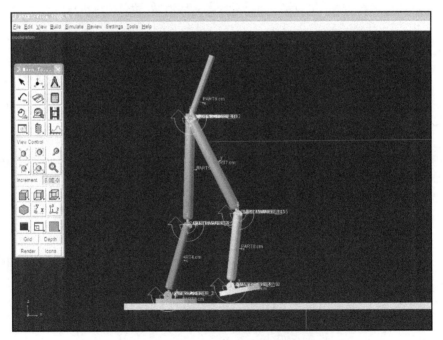

图 4-7　简化的下肢助力外骨骼模型

要对下肢助力外骨骼进行仿真,需首先对助力下肢外骨骼各关节进行驱动,使其按照预设的轨迹方式运动。由于下肢外骨骼是跟随人体行走,其关节运动变化与人体关节运动变化基本一致,故根据第二章人体运动学研究的结果作为虚拟样机关节运动依据。首先将驱动下肢助力外骨骼各关节运动的数据(也即与下肢助力外骨骼各关节相匹配的人体下肢关节的运动数据)保存成.txt 格式的文件,并按照 ADAMS 要求的数据格式将数据调整好,第一列为时间变量,第二列为关节运动变量,将这些数据导入 ADAMS 中,并且分别生成 Spline 曲线函数。将在 ADAMS 中设置的下肢助力外骨骼各关节运动副上的 Motion 函数改成 Spline 函数,使其两者相关联,即实现了虚拟样机关节驱动的设计。

　　分别对单脚支撑(一脚为全脚掌着地,另一脚摆动)、双脚支撑(两脚均为全脚掌着地)、一脚虚触地的双脚支撑(一脚全脚掌着地,另一脚非全脚掌着地,如脚跟着地、脚尖蹬离地面时刻)进行了理论计算与动力学仿真结果比较分析,由于篇幅关系,在此仅给出单腿支撑行走模式下的仿真过程介绍及仿真结果比较分析。

　　图 4-8 给出了单脚支撑行走模式下的下肢各关节角度图。支撑腿踝关节角度、支撑腿膝关节角度、支撑腿髋关节角度、摆动腿髋关节角度、摆动腿膝关节角度、摆动腿踝关节角度分别对应图 4-1 中的 θ_1、θ_2、θ_3、θ_4、θ_5、θ_6。对图 4-8 所示的下肢关节角度进行一阶微分,可获得下肢关节角速度变化值,在 ADAMS 中生成的下肢助力外骨骼各关节的角速度的 Spline 曲线函数图如图 4-9 所示。

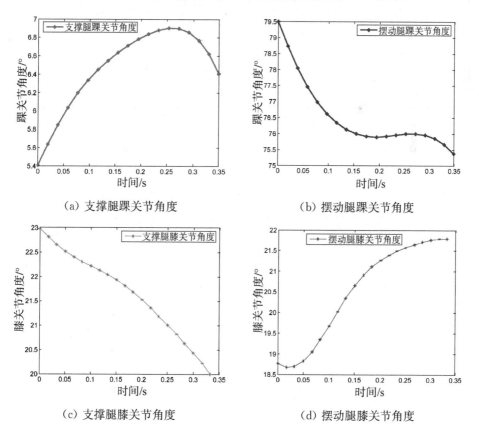

（a）支撑腿踝关节角度　　　　　　（b）摆动腿踝关节角度

（c）支撑腿膝关节角度　　　　　　（d）摆动腿膝关节角度

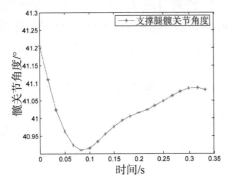

（e）支撑腿髋关节角度

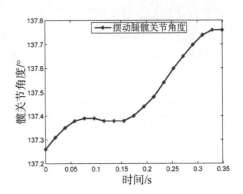

（f）摆动腿髋关节角度

图 4-8 单脚支撑行走模式下的下肢助力外骨骼各关节角度

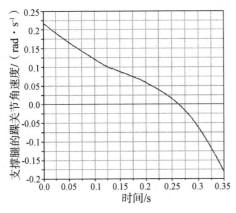

（a）支撑腿踝关节角速度

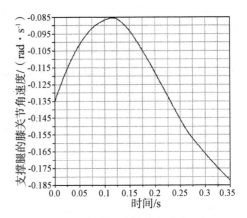

（b）支撑腿膝关节角速度

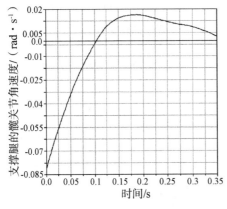

（c）支撑腿髋关节角速度

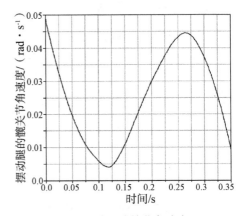

（d）摆动腿髋关节角速度

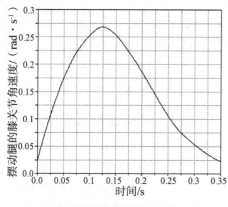

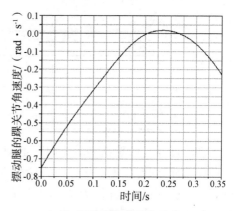

（e）摆动腿膝关节角速度　　　　　　　　　（f）摆动腿踝关节角速度

图 4-9　下肢助力外骨骼动力学仿真中关节驱动函数曲线

2）仿真与理论计算结果比较分析

仿真结束后,进入 ADAMS/Postprocessor 模块,利用仿真结果后处理,可得到相关数据曲线的输出结果,并导出下肢各关节力矩数据与理论计算结果进行比较。

下肢各关节力矩的理论计算过程为:把下肢关节角度曲线代入 4.2 节中的拉格朗日动力学方程式(4-10)中,设置好下肢外骨骼系统中的腿部各杆件的质量、长度、转动惯量(如表 4-1 所示,且各参数名称与图 4-1 各部件对应),通过 MATLAB 编程计算,可得出理论计算的各关节力矩值。

表 4-1　下肢外骨骼动力学理论计算与仿真系统中的参数设置表

参数	参数值	参数	参数值
a_0	0.11 m	m_0	0.76 kg
a_1	0.25 m	m_1	3.28 kg
a_2	0.28 m	m_2	6.84 kg
a_3	0.40 m	m_3	44.26 kg
a_4	0.18 m	m_4	6.84 kg
a_5	0.18 m	m_5	3.28 kg
a_6	0.11 m	m_6	0.76 kg
l_0	0.26 m	I_0	0.003 5 kg·m²
l_1	0.43 m	I_1	0.049 kg·m²
l_2	0.46 m	I_2	0.124 8 kg·m²
l_3	0.40 m	I_3	0 kg·m²

参数	参数值	参数	参数值
l_4	0.46 m	I_4	0.124 8 kg·m²
l_5	0.43 m	I_5	0.049 kg·m²
l_6	0.26 m	I_6	0.003 5 kg·m²

理论计算与仿真结果对比如图 4 - 10 所示。从图中可看出理论计算与仿真结果存在差异,但差异不大。造成理论分析与仿真结果存在差异的原因主要为:在进行虚拟样机建模时,杆件刚度、装配等造成的误差及利用处理过的运动数据建立驱动函数所建立的样条插值函数与真实情况存在的误差,故造成了理论计算与仿真结果存在差异。

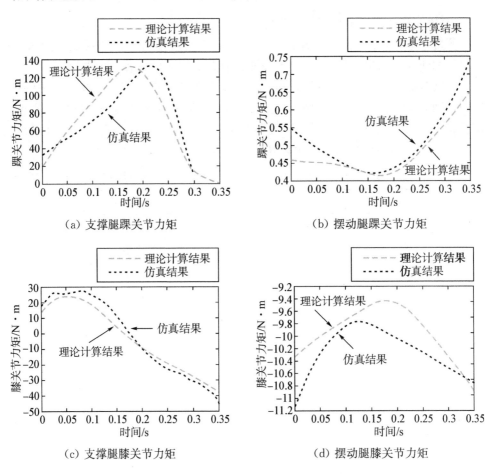

（a）支撑腿踝关节力矩　　　　　　（b）摆动腿踝关节力矩

（c）支撑腿膝关节力矩　　　　　　（d）摆动腿膝关节力矩

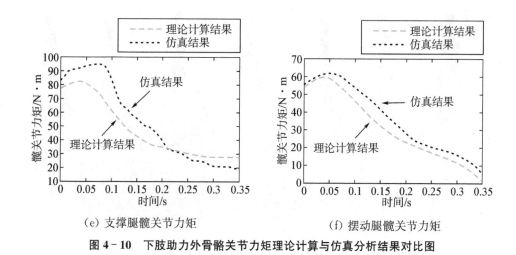

（e）支撑腿髋关节力矩 （f）摆动腿髋关节力矩

图 4 - 10 下肢助力外骨骼关节力矩理论计算与仿真分析结果对比图

把下肢助力外骨骼行走过程划分为三种行走模式，即单脚支撑、双脚支撑、一脚虚触地的双脚支撑，分别采用拉格朗日方程建立了动力学模型，并给出下肢各关节力矩表达式。为了检验动力学模型的正确性，对下肢助力外骨骼采用solidWorks 进行建模、ADAMS 进行动力学仿真，仿真结果检验了理论分析的正确性。

4.3 基于达朗伯—拉格朗日法的下肢外骨骼机器人动力学分析及仿真

4.3.1 下肢外骨骼"二状态"动力学模型

对单腿而言，一个步态周期可以划分为支撑相与摆动相两种状态。正常步速下，支撑相约占步态周期的 60%，摆动相约占 40%。其中，支撑相可以细分为足跟着地、全足触地、支撑中期、足跟离地以及足尖离地等 5 个阶段。同样地，摆动相也可以细分为摆动前期、摆动中期以及摆动后期等 3 个阶段。

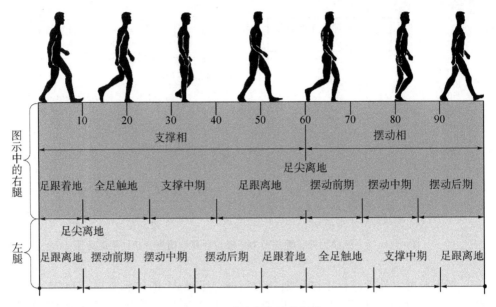

图 4-11　步态周期阶段划分

正常行走中,两条腿的动作是具备一定的匹配关系的,例如在几乎同一时刻发生的动作有:一条腿的"足跟着地"与另一条腿的"足尖离地";一条腿的"全足触地"与另一条腿的"摆动前期";一条腿的"支撑中期"与另一条腿的"摆动中期";一条腿的"足跟离地"与另一条腿的"摆动后期",如图 4-11 所示。

如图 4-12 所示,根据实验采集到的人体下肢各关节角度轨迹(各关节角度轨迹对应于图中顶部的人体轮廓图中的右腿),下肢外骨骼的运动状态可以划分成"无摆动腿"与"有摆动腿"两种,而一个步态周期中,将会分别出现两次"无摆动腿"与"有摆动腿"状态,即 NSP1、CSP1 与 NSP2、CSP2,其中 1 对应人体轮廓图中的右腿,2 对应左腿,NSP1 与 NSP2 以及 CSP1 与 CSP2 分别相差半个步态周期。Ff-1 与 Ff-2 分别是一个步态周期中的两个全足触地阶段,Ff 即 Foot flat,其中 1 对应人体轮廓图中的右腿,2 对应左腿,Ff-1 与 Ff-2 相差半个步态周期。

图 4-13 为建立的分别对应于图 4-12 中"NSP"与"CSP"两种状态的下肢外骨骼动力学模型,称为"二状态"动力学模型。在对图 4-13(a) 中的 NSP 状态进行建模时,将躯干质量 m_4 合理分配至图中的跖屈部分(Plantar flexion,以下标 p 表示)与全足触地部分(Foot flat,以下标 f 表示) 的 2 个四杆机构。在髋关节处设立坐标系 $X_N O_N Y_N$,则地面对下肢外骨骼支撑合力 F_{GCF_v} 的作用点 ZMP_s(下标 s 表示限于弧矢面内)以及双足质心 m_{1p}、m_{1f} 在 $X_N O_N Y_N$ 中的横坐标分别为 x_{NZMP_s}、x_{Nm1p}、

x_{Nm1f}。根据式(4-47)、式(4-48)将躯干质量 m_4 分解为跖屈部分(p)的躯干质量 m_{4p} 与全足触地部分(f)的躯干质量 m_{4f}。

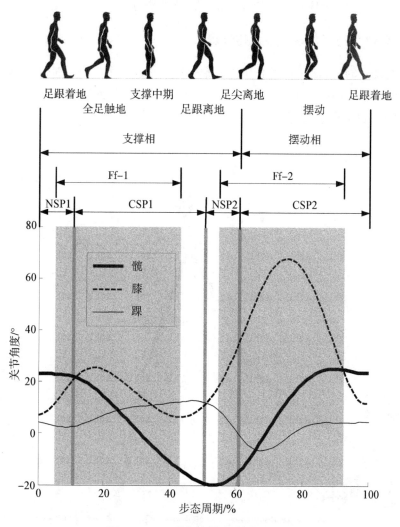

图 4-12　正常行走的步态阶段划分

$$m_4 = m_{4p} + m_{4f} \qquad (4-47)$$

$$\frac{m_{4p}}{m_{4f}} = \frac{x_{Nm1f} - x_{NZMP\_s}}{x_{NZMP\_s} - x_{Nm1p}} \qquad (4-48)$$

图4-13中的二状态动力学模型被分解为3个部分,即对应于NSP状态的2个

四杆机构与对应于 CSP 状态的 1 个七杆机构[2]。在具体建模过程中，可将 2 个四杆机构视为七杆机构的特例，也即是将七杆机构中的 m_4 分别置为 2 个四杆机构中的 m_{4p} 或 m_{4f}，以及将七杆机构中的 m_5、m_6、m_7 都置为 0。

4.3.2 CSP 状态下的各关节扭矩计算

需要说明的是，在建立图 4-13(b) 中七杆机构的动力学模型时，将摆动腿足部质量 m_7 合并至小腿质量 m_6，即简化为一个六杆机构，与此同时，摆动腿小腿质心的位置(b_6) 也会发生变化。

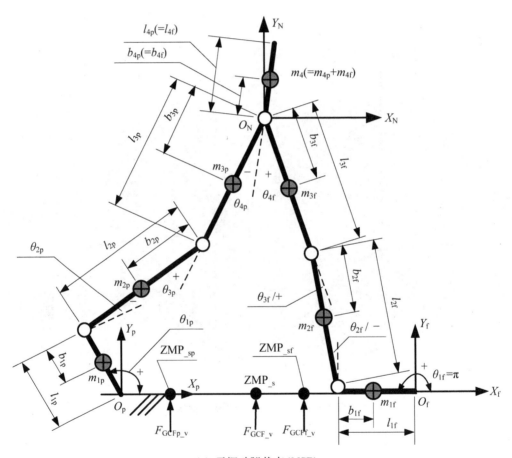

（a）无摆动腿状态（NSP）

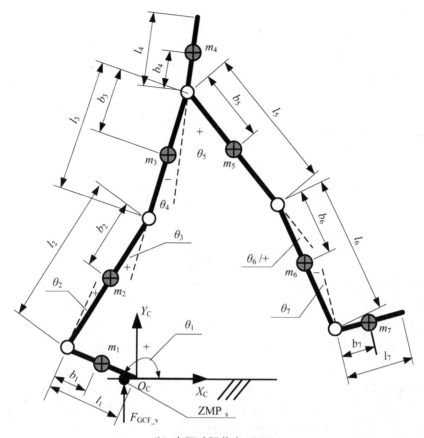

（b）有摆动腿状态（CSP）

图 4 - 13　下肢外骨骼"二状态"动力学模型

　　下肢的运动是由下肢各部分围绕各关节进行的定轴旋转运动的合成。因此，在进行动力学建模前，先明确定轴旋转运动的加速度求解方式。图 4 - 14 为定轴旋转运动图，ijk 为物方坐标系，质心位于 C 点的刚体绕该物方坐标系的 k 轴旋转，角速度 ω 与角加速度 α 的正方向符合右手定则。假设刚体的质心 C 位于 ij 平面内。刚体质心 C 在 ij 平面内的坐标如式（4 - 49）：

$$L\cos\theta_i + L\sin\theta_j \tag{4-49}$$

　　式（4 - 50）为刚体质心 C 处绕 k 轴旋转时的加速度的计算公式，其中 a^τ 为切向加速度，a^n 为法向加速度，分别对应于图 4 - 14 中的切向惯性力分量（F^τ）与法向惯性力分量（F^n）。根据达朗伯原理，惯性力与所对应的加速度方向相反。

$$\boldsymbol{a}_c = \boldsymbol{a}^\tau + \boldsymbol{a}^n = -\varepsilon(L\sin\theta_i - L\cos\theta_j) - \omega^2(L\cos\theta_i - L\sin\theta_j) \tag{4-50}$$

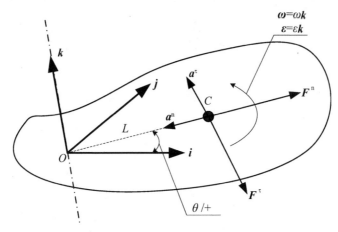

图 4-14   定轴旋转运动

1）摆动腿膝关节扭矩的计算

图 4-15 中以"＋／－"与箭头的方式标示了各自由度角度、角速度与角加速度的正方向。在支撑足的足尖处设立基础坐标系 $X_C Y_C Z_C$；在支撑腿踝关节、膝关节、髋关节以及摆动腿的髋关节、膝关节处分别设立局部坐标系 $x_{r1} y_{r1} z_{r1}$、$x_{r2} y_{r2} z_{r2}$、$x_{r3} y_{r3} z_{r3}$、$x_{r4} y_{r4} z_{r4}$、$x_{r5} y_{r5} z_{r5}$。

按照达朗伯—拉格朗日方程进行摆动腿膝关节扭矩求解步骤如下：

（1）以图 4-15 中摆动腿小腿质心（$m_6 + m_7$）为力系的简化中心点，确定摆动腿小腿质心（$m_6 + m_7$）处的加速度，以求取各惯性力，如式（4-51）所示。

由式（4-51）可知，（$m_6 + m_7$）处的 7 个惯性力主矢分量可按照切向与法向进一步分解为 13 个分量（其中包括 1 个科氏加速度）。这 7 个惯性力主矢分量的符号在式（4-51）的右边标示。各惯性力主矢分量与式（4-51）中出现的角度变量及其正方向定义如图 4-16 所示。

式（4-51）与图 4-16 中的一些符号变量的表达式如式（4-52）所示。

此外，摆动腿的小腿也在进行由各关节的转动所合成的绕其质心的平面旋转运动，因此除了式（4-50）所示的 13 个惯性力主矢分量外，还有 1 个惯性力主矩矢量，即式（4-53）与图 4-16 中的 M_6。

这样，摆动腿小腿质心（$m_6 + m_7$）处共有 14（13＋1）个惯性力分量。

（2）作用于摆动腿小腿质心（$m_6 + m_7$）简化中心点处的力有惯性力（有 14 个主矢与主矩矢分量）、重力（$(m_6 + m_7)g$）以及摆动腿膝关节扭矩 τ_6（即主动力）共 16 项。

如图 4-17，假设摆动腿膝关节有虚位移 $\delta\vartheta_6$，则力系的简化中心即小腿质心处有虚位移 $b_6\delta\vartheta_6$。

根据虚功原理,上述 16 项力(惯性力、重力、主动力)在图 4-17 所示的虚位移上所做的虚功之和 $\sum W$ 等于 0,这与"具有完整、定常的理想约束的质点系平衡的充要条件是对应于各广义坐标的广义力等于 0"这一重要结论是等价的,如式(4-54)。

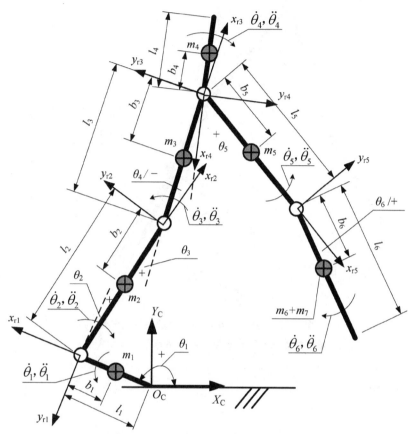

图 4-15　CSP 状态下各关节扭矩的计算

$$\boldsymbol{a}_{(6+7)} = \overbrace{\left[2\dot{\theta}_1\boldsymbol{k}_C \times (-N_3\cos\alpha_2\dot{\theta}_2\boldsymbol{i}_{r1} + N_3\sin\alpha_2\dot{\theta}_2\boldsymbol{j}_{r1})\right]}^{\text{科氏加速度}(\omega)} \leftarrow \boldsymbol{F}_{6\_\omega}$$

$$+ \overbrace{\left[-\ddot{\theta}_1(L_2\sin\varphi\boldsymbol{i}_c - L_2\cos\varphi\boldsymbol{j}_c)\right.}^{\text{切向加速度}\tau} \overbrace{\left.- \dot{\theta}_1^2(L_2\cos\varphi\boldsymbol{i}_c + L_2\sin\varphi\boldsymbol{j}_c)\right]}^{\text{法向加速度}n} \leftarrow \boldsymbol{F}_{6\_5e}$$

$$+ \left[\ddot{\theta}_2(-N_3\cos\alpha_2\boldsymbol{i}_{r1} + N_3\sin\alpha_2\boldsymbol{j}_{r1}) - \dot{\theta}_2^2(N_3\sin\alpha_2\boldsymbol{i}_{r1} - N_3\cos\alpha_2\boldsymbol{j}_{r1})\right] \leftarrow \boldsymbol{F}_{6\_4er}$$

$$+ \left[-\ddot{\theta}_3(-N_2\sin\gamma_2\boldsymbol{i}_{r2} - N_2\cos\gamma_2\boldsymbol{j}_{r2}) - \dot{\theta}_3^2(N_2\cos\gamma_2\boldsymbol{i}_{r2} + N_2\sin\gamma_2\boldsymbol{j}_{r2})\right] \leftarrow \boldsymbol{F}_{6\_3er}$$

$$+ \left[\ddot{\theta}_4(-N_1\sin\varepsilon_1\boldsymbol{i}_{r3} + N_1\cos\varepsilon_1\boldsymbol{j}_{r3}) - \dot{\theta}_4^2(N_1\cos\varepsilon_1\boldsymbol{i}_{r3} - N_1\sin\varepsilon_1\boldsymbol{j}_{r3})\right] \leftarrow \boldsymbol{F}_{6\_2er}$$

$$+ \left[-\ddot{\theta}_5(N_1\sin\varepsilon_2\boldsymbol{i}_{r4} - N_1\cos\varepsilon_2\boldsymbol{j}_{r4}) - \dot{\theta}_5^2(N_1\cos\varepsilon_2\boldsymbol{i}_{r4} + N_1\sin\varepsilon_2\boldsymbol{j}_{r4})\right] \leftarrow \boldsymbol{F}_{6\_er}$$

$$+ \left[\ddot{\theta}_6(-b_6\sin\theta_6\boldsymbol{i}_{r5} - b_6\cos\theta_6\boldsymbol{j}_{r5}) - \dot{\theta}_6^2(b_6\cos\theta_6\boldsymbol{i}_{r5} - b_6\sin\theta_6\boldsymbol{j}_{r5})\right] \leftarrow \boldsymbol{F}_{6\_r} \quad (4-51)$$

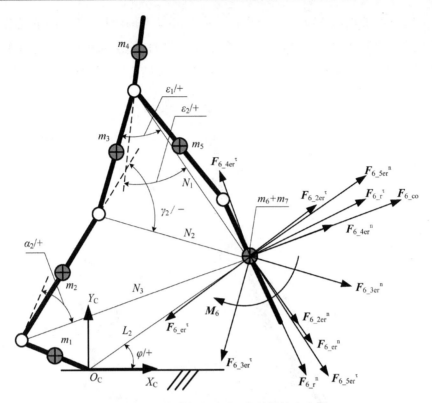

图 4 - 16　摆动腿小腿质心处的惯性力分量
（图中各惯性力的箭头符号只表示方向不表示大小）

$$\left.\begin{aligned}
N_1 &= \sqrt{l_5^2 + b_6^2 - 2l_5 b_6 \cos(\pi - \theta_6)} \\
\varepsilon_2 &= \theta_5 - \arcsin\left(\frac{\sin(\pi - \theta_6)}{N_1} b_6\right) \\
N_2 &= \sqrt{l_3^2 + N_1^2 - 2l_3 N_1 \cos(\varepsilon_2 - \theta_4)} \\
\gamma_2 &= \theta_3 - \arcsin\left(\frac{\sin(\varepsilon_2 - \theta_4)}{N_2} N_1\right) \\
N_3 &= \sqrt{l_2^2 + N_2^2 - 2l_2 N_2 \cos(\pi + \gamma_2)} \\
\alpha_2 &= \theta_2 + \arcsin\left(\frac{\sin(\pi + \gamma_2)}{N_3} N_2\right) \\
L_2 &= \sqrt{l_1^2 + N_3^1 - 2l_1 N_3 \cos\left(\frac{\pi}{2} - \alpha_2\right)} \\
\varphi &= \theta_1 - \arcsin\left(\frac{\sin\left(\frac{\pi}{2} - \alpha_2\right)}{L_2} N_3\right)
\end{aligned}\right\} \qquad (4-52)$$

$$\boldsymbol{M}_6 = -\frac{1}{12}(m_6 + m_7)l_6^2(\ddot{\theta}_1 - \ddot{\theta}_2 + \ddot{\theta}_3 - \ddot{\theta}_4 + \ddot{\theta}_5 - \ddot{\theta}_6)\boldsymbol{k}_c \quad (4-53)$$

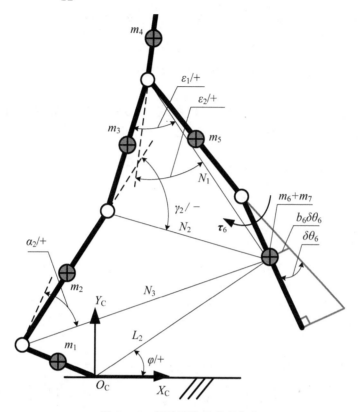

图 4 - 17　摆动腿膝关节虚位移

$$\begin{aligned}
\sum W =& -\tau_6\delta\theta_6 - (m_6 + m_7)g\cos(Am_6)b_6\delta\theta_6 - M_6\delta\theta_6 \\
&+ F_{6\_r}^\tau b_6\delta\theta_6 + F_{6\_r}^n 0 \\
&+ F_{6\_5e}^\tau\sin\left(\frac{\pi}{2} - Am_6 - \varphi\right)b_6\delta\theta_6 + F_{6\_5e}^n\cos\left(\frac{\pi}{2} - Am_6 - \varphi\right)b_6\delta\theta_6 \\
&+ F_{6\_4er}^\tau\sin(\pi - Am_6 - \theta_1 + \alpha_2)b_6\delta\theta_6 + F_{6\_4er}^n\cos(\pi - Am_6 - \theta_1 + \alpha_2)b_6\delta\theta_6 \\
&+ F_{6\_co}\cos(\pi - Am_6 - \theta_1 + \alpha_2)b_6\delta\theta_6 \\
&- F_{6\_3er}^\tau\sin(\pi - Am_6 - \theta_1 + \theta_2 - \gamma_2)b_6\delta\theta_6 \\
&+ F_{6\_3er}^n\cos(\pi - Am_6 - \theta_1 + \theta_2 - \gamma_2)b_6\delta\theta_6 \\
&+ F_{6\_2er}^\tau\sin(2\pi - Am_6 - \theta_1 + \theta_2 - \theta_3 - \varepsilon_1)b_6\delta\theta_6 \\
&+ F_{6\_2er}^n\cos(2\pi - Am_6 - \theta_1 + \theta_2 - \theta_3 - \varepsilon_1)b_6\delta\theta_6 \\
&- F_{6\_er}^\tau\sin(2\pi - Am_6 - \theta_1 + \theta_2 - \theta_3 - \varepsilon_1)b_6\delta\theta_6 \\
&+ F_{6\_er}^n\cos(2\pi - Am_6 - \theta_1 + \theta_2 - \theta_3 - \varepsilon_1)b_6\delta\theta_6 \\
=& 0
\end{aligned}$$

$$(4-54)$$

式(4-54)中,

$$Am_6 = \frac{3\pi}{2} - \theta_1 + \theta_2 - \theta_3 + \theta_4 - \theta_5 + \theta_6 \qquad (4-55)$$

在分析式(4-54)中各力(惯性力、重力、关节扭矩)在图4-17所示的虚位移上所做的虚功时,需要将各力沿虚位移方向进行分解,即获取式(4-54)中的 sin 或 cos,此处不再赘述。

(3) 虚位移 $\partial\theta_6 \neq 0$,根据式(4-54)与式(4-55)求得摆动腿膝关节扭矩 τ_6 的表达式,并进行规范化整理,如式(4-56)。

$$\tau_6 = \begin{bmatrix} -\frac{1}{12}(m_6+m_7)l_6^2 - (m_6+m_7)L_2 b_6 \sin\left(\frac{\pi}{2}-Am_6-\varphi\right) \\ \frac{1}{12}(m_6+m_7)l_6^2 + (m_6+m_7)N_3 b_6 \sin(\pi-Am_6-\theta_1+\alpha_2) \\ -\frac{1}{12}(m_6+m_7)l_6^2 - (m_6+m_7)N_2 b_6 \sin(\pi-Am_6-\theta_1+\theta_2-\gamma_2) \\ \frac{1}{12}(m_6+m_7)l_6^2 + (m_6+m_7)N_1 b_6 \sin(2\pi-Am_6-\theta_1+\theta_2-\theta_3-\varepsilon_1) \\ -\frac{1}{12}(m_6+m_7)l_6^2 - (m_6+m_7)N_1 b_6 \sin(2\pi-Am_6-\theta_1+\theta_2-\theta_3-\varepsilon_1) \\ \frac{1}{12}(m_6+m_7)l_6^2 + (m_6+m_7)b_6^2 \end{bmatrix}^{\mathrm{T}} \begin{bmatrix} \ddot{\theta}_1 \\ \ddot{\theta}_2 \\ \ddot{\theta}_3 \\ \ddot{\theta}_4 \\ \ddot{\theta}_5 \\ \ddot{\theta}_6 \end{bmatrix} \leftarrow A$$

$$+ \left[2(m_6+m_7)N_3 b_6 \cos(\pi-Am_6-\theta_1+\alpha_2)\right]\dot{\theta}_1\dot{\theta}_2 \leftarrow B$$

$$+ \begin{bmatrix} (m_6+m_7)L_2 b_6 \cos\left(\frac{\pi}{2}-Am_6-\varphi\right) \\ (m_6+m_7)N_3 b_6 \cos(\pi-Am_6-\theta_1+\alpha_2) \\ (m_6+m_7)N_2 b_6 \cos(\pi-Am_6-\theta_1+\theta_2-\gamma_2) \\ (m_6+m_7)N_1 b_6 \cos(2\pi-Am_6-\theta_1+\theta_2-\theta_3-\varepsilon_1) \\ (m_6+m_7)N_1 b_6 \cos(2\pi-Am_6-\theta_1+\theta_2-\theta_3-\varepsilon_1) \\ 0 \end{bmatrix}^{\mathrm{T}} \begin{bmatrix} \dot{\theta}_1^2 \\ \dot{\theta}_2^2 \\ \dot{\theta}_3^2 \\ \dot{\theta}_4^2 \\ \dot{\theta}_5^2 \\ \dot{\theta}_6^2 \end{bmatrix} \leftarrow C$$

$$+ \left[-(m_6+m_7)g b_6 \cos(Am_6)\right] \leftarrow D \qquad (4-56)$$

式(4-56)中所用到的中间符号变量详见式(4-52)。式中右侧用"A、B、C、D"标示出的各部分的物理意义简述如下:

A:各杆件绕相应关节旋转时作用于该杆件上的牵连或相对加速度的切向分量所对应的耦合惯性力矩;

B:图4-14中的动坐标系 $x_{r1}y_{r1}z_{r1}$ 绕物方基础坐标系 $X_C Y_C Z_C$ 做定轴转动,由此产生的科氏惯性力矩;

C:各杆件绕相应关节旋转时作用于该杆件上的牵连或相对加速度的法向分量

所对应的耦合惯性力矩,从系数矩阵的最后一项为 0 可以看出,该杆件自身的离心力对其不产生力矩,因为作用于其质心的相对加速度的法向分量与虚位移垂直;

D:克服该杆件自身的重力所需要的力矩。

2)摆动腿髋关节扭矩的计算

按照达朗伯—拉格朗日方程进行摆动腿髋关节扭矩求解步骤如下:

(1)以图 4-18 中摆动腿大腿质心(m_5)为力系的简化中心点,确定摆动腿大腿质心(m_5)处的加速度,以求取各惯性力,如式(4-57):

$$
\begin{aligned}
\boldsymbol{a}_5 = & \overbrace{[2\dot{\theta}\boldsymbol{k}_C \times (-M_2\cos\alpha_1\dot{\theta}_2\boldsymbol{i}_{r1} + M_2\sin\alpha_1\dot{\theta}_2\boldsymbol{j}_{r1})]}^{\text{科氏加速度}} \leftarrow \boldsymbol{F}_{5\_co} \\
& + \overbrace{[-\ddot{\theta}_1(L_1\sin\beta\boldsymbol{i}_C - \beta_1\cos\beta\boldsymbol{j}_C)}^{\text{切向加速度}} - \overbrace{\dot{\theta}_1^2(L_1\cos\beta\boldsymbol{i}_C + L_1\sin\beta\boldsymbol{j}_C)]}^{\text{法向加速度}} \leftarrow \boldsymbol{F}_{5\_4e} \\
& + [\ddot{\theta}_2(-M_2\cos\alpha_1\boldsymbol{i}_{r1} + M_2\sin\alpha_1\boldsymbol{j}_{r1}) - \dot{\theta}_2^2(-M_2\sin\alpha_1\boldsymbol{i}_{r1} - M_2\cos\alpha_1\boldsymbol{j}_{r1})] \leftarrow \boldsymbol{F}_{5\_3er} \\
& + [\ddot{\theta}_3(-M_1\sin\gamma_1\boldsymbol{i}_{r2} - M_1\cos\gamma_1\boldsymbol{j}_{r2}) - \dot{\theta}_3^2(-M_2\cos\gamma_1\boldsymbol{i}_{r2} + M_1\sin\gamma_1\boldsymbol{j}_{r2})] \leftarrow \boldsymbol{F}_{5\_2er} \\
& + [\ddot{\theta}_4(-b_5\sin(\theta_5-\theta_4)\boldsymbol{i}_{r3} + b_5\cos(\theta_5-\theta_4)\boldsymbol{j}_{r3}) + \dot{\theta}_4^2(-b_5\cos(\theta_5-\theta_4)\boldsymbol{i}_{r3} - b_5\sin(\theta_5-\theta_4)\boldsymbol{j}_{r3})] \\
& + [\ddot{\theta}_5(b_5\sin\theta_5\boldsymbol{i}_{r4} - b_5\cos\theta_5\boldsymbol{j}_{r4}) - \dot{\theta}_5^2(b_5\cos\theta_5\boldsymbol{i}_{r4} + b_5\sin\theta_5\boldsymbol{j}_{r4})] \leftarrow \boldsymbol{F}_{5\_r} \quad (4-57)
\end{aligned}
$$

由式(4-57)可知,(m_5)处的 6 个惯性力主矢分量可按照切向与法向进一步分解为 11 个分量(其中包括 1 个科氏加速度)。这 6 个惯性力主矢分量(与所对应的加速度分量的方向相反)的符号在式(4-57)的右边标示。各惯性力主矢分量与式(4-57)中出现的角度变量及其正方向定义如图 4-18 所示。

式(4-57)与图 4-18 中的一些符号变量的表达式如式(4-58)所示:

$$
\left.
\begin{aligned}
M_1 &= \sqrt{l_3^2 + b_5^2 - 2l_3b_5\cos(\theta_5-\theta_4)} \\
\gamma_1 &= \theta_3 - \arcsin\left(\frac{\sin(\theta_5-\theta_4)}{M_1}b_5\right) \\
M_2 &= \sqrt{l_2^2 + M_1^2 - 2l_2M_1\cos(\pi+\gamma_1)} \\
\alpha_1 &= \theta_2 + \arcsin\left(\frac{\sin(\pi+\gamma_1)}{M_2}M_1\right) \\
L_1 &= \sqrt{l_1^2 + M_2^2 - 2l_1M_2\cos\left(\frac{\pi}{2}-\alpha_1\right)} \\
\beta &= \theta_1 - \arcsin\left(\frac{\sin\left(\frac{\pi}{2}-\alpha_1\right)}{L_1}M_2\right)
\end{aligned}
\right\} \quad (4-58)
$$

此外,摆动腿的大腿也在进行由各关节的转动所合成的绕其质心的平面旋转运动,因此除了式(4-57)所示的 11 个惯性力主矢分量外,还有 1 个惯性力主矩矢

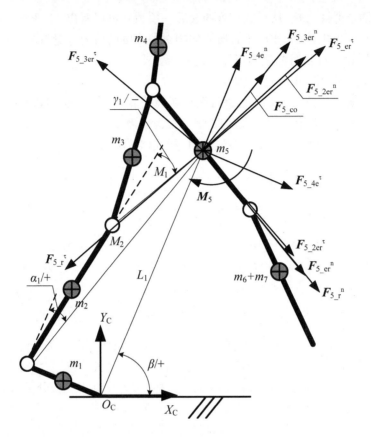

图 4-18 摆动腿大腿质心处的惯性力分量
（图中各惯性力的箭头符号只表示方向不表示大小）

量，即式（4-59）与图 4-18 中的 $\boldsymbol{M}_5$。

$$\boldsymbol{M}_5 = -\frac{1}{12} \quad m_5 l_5^2 (\ddot{\theta}_1 - \ddot{\theta}_2 + \ddot{\theta}_3 - \ddot{\theta}_4 + \ddot{\theta}_5) k_C \qquad (4-59)$$

这样，摆动腿大腿质心（m_5）处共有 12（11+1）个惯性力分量。

（2）作用于摆动腿大腿质心（m_5）简化中心点处的力有惯性力（有 12 个主矢与主矩矢分量）、重力（$m_5 g$）以及摆动腿膝关节扭矩 τ_5（即主动力）共 14 项。

如图 4-19，假设摆动腿髋关节有虚位移 $\delta\theta_5$，则力系的简化中心即大腿质心 m_5 处有虚位移 $b_5\delta\theta_5$，可得上述 14 项力（惯性力、重力、主动力）在各自对应的虚位移上所做的虚功之和为 $\sum W_1$。

同时，摆动腿膝关节不发生任何动作，即摆动腿小腿沿着其膝关节处的虚位移

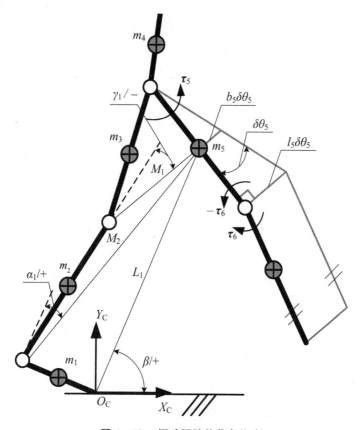

图 4-19 摆动腿髋关节虚位移

($l_5\delta\theta_5$)进行平移,则图 4-16 所示作用于摆动腿小腿质心处的各惯性力(除了不在平移运动中产生虚功的 M_6)以及重力($(m_6 + m_7)$ g)所做的虚功之和为$\sum W_2$。需要注意的是,虚位移因其等时变分的性质,对质点系的受力状态以及几何关系等不产生任何影响,所以在求$\sum W_2$ 时,采用式(4-54)中所反映的各力沿虚位移方向的几何分解方式。

此外,由于达朗伯 — 拉格朗日方程中不包含约束力,但是可以将非理想约束力转化为主动力的形式参与计算。在摆动腿膝关节处有扭矩 τ_6(式(4-56)),其实在摆动腿大、小腿上存在一对相互平衡的力偶(如图 4-19,大小均等于 $|\tau_6|$,方向相反),其中作用于小腿上的扭矩(即 τ_6)在平移虚位移($l_5\delta\theta_5$)上不产生虚功,作用于大腿上的扭矩(即 $-\tau_6$)在转角虚位移($\delta\theta_5$)上产生虚功,即$\sum W_3$。

根据虚功原理,上述三项虚功($\sum W_i, i = 1, 2, 3$)之和等于 0,如式(4-54)。

在列写式(4-54)中各力(惯性力、重力、关节扭矩)在图4-19所示的虚位移上所做的虚功时,需要将各力沿虚位移方向进行分解,即获取式(4-60)中的 sin 或 cos 。这个过程比较烦琐,此处不再赘述。

(3) 虚位移 $\delta \theta_5 \neq 0$,根据式(4-60)与式(4-61)求得摆动腿膝关节扭矩 τ_5 的表达式,并进行规范化整理,如式(4-62)。

式(4-62)中所用到的中间符号变量详见式(4-52)与式(4-58)。式中用 A、B、C 表示为 3 个部分,其物理意义分别为摆动腿大腿单独运动的作用、摆动腿小腿单独运动的作用以及摆动腿小腿单独运动对大腿的反作用,B 与 C 共同体现了摆动腿小腿运动对大腿运动的耦合作用。每一部分内部各项的物理意义参见式(4-56)之后的描述。

从式(4-56)与式(4-62)中,可以对采用达朗伯—拉格朗日方程所建立的下肢外骨骼动力学模型的形式总结出如下的规律:

① 式(4-62)的 A 部分与式(4-56)具有相同的形式,但每一项的＋/－相反是因为髋、膝关节的角度与扭矩的正方向定义相反,此外,式(4-62)的 A 部分与 $\ddot{\theta}_6$ 无关,因为其反映了摆动腿大腿单独运动的作用,而该部分的运动与 $\ddot{\theta}_6$ 无关;

② 式(4-62)的 B 部分与式(4-56)相比,其 $\ddot{\theta}_i$ 列的系数阵中的每一项都比后者中的对应项少了 $\pm \frac{1}{12}(m_6+m_7)l_6^2$,这是因为摆动腿小腿质心($m_6+m_7$)处的惯性力主矩矢 M_6 在平移虚位移中不产生虚功,且剩余部分的＋/－也因髋、膝关节的角度与扭矩正方向定义相反而相反,此外,式(4-62)的 B 部分中用 l_5 取代式(4-56)中的 b_6,且每一个 sin 与 cos 后的角度表达式中都多了一个 θ_6,而这刚好就是摆动腿大小腿之间的夹角,其＋/－根据远端杆件(此处为 l_6)的延长线向近端杆件(此处为 l_5)旋转时的右手规则确定;

③ 式(4-62)的 C 部分与式(4-56)完全相同,只是整体上的＋/－因髋、膝关节的角度与扭矩正方向定义相反而相反。

3) 其他各关节扭矩的计算

通过上述对摆动腿膝关节与髋关节扭矩的求解过程,可以将采用达朗伯—拉格朗日方程求解关节 i 处扭矩 $\tau_i (i=1,2,3,\cdots,6)$ 的过程概括如图4-20。CSP 状态下其他各关节扭矩的主要计算过程以及结果请参见附录 B。

$$\sum W = \sum W_1 + \sum W_2 + \sum W_3 =$$

$$
\left.
\begin{aligned}
&\tau_5 \delta\theta_5 - m_5 g\cos(Am_5)b_5\delta\theta_5 - M_5\delta\theta_5 \\
&- F_{5\_r}^{\tau}b_5\delta\theta_5 + F_{5\_r}^{n}0 \\
&- F_{5\_4e}^{\tau}\sin\left(\frac{\pi}{2} - Am_5 - \beta\right)b_5\delta\theta_5 \\
&- F_{5\_4e}^{n}\cos\left(\frac{\pi}{2} - Am_5 - \beta\right)b_5\delta\theta_5 \\
&+ F_{5\_3er}^{\tau}\sin(\pi - Am_5 - \theta_1 + \alpha_1)b_5\delta\theta_5 \\
&+ F_{5\_3er}^{n}\cos(\pi - Am_5 - \theta_1 + \alpha_1)b_5\delta\theta_5 \\
&+ F_{5\_co}\cos(\pi - Am_5 - \theta_1 + \alpha_1)b_5\delta\theta_5 \\
&+ F_{5\_2er}^{\tau}\sin(\pi - Am_5 - \theta_1 + \theta_2 - \gamma_1)b_5\delta\theta_5 \\
&+ F_{5\_2er}^{n}\cos(\pi - Am_5 - \theta_1 + \theta_2 - \gamma_1)b_5\delta\theta_5 \\
&+ F_{5\_er}^{\tau}b_5\delta\theta_5 + F_{5\_er}^{n}0
\end{aligned}
\right\} \sum W_1 \qquad (4-60)
$$

$$
\left.
\begin{aligned}
&- (m_6 + m_7)g\cos(Am_6 - \theta_6)l_5\delta\theta_5 \\
&+ F_{6\_r}^{\tau}\cos(\theta_6)l_5\delta\theta_5 - F_{6\_r}^{n}\sin(\theta_6)l_5\delta\theta_5 \\
&- F_{6\_5e}^{\tau}\sin\left(\frac{\pi}{2} - Am_6 - \varphi + \theta_6\right)l_5\delta\theta_5 \\
&+ F_{6\_5e}^{n}\cos\left(\frac{\pi}{2} - Am_6 - \varphi + \theta_6\right)l_5\delta\theta_5 \\
&+ F_{6\_4er}^{\tau}\sin(\pi - Am_6 - \theta_1 + \alpha_2 + \theta_6)l_5\delta\theta_5 \\
&+ F_{6\_4er}^{n}\cos(\pi - Am_6 - \theta_1 + \alpha_2 + \theta_6)l_5\delta\theta_5 \\
&+ F_{6\_co}\cos(\pi - Am_6 - \theta_1 + \alpha_2 + \theta_6)l_5\delta\theta_5 \\
&- F_{6\_3er}^{\tau}\sin(\pi - Am_6 - \theta_1 + \theta_2 - \gamma_2 + \theta_6)l_5\delta\theta_5 \\
&+ F_{6\_3er}^{n}\cos(\pi - Am_6 - \theta_1 + \theta_2 - \gamma_2 + \theta_6)l_5\delta\theta_5 \\
&+ F_{6\_2er}^{\tau}\sin(2\pi - Am_6 - \theta_1 + \theta_2 - \theta_3 - \varepsilon_1 + \theta_6)l_5\delta\theta_5 \\
&+ F_{6\_2er}^{n}\cos(2\pi - Am_6 - \theta_1 + \theta_2 - \theta_3 - \varepsilon_1 + \theta_6)l_5\delta\theta_5 \\
&- F_{6\_er}^{\tau}\sin(2\pi - Am_6 - \theta_1 + \theta_2 - \theta_3 - \varepsilon_1 + \theta_6)l_5\delta\theta_5 \\
&- F_{6\_er}^{n}\cos(2\pi - Am_6 - \theta_1 + \theta_2 - \theta_3 - \varepsilon_1 + \theta_6)l_5\delta\theta_5
\end{aligned}
\right\} \sum W_2
$$

$$
\left.
\begin{aligned}
&+ \tau_6 \delta\theta_5
\end{aligned}
\right\} \sum W_3
$$

$$= 0$$

其中：

$$Am_5 = \frac{3\pi}{2} - \theta_1 + \theta_2 - \theta_3 + \theta_4 - \theta_5 \qquad (4-61)$$

$$\tau_5 = \begin{bmatrix} \dfrac{1}{12}m_5 l_5^2 + m_5 L_1 b_5 \sin\left(\dfrac{\pi}{2} - Am_5 - \beta\right) \\[2mm] -\dfrac{1}{12}m_5 l_5^2 - m_5 M_2 b_5 \sin(\pi - Am_5 - \theta_1 + \alpha_1) \\[2mm] \dfrac{1}{12}m_5 l_5^2 + m_5 M_1 b_5 \sin(\pi - Am_5 - \theta_1 + \theta_2 - \gamma_1) \\[2mm] -\dfrac{1}{12}m_5 L_5^2 - m_5 b_5^2 \\[2mm] \dfrac{1}{12}m_5 l_5^2 + m_5 b_5^2 \\[2mm] 0 \end{bmatrix}^{\mathrm{T}} \begin{bmatrix} \ddot{\theta}_1 \\ \ddot{\theta}_2 \\ \ddot{\theta}_3 \\ \ddot{\theta}_4 \\ \ddot{\theta}_5 \\ \ddot{\theta}_6 \end{bmatrix} \left.\vphantom{\begin{bmatrix}1\\2\\3\\4\\5\\6\\7\\8\end{bmatrix}}\right\} A$$

$$+ \left[-2m_5 M_2 b_5 \cos(\pi - Am_5 - \theta_1 + \alpha_1)\right]\dot{\theta}_1 \dot{\theta}_2$$

$$\begin{bmatrix} -m_5 L_1 b_5 \cos\left(\dfrac{\pi}{2} - Am_5 - \beta\right) \\[2mm] -m_5 M_2 b_5 \cos(\pi - Am_5 - \theta_1 + \alpha_1) \\[2mm] -m_5 M_1 b_5 \cos(\pi - Am_5 - \theta_1 + \theta_2 - \gamma_1) \\[2mm] 0 \\ 0 \\ 0 \end{bmatrix}^{\mathrm{T}} \begin{bmatrix} \dot{\theta}_1^2 \\ \dot{\theta}_2^2 \\ \dot{\theta}_3^2 \\ \dot{\theta}_4^2 \\ \dot{\theta}_5^2 \\ \dot{\theta}_6^2 \end{bmatrix}$$

$$+ \left[m_5 g b_5 \cos(Am_5)\right]$$

$$+ \begin{bmatrix} (m_6 + m_7) L_2 l_5 \sin\left(\dfrac{\pi}{2} - Am_6 - \varphi + \theta_6\right) \\[2mm] -(m_6 + m_7) N_3 l_5 \sin(\pi - Am_6 - \theta_1 + \alpha_2 + \theta_6) \\[2mm] (m_6 + m_7) N_2 l_5 \sin(\pi - Am_6 - \theta_1 + \theta_2 - \gamma_2 + \theta_6) \\[2mm] -(m_6 + m_7) N_1 l_5 \sin(2\pi - Am_6 - \theta_1 + \theta_2 - \theta_3 - \varepsilon_1 + \theta_6) \\[2mm] (m_6 + m_7) N_1 l_5 \sin(2\pi - Am_6 - \theta_1 + \theta_2 - \theta_3 - \varepsilon_1 + \theta_6) \\[2mm] -(m_6 + m_7) b_6 l_5 \cos(\theta_6) \end{bmatrix}^{\mathrm{T}} \begin{bmatrix} \ddot{\theta}_1 \\ \ddot{\theta}_2 \\ \ddot{\theta}_3 \\ \ddot{\theta}_4 \\ \ddot{\theta}_5 \\ \ddot{\theta}_6 \end{bmatrix} \left.\vphantom{\begin{bmatrix}1\\2\\3\\4\\5\\6\\7\\8\\9\\10\end{bmatrix}}\right\} B$$

$$+ \left[-2(m_6 + m_7) N_3 l_5 \cos(\pi - Am_6 - \theta_1 + \alpha_2 + \theta_6)\right]\dot{\theta}_1 \dot{\theta}_2$$

$$+ \begin{bmatrix} -(m_6 + m_7) L_2 l_5 \cos\left(\dfrac{\pi}{2} - Am_6 - \varphi + \theta_6\right) \\[2mm] -(m_6 + m_7) N_3 l_5 \cos(\pi - Am_6 - \theta_1 + \alpha_2 + \theta_6) \\[2mm] -(m_6 + m_7) N_2 l_5 \cos(\pi - Am_6 - \theta_1 + \theta_2 + \gamma_2 + \theta_6) \\[2mm] -(m_6 + m_7) N_1 l_5 \cos(2\pi - Am_6 - \theta_1 + \theta_2 - \theta_3 - \varepsilon_1 + \theta_6) \\[2mm] -(m_6 + m_7) N_1 l_5 \cos(2\pi - Am_6 - \theta_1 + \theta_2 - \theta_3 - \varepsilon_1 + \theta_6) \\[2mm] (m_6 + m_7) b_6 l_5 \sin(\theta_6) \end{bmatrix}^{\mathrm{T}} \begin{bmatrix} \dot{\theta}_1^2 \\ \dot{\theta}_2^2 \\ \dot{\theta}_3^2 \\ \dot{\theta}_4^2 \\ \dot{\theta}_5^2 \\ \dot{\theta}_6^2 \end{bmatrix}$$

$$+ \left[(m_6 + m_7) g l_5 \cos(Am_6 - \theta_6)\right]$$

$$\left.\begin{array}{l}-\begin{bmatrix}-\dfrac{1}{12}(m_6+m_7)l_6^2-(m_6+m_7)L_2b_6\sin\left(\dfrac{\pi}{2}-Am_6-\varphi\right)\\[2mm]\dfrac{1}{12}(m_6+m_7)l_6^2-(m_6+m_7)N_3b_6\sin(\pi-Am_6-\theta_1+\alpha_2)\\[2mm]-\dfrac{1}{12}(m_6+m_7)l_6^2-(m_6+m_7)N_2b_6\sin(\pi-Am_6-\theta_1+\theta_2-\gamma_2)\\[2mm]\dfrac{1}{12}(m_6+m_7)l_6^2+(m_6+m_7)N_1b_6\sin(2\pi-Am_6-\theta_1+\theta_2-\theta_3-\varepsilon_1)\\[2mm]-\dfrac{1}{12}(m_6+m_7)l_6^2-(m_6+m_7)N_1b_6\sin(2\pi-Am_6-\theta_1+\theta_2-\theta_3-\varepsilon_1)\\[2mm]\dfrac{1}{12}(m_6+m_7)l_6^2+(m_6+m_7)b_6^2\end{bmatrix}^T\begin{bmatrix}\ddot\theta_1\\\ddot\theta_2\\\ddot\theta_3\\\ddot\theta_4\\\ddot\theta_5\\\ddot\theta_6\end{bmatrix}\\[20mm]-[2(m_6+m_7)N_3b_6\cos(\pi-Am_6-\theta_1+\alpha_2)]\dot\theta_1\dot\theta_2\\[4mm]-\begin{bmatrix}(m_6+m_7)L_2b_6\cos\left(\dfrac{\pi}{2}-Am_6-\varphi\right)\\[2mm](m_6+m_7)N_3b_6\cos(\pi-Am_6-\theta_1+\alpha_2)\\[2mm](m_6+m_7)N_2b_6\cos(\pi-Am_6-\theta_1+\theta_2-\gamma_2)\\[2mm](m_6+m_7)N_1b_6\cos(2\pi-Am_6-\theta_1+\theta_2-\theta_3-\varepsilon_1)\\[2mm](m_6+m_7)N_1b_6\cos(2\pi-Am_6-\theta_1+\theta_2-\theta_3-\varepsilon_1)\\[2mm]0\end{bmatrix}^T\begin{bmatrix}\dot\theta_1^2\\\dot\theta_2^2\\\dot\theta_3^2\\\dot\theta_4^2\\\dot\theta_5^2\\\dot\theta_6^2\end{bmatrix}\\[20mm]-[-(m_6+m_7)gb_6\cos(Am_6)]\end{array}\right\}C$$

$$(4-62)$$

4.3.3　CSP 状态下的足底力计算

前文进行了 CSP 状态下的下肢外骨骼在行走过程中的各关节扭矩 $\tau_1\sim\tau_7$ 的求解。接下来将分析足底与地面之间的相互作用力的大小,以及 $\mathrm{ZMP_s}$(下标 s 表示限于弧矢面内)的位置,如图 4-21 所示。

足底与地面之间的相互作用力分为垂直与水平两个方向。垂直方向为足底分布式正压力,反映了地面对下肢外骨骼的支撑作用;水平方向为足底分布式摩擦力,反映了地面对下肢外骨骼的驱动作用。

足底分布式正压力合力的方向与大小只与下肢外骨骼各部分质心处的竖直方向上的力有关,例如重力与各惯性力主矢的竖直分量等,与各部分质心处的各惯性力主矢的水平分量、各惯性力主矩矢以及各关节扭矩(在两侧的相邻杆件上形成相互作用力矩,视作系统内力,两两抵消)等无关。与之类似,足底分布式摩擦力的大小与方向只与下肢外骨骼各部分质心处的水平方向上的力有关,符合该方向上的力系平衡关系。

$\mathrm{ZMP_s}$ 的位置,不仅与下肢外骨骼各部分质心处的重力与各惯性力主矢的竖直分量有关,还与各部分质心处的各惯性力主矢的水平分量、各惯性力主矩矢等有关。

当下肢外骨骼进行稳态行走时,其ZMP$_s$与足底力合力作用点即CoP$_s$在理论上是重合的,这也是后文设计下肢外骨骼进行支撑相控制策略时的一项重要依据。图4-21中,CSP状态的下肢外骨骼各部分质心m_i在髋关节坐标系$X_N O_N Y_N$中的坐标如式(4-63)、式(4-64)。

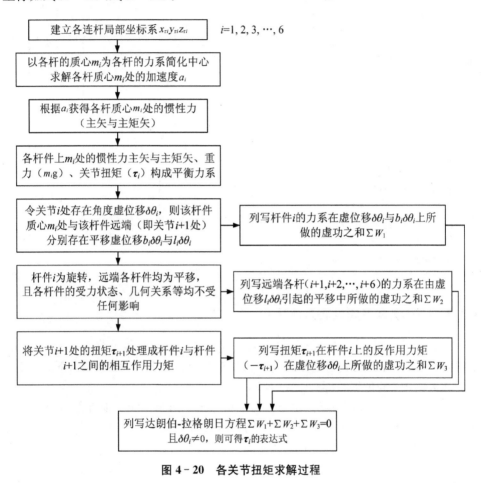

图4-20 各关节扭矩求解过程

$$x_{Nm1} = -l_3\cos(\pi - Am_3) - l_2\cos(\pi - Am_2) - b_1\cos\theta_1$$

$$x_{Nm2} = -l_3\cos(\pi - Am_3) - b_2\cos(\pi - Am_2)$$

$$x_{Nm3} = -b_3\cos(\pi - Am_3)$$

$$x_{Nm4} = b_4\cos(\pi - Am_4) \quad\quad (4-63)$$

$$x_{Nm5} = b_5\cos(Am_5)$$

$$x_{Nm6} = l_5\cos(Am_5) + b_6\cos(Am_6)$$

$$y_{Nm1} = -l_3 \sin(\pi - Am_3) - l_2 \sin(\pi - Am_2) - b_1 \sin\theta_1$$

$$y_{Nm2} = -l_3 \sin(\pi - Am_3) - b_2 \sin(\pi - Am_2)$$

$$y_{Nm3} = -b_3 \sin(\pi - Am_3)$$

$$y_{Nm4} = b_4 \sin(\pi - Am_4)$$ (4 - 64)

$$y_{Nm5} = -b_5 \sin(Am_5)$$

$$y_{Nm6} = -l_5 \sin(Am_5) - b_6 \sin(Am_6)$$

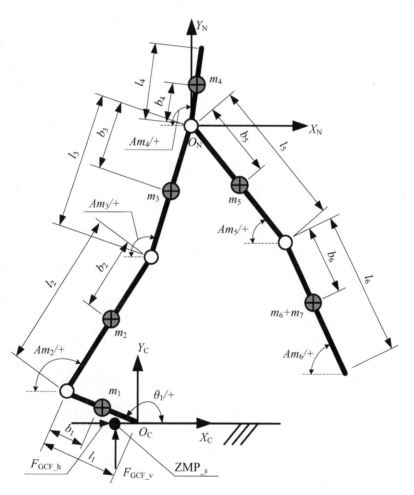

图 4 - 21 $\mathbf{ZMP}_s$ 的求解（下标 s 表示限于弧矢面内）

各部分质心 m_i 与地面之间的垂直距离如式（4 - 65）、式（4 - 66）。

$$y_{Nground} = -l_3 \sin(\pi - Am_3) - l_2 \sin(\pi - Am_2) - l_1 \sin\theta_1$$ (4 - 65)

$$\Delta y_{Nmi} = y_{Nmi} - y_{Nground}$$ (4 - 66)

式$(4-63)$、式$(4-64)$中，$i=1,2,3,\cdots,6$，所用到的符号变量Am_i的定义参见式$(4-55)$、式$(4-61)$以及附录 B 中的式$(B-4)$、式$(B-5)$、式$(B-6)$。

各部分质心m_i处各惯性力主矢的竖直分量与水平分量分别如式$(4-67)\sim$式$(4-72)$与式$(4-73)\sim$式$(4-78)$。

$$F_{l1}^{v}=F_{1}^{\tau}\cos(\pi-\theta_1)+F_{1}^{n}\sin(\pi-\theta_1) \tag{4-67}$$

$$F_{l2}^{v}=-F_{2\_e}^{\tau}\cos bi+F_{2\_e}^{n}\sin bi+F_{2\_r}^{\tau}\cos\left(-\frac{\pi}{2}+\theta_1-\theta_2\right)+F_{2\_r}^{n}\sin\left(-\frac{\pi}{2}+\theta_1\right.$$
$$\left.-\theta_2\right)+F_{2\_co}\sin\left(-\frac{\pi}{2}+\theta_1-\theta_2\right) \tag{4-68}$$

$$F_{l3}^{v}=-F_{3\_2e}^{\tau}\cos bb+F_{3\_2e}^{n}\sin bb+F_{3\_e}^{\tau}\cos\left(-\frac{\pi}{2}+\theta_1-aa\right)+F_{3\_e}^{n}\sin\left(-\frac{\pi}{2}\right.$$
$$\left.+\theta_1-aa\right)+F_{3\_co}\sin\left(-\frac{\pi}{2}+\theta_1-aa\right)-F_{3\_r}^{\tau}\cos\left(-\frac{\pi}{2}+\theta_1-\theta_2+\theta_3\right)$$
$$+F_{3\_r}^{n}\sin\left(-\frac{\pi}{2}+\theta_1-\theta_2+\theta_3\right) \tag{4-69}$$

$$F_{l4}^{v}=-F_{4\_3e}^{\tau}\cos\eta+F_{4\_3e}^{n}\sin\eta+F_{4\_2e}^{\tau}\cos\left(-\frac{\pi}{2}+\theta_1-\alpha\right)+F_{4\_2e}^{n}\sin\left(-\frac{\pi}{2}+\theta_1\right.$$
$$\left.-\alpha\right)+F_{4\_co}\sin\left(-\frac{\pi}{2}+\theta_1-\alpha\right)-F_{4\_e}^{\tau}\cos\left(-\frac{\pi}{2}+\theta_1-\theta_2+\gamma\right)$$
$$+F_{4\_e}^{n}\sin\left(-\frac{\pi}{2}+\theta_1-\theta_2+\gamma\right)-F_{4\_r}^{\tau}\cos\left(-\frac{\pi}{2}+\theta_1-\theta_2+\theta_3-\theta_4\right)$$
$$+F_{4\_r}^{n}\sin\left(-\frac{\pi}{2}+\theta_1-\theta_2+\theta_3-\theta_4\right) \tag{4-70}$$

$$F_{l5}^{v}=-F_{5\_4e}^{\tau}\cos\beta+F_{5\_4e}^{n}\sin\beta+F_{5\_3e}^{\tau}\cos\left(-\frac{\pi}{2}+\theta_1-\alpha_1\right)+F_{5\_3e}^{n}\sin\left(-\frac{\pi}{2}\right.$$
$$\left.+\theta_1-\alpha_1\right)+F_{5\_co}\sin\left(-\frac{\pi}{2}+\theta_1-\alpha_1\right)-F_{5\_2e}^{\tau}\cos\left(-\frac{\pi}{2}+\theta_1-\theta_2+\gamma_1\right)$$
$$+F_{5\_2e}^{n}\sin\left(-\frac{\pi}{2}+\theta_1-\theta_2+\gamma_1\right)+F_{5\_e}^{\tau}\cos(Am_5)-F_{5\_e}^{n}\sin(Am_5)$$
$$-F_{5\_r}^{\tau}\cos(Am_5)-F_{5\_r}^{n}\sin(Am_5) \tag{4-71}$$

$$F_{l6}^{v}=-F_{6\_5e}^{\tau}\cos\varphi+F_{6\_5e}^{n}\sin\varphi+F_{6\_4e}^{\tau}\cos\left(-\frac{\pi}{2}+\theta_1-\alpha_2\right)+F_{6\_4e}^{n}\sin\left(-\frac{\pi}{2}+\theta_1-\alpha_2\right)$$
$$+F_{6\_co}\sin\left(-\frac{\pi}{2}+\theta_1-\alpha_2\right)-F_{6\_3e}^{\tau}\cos\left(-\frac{\pi}{2}+\theta_1-\theta_2+\gamma_2\right)$$
$$+F_{6\_3e}^{n}\sin\left(-\frac{\pi}{2}+\theta_1-\theta_2+\gamma_2\right)+F_{6\_2e}^{\tau}\cos(Am_4-\varepsilon_2)$$
$$-F_{6\_2e}^{n}\sin(Am_4-\varepsilon_2)-F_{6\_e}^{\tau}\cos(Am_4-\varepsilon_2)-F_{6\_e}^{n}\sin(Am_4-\varepsilon_2)$$

$$+ F_{6\_r}^{\tau}\cos(Am_6) - F_{6\_r}^{n}\sin(Am_6) \tag{4-72}$$

$$F_{11}^{h} = F_{1}^{\tau}\sin(\pi - \theta_1) - F_{1}^{n}\cos(\pi - \theta_1) \tag{4-73}$$

$$F_{12}^{h} = F_{2\_e}^{\tau}\sin bi + F_{2\_e}^{n}\cos bi - F_{2\_r}^{\tau}\sin\left(-\frac{\pi}{2} + \theta_1 - \theta_2\right) + F_{2\_r}^{n}\cos\left(-\frac{\pi}{2} + \theta_1\right.$$

$$\left. - \theta_2\right) + F_{2\_co}\cos\left(-\frac{\pi}{2} + \theta_1 - \theta_2\right) \tag{4-74}$$

$$F_{13}^{h} = F_{3\_2e}^{\tau}\sin bb + F_{3\_2e}^{n}\cos bb - F_{3\_e}^{\tau}\sin\left(-\frac{\pi}{2} + \theta_1 - aa\right) + F_{3\_e}^{n}\cos\left(-\frac{\pi}{2} + \theta_1\right.$$

$$\left. - aa\right) + F_{3\_co}\cos\left(-\frac{\pi}{2} + \theta_1 - aa\right) + F_{3\_r}^{\tau}\sin\left(-\frac{\pi}{2} + \theta_1 - \theta_2 + \theta_3\right)$$

$$+ F_{3\_r}^{n}\cos\left(-\frac{\pi}{2} + \theta_1 - \theta_2 + \theta_3\right) \tag{4-75}$$

$$F_{14}^{h} = F_{4\_3e}^{\tau}\sin\eta + F_{4\_3e}^{n}\cos\eta - F_{4\_2e}^{\tau}\sin\left(-\frac{\pi}{2} + \theta_1 - \alpha\right) + F_{4\_2e}^{n}\cos\left(-\frac{\pi}{2} + \theta_1 - \alpha\right)$$

$$+ F_{4\_co}\cos\left(-\frac{\pi}{2} + \theta_1 - \alpha\right) + F_{4\_e}^{\tau}\sin\left(-\frac{\pi}{2} + \theta_1 - \theta_2 + \gamma\right)$$

$$+ F_{4\_e}^{n}\cos\left(-\frac{\pi}{2} + \theta_1 - \theta_2 + \gamma\right) - F_{4\_r}^{\tau}\sin\left(-\frac{\pi}{2} + \theta_1 - \theta_2 + \theta_3 - \theta_4\right)$$

$$+ F_{4\_r}^{n}\cos\left(-\frac{\pi}{2} + \theta_1 - \theta_2 + \theta_3 - \theta_4\right) \tag{4-76}$$

$$F_{15}^{h} = F_{5\_4e}^{\tau}\sin\beta + F_{5\_4e}^{n}\cos\beta - F_{5\_3e}^{\tau}\sin\left(-\frac{\pi}{2} + \theta_1 - \alpha_1\right) + F_{5\_3e}^{n}\cos\left(-\frac{\pi}{2} + \theta_1\right.$$

$$\left. - \alpha_1\right) + F_{5\_co}\cos\left(-\frac{\pi}{2} + \theta_1 - \alpha_1\right) + F_{5\_2e}^{\tau}\sin\left(-\frac{\pi}{2} + \theta_1 - \theta_2 + \gamma_1\right)$$

$$+ F_{5\_2e}^{n}\cos\left(-\frac{\pi}{2} + \theta_1 - \theta_2 + \gamma_1\right) - F_{5\_e}^{\tau}\sin(Am_5) + F_{5\_e}^{n}\cos(Am_5)$$

$$- F_{5\_r}^{\tau}\sin(Am_5) + F_{5\_r}^{n}\cos(Am_5) \tag{4-77}$$

$$F_{16}^{h} = F_{6\_5e}^{\tau}\sin\varphi + F_{6\_5e}^{n}\cos\varphi - F_{6\_4e}^{\tau}\sin\left(-\frac{\pi}{2} + \theta_1 - \alpha_2\right) + F_{6\_4e}^{n}\cos\left(-\frac{\pi}{2} + \theta_1\right.$$

$$\left. - \alpha_2\right) + F_{6\_co}\cos\left(-\frac{\pi}{2} + \theta_1 - \alpha_2\right) + F_{6\_3e}^{\tau}\sin\left(-\frac{\pi}{2} + \theta_1 - \theta_2 + \gamma_2\right)$$

$$+ F_{6\_3e}^{n}\cos\left(-\frac{\pi}{2} + \theta_1 - \theta_2 + \gamma_2\right) + F_{6\_2e}^{\tau}\sin(Am_4 - \varepsilon_2) + F_{6\_2e}^{n}\cos(Am_4 - \varepsilon_2)$$

$$- F_{6\_e}^{\tau}\sin(Am_4 - \varepsilon_2) + F_{6\_e}^{n}\cos(Am_4 - \varepsilon_2) + F_{6\_r}^{\tau}\sin(Am_6) + F_{6\_r}^{n}\cos(Am_6)$$

$$\tag{4-78}$$

上述各式中的一些符号变量的表达式如附录 B 中式(B-1)~式(B-3)所示。

足底与地面之间在竖直方向上的分布式正压力合力 F_{GCF_v} 的表达式如式(4-79),以竖直向上为正方向。

$$F_{\mathrm{GCF\_v}} = \sum_{i=1}^{6} (-F_{\mathrm{l}i}^{\mathrm{v}} + m_i g) \tag{4-79}$$

足底与地面之间在水平方向上的分布式摩擦力合力 $F_{\mathrm{GCF\_h}}$ 的表达式如式(4-80)，以水平向前为正方向。

$$F_{\mathrm{GCF\_h}} = \sum_{i=1}^{6} (-F_{\mathrm{l}i}^{\mathrm{h}}) \tag{4-80}$$

如图 4-21，设支撑足的足底力作用中心点 $\mathrm{ZMP_s}$ 在 $X_\mathrm{N}O_\mathrm{N}Y_\mathrm{N}$ 坐标系中的横坐标为 $x_{\mathrm{NZMP\_s}}$，则各杆件重力 $m_i g$、化简到各杆件质心 m_i 处的惯性力主矢(如式(4-67)～(4-78))与主矩矢(式(4-53)、式(4-59)以及附录 B 中的式(B-7)～式(B-10))、足底与地面之间在竖直方向上的分布式正压力合力 $F_{\mathrm{GCF\_v}}$ 以及在水平方向上的分布式摩擦力合力 $F_{\mathrm{GCF\_h}}$ 在该点处的合力矩 $\sum M_{\mathrm{ZMP\_s}}$ 为 0。其中，$F_{\mathrm{GCF\_v}}$ 与 $F_{\mathrm{GCF\_h}}$ 在该点处不产生力矩。如式(4-81)所示，以顺时针为力矩正方向。

$$\sum M_{\mathrm{ZMP\_s}} = \sum_{i=1}^{6} (-F_{\mathrm{l}i}^{\mathrm{v}}(x_{\mathrm{N}mi} - x_{\mathrm{NZMP\_s}}) + F_{\mathrm{l}i}^{\mathrm{h}}(\Delta y_{\mathrm{N}mi}) + m_i g(x_{\mathrm{N}mi} - x_{\mathrm{NZMP\_s}}) \\ + M_i) = 0 \tag{4-81}$$

可得 $x_{\mathrm{NZMP\_s}}$ 如式(4-82):

$$x_{\mathrm{NZMP\_s}} = \frac{\sum_{i=1}^{6} (F_{\mathrm{l}i}^{\mathrm{v}} \cdot x_{\mathrm{N}mi} - F_{\mathrm{l}i}^{\mathrm{h}} \cdot \Delta y_{\mathrm{N}mi} - m_i g \cdot x_{\mathrm{N}mi} - M_i)}{\sum_{i=1}^{6} (F_{\mathrm{l}i}^{\mathrm{v}} - m_i g)} \tag{4-82}$$

图 4-21 中，支撑足足尖坐标系 $X_\mathrm{C}O_\mathrm{C}Y_\mathrm{C}$ 的原点 O_C 在 $X_\mathrm{N}O_\mathrm{N}Y_\mathrm{N}$ 中的横坐标如式(4-83):

$$x_{\mathrm{NZ}} = -l_3\cos(\pi - Am_3) - l_2\cos(\pi - Am) - l_1\cos\theta_1 \tag{4-83}$$

可得 $\mathrm{ZMP_s}$ 在 $X_\mathrm{C}O_\mathrm{C}Y_\mathrm{C}$ 坐标系中的坐标，即相对于支撑足足尖的位置，如式(4-84):

$$x_{\mathrm{CZMP\_s}} = x_{\mathrm{NZMP\_s}} - x_{\mathrm{NZ}} \tag{4-84}$$

4.3.4　NSP 状态下的动力学模型

如图 4 - 22，在 NSP 时，下肢外骨骼在弧矢面内可分成 2 个四杆机构（Plantar-flexion 部分用下标 p 表示；Foot-flat 部分用下标 f 表示），这 2 个四杆机构被视为 CSP 所对应的六杆机构的特例，也即将上述对 CSP 状态建立的下肢外骨骼动力学模型中的 m_4 分解成 2 个四杆机构中的 m_{4p} 与 m_{4f}，并将 m_5、m_6、m_7 都置为 0。

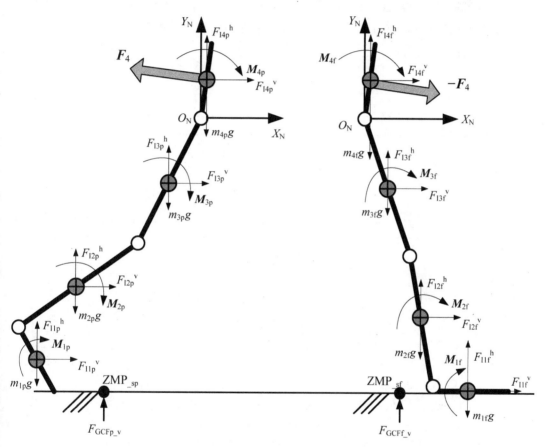

图 4 - 22　NSP 状态的整机分解

首先，按照式(4-82)求得 NSP 时的整机的 ZMP_s，然后根据式(4-47)、式(4-48)将躯干质量 m_4 分配至分解出的两个四杆机构(p 与 f)上，如图 4 - 22。

为了研究在分解后的 p 部分与 f 部分之间是否存在相互作用力，在两部分的躯干质心(m_{4p} 与 m_{4f})处假设了一个垂直于躯干的一维力 F_4，则下肢外骨骼系统关系式如式(4-85)所示：

$$F_{\text{GCFp\_v}}(x_{\text{NZMP\_sp}} - x_{\text{NZMP\_s}}) + F_{\text{GCFf\_v}}(x_{\text{NZMP\_sf}} - x_{\text{NZMP\_s}}) = 0 \qquad (4-85)$$

式(4-86)中，$F_{\text{GCFp\_v}}$、$x_{\text{NZMP\_sp}}$ 与 $F_{\text{GCFf\_v}}$、$x_{\text{NZMP\_sf}}$ 分别为 p 部分与 f 部分的足底力正压力合力及其作用点在 $X_N O_N Y_N$ 中的横坐标，其表达式如式(4-86)～式(4-89)。其中，$F_{lip}(F_{lif})$ 与 $M_{ip}(M_{if})$ 分别为 p(或 f)部分各杆件质心处的惯性力与惯性力矩，上标"v"与"h"分别为垂直与水平方向上的分量。

经过推导，可得式(4-90)，可见并未出现 F_4，其物理意义为 NSP 中的 p 部分与 f 部分上各杆件质心处的重力、惯性力以及惯性力矩在整机的足底力作用中心点 ZMP_{s} 处保持平衡。

$$X_{\text{NZMP\_sp}} = \frac{\sum_{i=1}^{4}\left[(F_{lip}^{\text{v}} - m_{ip}g)x_{Nmip} - F_{lip}^{\text{h}}\Delta y_{Nmip} - M_{ip}\right] + F_4^{\text{v}}x_{Nm4} - F_4^{\text{h}}\Delta y_{Nm4}}{\sum_{i=1}^{4}(F_{lip}^{\text{v}} - m_{ip}g) + F_4^{\text{v}}}$$

$$(4-86)$$

$$x_{\text{NZMP\_sf}} = \frac{\sum_{i=1}^{4}\left[(F_{lif}^{\text{v}} - m_{if}g)x_{Nmif} - F_{lif}^{\text{h}}\Delta y_{Nmif} - M_{if}\right] - F_4^{\text{v}}x_{Nm4} + F_4^{\text{h}}\Delta y_{Nm4}}{\sum_{i=1}^{4}(F_{lif}^{\text{v}} - m_{if}g) - F_4^{\text{v}}}$$

$$(4-87)$$

$$F_{\text{GCFp\_v}} = \sum_{i=1}^{4}(-F_{lip}^{\text{v}} + m_{ip}g) - F_4^{\text{v}} \qquad (4-88)$$

$$F_{\text{GCFf\_v}} = \sum_{i=1}^{4}(-F_{lif}^{\text{v}} + m_{if}g) + F_4^{\text{v}} \qquad (4-89)$$

$$\sum_{i=1}^{4}\left[(F_{lip}^{\text{v}} - m_{ip}g)(x_{Nmip} - x_{\text{NZMP\_s}}) - F_{lip}^{\text{h}}\Delta y_{Nmip} - M_{ip}\right] +$$
$$\sum_{i=1}^{4}\left[(F_{lif}^{\text{v}} - m_{if}g)(x_{Nmip} - x_{\text{NZMP\_s}}) - F_{lif}^{\text{h}}\Delta y_{Nmif} - M_{if}\right] = 0 \qquad (4-90)$$

最后，分别对这两个四杆机构采用前文所述的方法求解其各自的各关节扭矩（τ_{1p}、τ_{2p}、τ_{3p}、τ_{4p} 与 τ_{1f}、τ_{2f}、τ_{3f}、τ_{4f}），以及足底分布式支持力合力（$F_{\text{GCFp\_v}}$ 与 $F_{\text{GCFf\_v}}$）及其中心作用点（ZMP_{sp}、ZMP_{sf}）的位置（$x_{\text{NZMP\_sp}}$ 与 $x_{\text{NZMP\_sf}}$）。

对某一侧下肢而言，其各关节动力学数据的求解可分别划分成 4 个阶段，如图 4-23 所示，这 4 个阶段分别以字母 A、B、C、D 表示。理论分析时，认为下肢外骨骼两条腿的各关节运动角度轨迹完全相同（相位差为半个步态周期），则对 CSP 状态与 NSP 状态下的动力学模型各进行一次计算,即可获得这 4 个阶段所对应的动力学数据。

　　对于 NSP 状态,图 4 – 23 中的 NSP1 与 NSP2 分别对应两侧下肢,其中,NSP1 对应的是图 4 – 23 中的 Foot-flat 即 f 部分,NSP2 对应的则是 Plantar-flexion 即 p 部分,且这两部分的运动是同时发生。在理论分析时,将这两部分对应的计算结果认为是一条腿分别在 A、C 阶段所具有的。

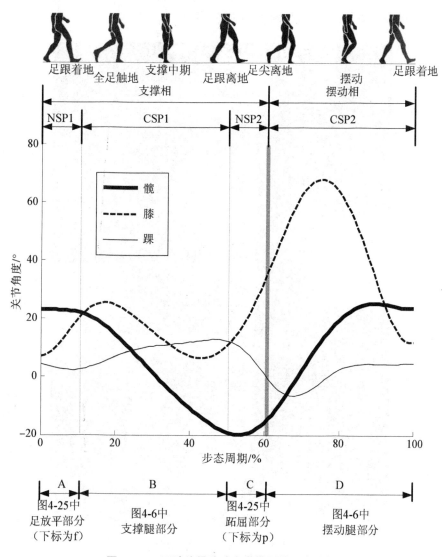

图 4 – 23　下肢外骨骼动力学模型的 4 个阶段

对于 CSP 状态,与上述分析一样,认为在单足支撑相中同时运动的支撑腿(CSP1)与摆动腿(CSP2)所对应的各关节动力学数据是一条腿分别在 B、D 阶段所具有的。

4.3.5 下肢外骨骼动力学模型的仿真验证

采用 MATLAB 计算与 ADAMS 仿真的结果对比,对前文建立的下肢外骨骼动力学模型的正确性进行验证。MATLAB 计算按照所建立的动力学模型进行;ADAMS 仿真则通过图 4-24 所示的虚拟样机进行。

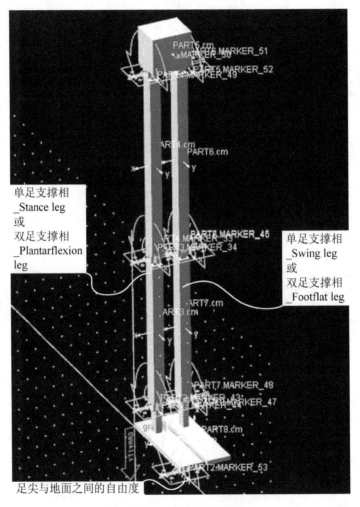

图 4-24 ADAMS 虚拟样机

MATLAB 计算与 ADAMS 仿真中所用到的下肢外骨骼的机构参数取值见表 4-2。

表 4-2　下肢外骨骼动力学验证中的参数取值

穿戴者身高 /mm	外骨骼高度 /mm	大腿杆长度 /mm	小腿杆长度 /mm	踝关节高度 /mm	整机质量 /kg
1 650~1 800	1 055~1 155	450~505	350~395	105	23.15

当穿戴者身高为 1 750 mm 时外骨骼各部分尺寸/mm（依据 GB10000-1988）								外骨骼各部分质量/kg			
l_1	l_2	l_3	l_4	b_1	b_2	b_3	b_4	m_1	m_2	m_3	m_4
251	377	474	255	125	188	236	127	1.38	2.68	3.39	8.25

验证中所需的下肢外骨骼的各关节角度轨迹取人体下肢运动测量实验中获得的中等步速（1.3 m/s）所对应的数据，即图 4-12 与图 4-23 中的各关节角度曲线。

由图 4-25 与图 4-26 可知，MATLAB 的计算结果与 ADAMS 的仿真结果具有一致性，部分状态对应曲线的首尾部分存在较大的突变性差异，是因为在 MATLAB 与 ADAMS 中对关节角加速度的处理方式存在不同，另外一个造成差异的原因是理论计算与虚拟样机仿真中对各杆件质心的取值不同。

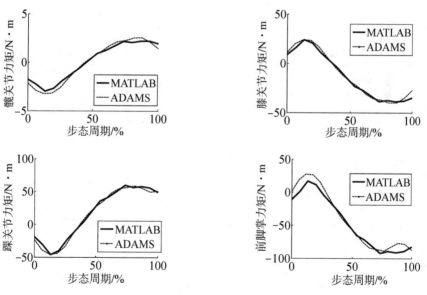

(a) NSP 中 Foot-flat leg 各关节扭矩

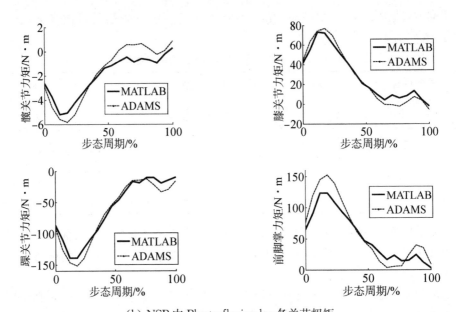

（b）NSP 中 Plantarflexion leg 各关节扭矩

图 4 - 25　NSP 动力学模型正确性验证结果

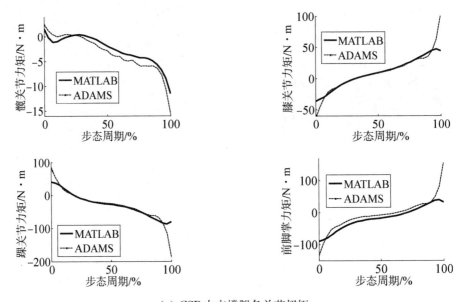

（a）CSP 中支撑腿各关节扭矩

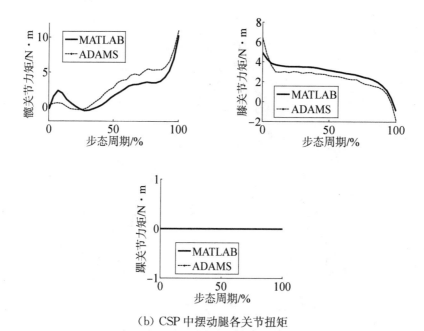

（b）CSP 中摆动腿各关节扭矩

图 4 - 26　CSP 动力学模型正确性验证结果

4.3.6　下肢外骨骼动力学模型的修正

本章前述的基于图 4-13 的下肢外骨骼动力学模型，相当于在支撑足足尖与地面之间设置了一个带有驱动的自由度，类似于串联机械臂。以同时包含了支撑腿与摆动腿的 CSP 阶段为例，如图 4-27，整个下肢外骨骼共有 7 个主动驱动的旋转关节自由度，关节扭矩为 $\tau_1 \sim \tau_7$。然而，下肢外骨骼支撑足足尖与地面之间没有驱动器，因此，τ_1 是根本不存在的关节扭矩。为针对该问题对本章所建立的下肢外骨骼动力学模型进行修正，采用等效法，具体过程如下。

图 4-28 为下肢外骨骼在 CSP 阶段实际的施力与受力状态，与图 4-27 所描述的状态完全等效，下面依次建立支撑足（杆件 1）、支撑腿小腿（杆件 2）……摆动足（杆件 7）等基于图 4-27 与图 4-28 的各杆件力系往其质心 m_i 处化简等效方程，如式（4-91）～式（4-97）。所谓等效，即下肢外骨骼在图 4-27 与图 4-28 两种施力与受力状态下所产生的运动效果是相等的。于是，可整理而得下肢外骨骼在 CSP 状态时的各关节实际扭矩如式（4-98）～式（4-104）。对于 NSP 状态，则对由图 4-22 分解成的 f 部分与 p 部分分别应用式（4-91）～式（4-97）即可获得 f 部分与 p 部分各自的踝、膝、髋关节的实际扭矩。

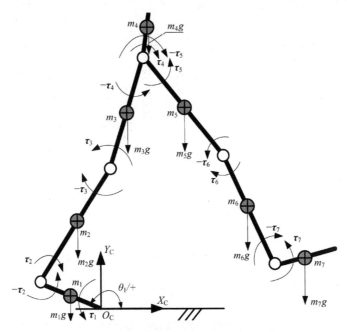

图 4 - 27　建模时假设的施力与受力状态

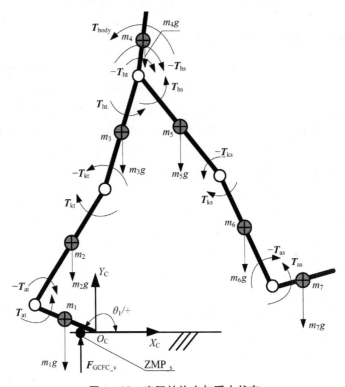

图 4 - 28　实际的施力与受力状态

$$\tau_1 + \tau_2 = T_{at} + F_{GCF\_v}(x_{CZMP\_s} - b_1\cos\theta_1) \qquad (4-91)$$

$$\tau_2 + \tau_3 = T_{kt} + T_{at} \qquad (4-92)$$

$$\tau_3 + \tau_4 = T_{ht} + T_{kt} \qquad (4-93)$$

$$\tau_4 + \tau_5 = -T_{body} + T_{ht} + T_{hs} \qquad (4-94)$$

$$\tau_5 + \tau_6 = T_{hs} + T_{ks} \qquad (4-95)$$

$$\tau_6 + \tau_7 = T_{ks} + T_{as} \qquad (4-96)$$

$$\tau_7 = T_{as} \qquad (4-97)$$

$$T_{at} = \tau_1 + \tau_2 - F_{GCF\_v}(x_{CZMP\_s} - b_1\cos\theta_1) \qquad (4-98)$$

$$T_{kt} = \tau_2 + \tau_3 - T_{at} \qquad (4-99)$$

$$T_{ht} = \tau_3 + \tau_4 - T_{kt} \qquad (4-100)$$

$$T_{body} = -\tau_4 - \tau_5 + T_{ht} + T_{hs} \qquad (4-101)$$

$$T_{hs} = \tau_5 + \tau_6 - T_{ks} \qquad (4-102)$$

$$T_{ks} = \tau_6 + \tau_7 - T_{as} \qquad (4-103)$$

$$T_{as} = \tau_7 \qquad (4-104)$$

参考文献

［1］韩亚丽.下肢助力外骨骼关键技术研究［D］.南京:东南大学,2010.

［2］贾山.下肢外骨骼的动力学分析与运动规划［D］.南京:东南大学,2016.

第五章　下肢外骨骼机械腿的摆动控制研究

　　本章首先是针对面向康复运动的膝关节外骨骼机械腿,进行了基于导纳模型的控制策略研究,以此为基础,实施了两种摆动控制实验。再基于单关节机械腿的研究基础之上,针对包含髋关节及膝关节的机械腿,进行了双关节的协调控制研究。

5.1　膝关节康复外骨骼的机构设计

　　根据人体运动生物力学特性分析可知,膝关节可以简化为只有一个自由度的单轴关节,以屈伸运动为主。以坐姿的摆腿运动进行设计参考,且以小腿与大腿呈90°左右时为初始位置 0°,静膝关节屈伸最大幅度为 $+90°$ 到 $-45°$ 左右。

　　所研制的膝关节助力机械腿三维模型图如图 5-1 所示。膝关节机械腿使用 MAXON 电机(EC40)进行驱动,为了实现扭矩放大,设计槽轮与电机输出轴相连,通过钢索带动下方大传动轮(槽轮与传动轮比例为 1:15),大传动轮进而带动膝关节轴进行旋转运动。为了实施膝关节机械腿摆动控制,在膝关节轴上安装有扭矩传感器,对膝关节轴的扭矩进行实时检测。为了适应膝关节机械腿对不同穿戴者的可穿戴性,设计了小腿绑带调节臂,可以根据自身小腿的长度,来小范围调节绑缚装置的安装位置。为了对机械腿的关节角度及角加速度等进行检测,在外骨骼机械腿上安装 9 轴传感器。在膝关节轴前后放置了用于角度限位的红外传感器和黑色挡板,通过上下调节红外传感器在外支撑板侧面的安置位置,可以对触发角度进行调节。

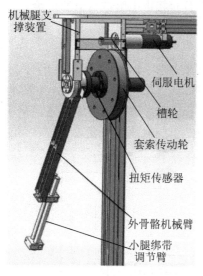

机械腿支撑装置

伺服电机

槽轮

套索传动轮

扭矩传感器

外骨骼机械臂

小腿绑带调节臂

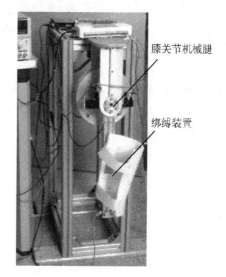

膝关节机械腿

绑缚装置

图 5－1　膝关节外骨骼三维模型图　　　　图 5－2　膝关节外骨骼实物图

5.2　膝关节康复外骨骼控制平台的搭建

5.2.1　硬件平台

膝关节外骨骼机械腿样机实物图如图 5－2 所示，包括膝关节机械腿、绑缚装置、MAXON 电机、EPOS2 电机驱动器、数据采集卡、用于给传感器供电的开关电源、用于给电机驱动器供电的稳压电源。传感器方面，主要有用于运动状态检测的九轴传感器、用于软件限位的红外传感器、安装在关节轴上的扭矩传感器，以及用于穿戴者肌电信号采集的肌电传感器。

设计了包含以下模块的硬件系统集成：

（1）上位机模块：采用 C＋＋的 MFC 编写上位机软件，读取数据采集卡相应端口的数据，进行算法计算，并综合控制各模块工作。

（2）信号采集模块：九轴传感器通过串口转 USB 和上位机连接；扭矩传感器经由信号调理模块，由数据采集卡的模拟输入端进行采集测量；肌电信号由 ECG Cable 和一次性电极片采集，经过滤波放大模块，由数据采集卡的模拟输入端进行采集测量。

（3）安全保护模块：红外限位开关由数据采集卡的开关量输入进行检测。

（4）运动控制模块：控制电机驱动器 EPOS2，驱动电机带动外骨骼进行运动。

（5）电源模块：采用开关电源供给红外传感器及扭矩传感器的＋5 V 电压，采用稳压电源给电机驱动器供电,其他通过 USB 直接由电脑进行电源供给。

5.2.2　控制系统整体框架

基于阻抗控制算法设计控制系统整体框架,把人体当作一个未知的环境,在穿戴者使用时不需要从人体读取状态参数,从图 5-3 可见,需要采集的参数,即运动状态、扭矩、红外限位的参数,全部从机械腿上获取。额外的表面肌电信号采集也只需要在学习模式时进行采集,在康复训练使用时,则不需要使用。

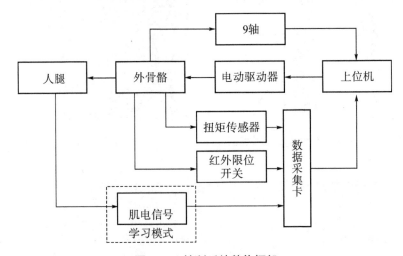

图 5-3　控制系统整体框架

下肢外骨骼机械腿为典型的人机耦合系统,相对于工业机器人所要求的精确力位控制不同,外骨骼机械腿要求主要体现在舒适性、安全性上,也即是减少穿戴时的人机对抗,实现外骨骼的柔顺跟随,乃至预测行动从而达到助力效果。

针对以上外骨骼控制的特点,采用阻抗/导纳控制作为机械腿的主要控制策略。不同于力位混合控制,导纳控制方法注重实现机械腿的主动柔顺控制,能够有效地避免机构与肢体之间的过度对抗,从而为患者创造一个安全、舒适、自然的康复条件,避免了患肢在康复训练过程中的二次损伤。

进行膝关节外骨骼导纳控制研究,设计两种控制方案,其主要区别在于导纳模型中反馈输入的助力力矩获取方式不同:

第一种是基于自适应频率振荡器,通过在学习模式中,对穿戴者摆腿运动过程中的肌电信号进行学习,获得能表征人体力矩信息的加权值,在助力模式中,结合在线检测的下肢外骨骼机械腿角度信息,重构关节助力力矩,对膝关节下肢外骨骼机械腿实施控制。

第二种是基于自适应频率振荡器及导纳模型,对人体关节力矩进行估算,结合人体与穿戴者之间的交互力矩信息,对膝关节外骨骼机械腿实施控制。

基于导纳控制算法设计控制系统整体框架如图5-3所示,把人体当作一个未知的环境,在穿戴者进行康复训练时不需要从人体读取状态参数,由图5-3可知,需要采集的参数,即运动状态、扭矩、红外限位等参数,全部从机械腿上获取,而穿戴者表面肌电信号仅在学习模式时进行采集,在康复训练时并不在线采集。

5.3 膝关节康复外骨骼动力学建模

导纳理论来源于机械阻抗,速度和作用力之间的关系称为机械阻抗,是一种基于广义惯性、阻尼和刚度的等效网络思想。机械阻抗的模型如式(5-1)所示:

$$F = M\ddot{X}_e + B\dot{X}_e + KX_e \tag{5-1}$$

式(5-1)描述了机器人的运动轨迹偏差和作用力之间的一种理想函数关系,其中,M、B和K分别是惯性、阻尼和刚度系数矩阵,M反映了系统响应的平滑性,B反映了系统的能量消耗,K反映了系统的刚性,$\ddot{X}_e$、$\dot{X}_e$和X_e分别表示机器人的实际轨迹和参考轨迹之间的位置、速度、加速度偏差,F是康复机构和患者之间的相互作用力。

外骨骼与穿戴者耦合在一起的人机系统也就可以看作一个简单的理想导纳控制模型,其定义为:

$$Y_e^d(s) = \frac{s}{I_e^d s^2 + b_e^d s + k_e^d} \tag{5-2}$$

式(5-2)中:I_e^d为外骨骼系统导纳模型中的理想转动惯量;b_e^d为理想阻尼系数;k_e^d为理想弹性系数。

人机系统的导纳模型如图5-4所示。由于电机输出轴通过套索传动机构带动外骨骼机械腿运动,故外骨骼模型中包含两个惯量,一个是反映在电机输出轴的转动惯量I_m,另一个是反映外骨骼驱动系统输出的转动惯量I_s,惯量I_m与I_s之间通

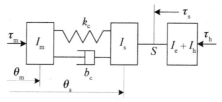

图5-4 导纳控制模型图

过弹性系数为 k_c 的弹簧与阻尼系数为 b_c 的阻尼器耦合在一起,弹簧与阻尼器分表代表套索的弹性性能与系统损耗。扭矩传感器的安装点为 S,外骨骼机械腿的转动惯量 I_e 与人腿的转动惯量 I_h 叠加,并在 S 点处与 I_s 刚性耦合在一起。反作用在外骨骼上的力矩是人腿运动力矩 τ_h,外骨骼的驱动力矩是 τ_m,安装在 S 点处的扭矩传感器检测到的扭矩是 τ_s,电机输出角度为 θ_m,外骨骼机械腿输出角度为 θ_s。

5.3.1 基于惯量补偿的导纳控制研究

基于导纳模型,设计了如图 5 - 5 所示的外骨骼控制系统,主要由导纳控制器及惯量补偿器形成的闭环控制系统组成。导纳控制器包含理想导纳模型及基于线性二次型(linear-quadratic,LQ)的轨迹跟踪控制组成。理想导纳模型是一个包含理想转动惯量 I_e^d、理想阻尼系数 b_e^d 及理想弹性系数 k_e^d 的线性时变系统(linear time-invariant,LTI)[1-4]。

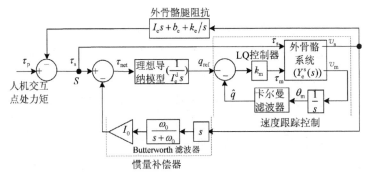

图 5 - 5　基于惯量补偿的导纳控制系统图

定义外骨骼的运动状态方程如式(5 - 3)所示:

$$q = \begin{bmatrix} \xi & \theta & \dot{\theta} \end{bmatrix} \tag{5-3}$$

式(5 - 3)中,θ 为外骨骼机械腿相对于垂直方向的转动角度,$\xi = \int \theta \mathrm{d}t$。$q$ 中包含一个积分项 ξ 是为了使得控制器能缩小稳态跟踪误差,因此采用增广的三阶状态等式进行理想导纳模型建模,对于一个足够小的采样周期 T,理想导纳模型的线性时变系统可以采用欧拉法进行离散化,如式(5 - 4)所示:

$$q_{\mathrm{ref},k} = \boldsymbol{A}_e^d \boldsymbol{q}_{\mathrm{ref},k-1} + \boldsymbol{B}_e^d \boldsymbol{\tau}_{\mathrm{net},k} \tag{5-4}$$

其中,

$$\boldsymbol{A}_e^d = \begin{bmatrix} 1 & T & 0 \\ 0 & 1 & T \\ 0 & -\dfrac{k_e^d T}{I_e^d} & 1 - \dfrac{b_e^d T}{I_e^d} \end{bmatrix}, \boldsymbol{B}_e^d = \begin{bmatrix} 0 \\ 0 \\ \dfrac{1}{I_e^d} T \end{bmatrix}$$

$\tau_{\text{net},k}$ 为理想导纳模型的输入力矩，是扭矩传感器检测到的扭矩 τ_s 与来自惯量补偿器的惯量力矩之和。$q_{\text{net},k}$ 为第 k 步的参考轨迹，是基于第 $k-1$ 的参考轨迹 $q_{\text{net},k-1}$ 而生成。由理想导纳模型生成的参考轨迹 $q_{\text{net},k}$ 与状态估算轨迹 $\hat{q}$ 进行比较，通过二型性(LQ)控制器生成系数 k_c，获得外骨骼控制系统实际导纳模型，进而对外骨骼系统实施控制。控制系统的输出有两部分，一个是反映在电机输出轴的电机转动角速度 v_m，一个是反映在外骨骼轴上的转动角速度 v_s，且 $v_m = \dot{\theta}_m$，$v_s = \dot{\theta}_s$。导纳模型的输入力矩 τ_m、τ_s 与输出速度 v_m、v_s 之间的关系可用式(5-5)进行表达。

$$\begin{bmatrix} v_s(s) \\ v_m(s) \end{bmatrix} = Y_e(s) \begin{bmatrix} \tau_s(s) \\ \tau_m(s) \end{bmatrix} = \begin{bmatrix} Y_e^{11} & Y_e^{12} \\ Y_e^{21} & Y_e^{22} \end{bmatrix} \begin{bmatrix} \tau_s \\ \tau_m \end{bmatrix} \tag{5-5}$$

结合图 5-5 中的导纳控制模型，得出动力学模型方程如式(5-6)、式(5-7)所示：

$$\tau_m - k_c(\theta_s - \theta_m) - b_c(v_s - v_m) = I_m s v_m \tag{5-6}$$

$$\tau_s - k_c(\theta_m - \theta_s) - b_c(v_m - v_s) = I_s s v_s \tag{5-7}$$

进而，可计算出 $Y_e^s(s)$ 表达式如式(5-8)所示：

$$Y_e^s(s) = \frac{s^3 + \dfrac{k_p}{I_m}s^2 + \dfrac{k_c}{I_m}s + \dfrac{k_p k_c}{I_e^d I_m}}{I_s s\left(s^3 + \dfrac{k_p}{I_m}s^2 + \dfrac{k_c(I_m + I_s)}{I_m I_s}s + \dfrac{k_p k_c}{I_m I_s}\right)} \tag{5-8}$$

电机输出轴转动角度 θ_m 可由电机编码器读取，并采用基于卡尔曼滤波的状态观测器获取状态估算轨迹 $\hat{q}$。此外，对外骨骼转动角速度 v_s 进行微分，获得转动角加速度，对角加速度进行 Butterworth 低通滤波，使其截止频率 ω_0 为人腿正常摆动频率，经过滤波的数据乘以一个可调放大系数 I_0，作为补偿扭矩反馈到导纳模型的输入端，作为惯量补偿，如式(5-9)所示：

$$H(s) = \frac{I_0 \omega_0 s}{s + \omega_0} \tag{5-9}$$

5.3.2　控制系统的稳定条件分析

对于导纳控制，导纳特性参数的选择非常关键，较小的导纳特性虽能增加系统的灵敏性但却增加了丧失系统稳定性的风险，如何设计期望导纳参数以保证系统的稳定性是导纳控制有效实施的关键点，需对控制系统进行稳定性分析。

由图 5-5 可知，选择合适的惯量增益参数 I_0，理论上可实现在不失稳的条件

下,对惯量进行补偿,减小作用在人体下肢上的惯量。作用在人机交互点处的闭环导纳模型如式(5-10)所示:

$$Y_e^p(s) = \frac{w_s(s)}{\tau_p(s)} = \frac{\dfrac{Y_e^s(s)}{1 + H(s)Y_e^s(s)}}{1 + Z_e(s)\left(\dfrac{Y_e^s(s)}{1 + H(s)Y_e^s(s)}\right)} \tag{5-10}$$

外骨骼臂的阻抗 $Z_e(s)$ 如式(5-11)所示:

$$Z_e(s) = \frac{I_e s^2 + b_e s + k_e}{s} \tag{5-11}$$

人腿阻抗 $Z_h(s)$ 如式(5-12)所示:

$$Z_h(s) = \frac{I_h s^2 + b_h s + k_h}{s} \tag{5-12}$$

系统的稳定性可通过开环传递函数 $G(s) = Y_e^p(s)Z_h(s)$ 进行分析求解。
令

$$G(s) = Y_e^p(s)Z_h(s) = \frac{N_p(s)}{D_p(s)} \tag{5-13}$$

可求出 $N_p(s)$ 与 $D_p(s)$,如式(5-14)、式(5-15)所示:

$$\begin{aligned}
N_p(s) = {} & I_h s^5 + \left[I_h\left(\omega_0 + \frac{k_p}{I_m}\right) + b_h\right]s^4 + \left[I_h\frac{k_p\omega_0 + k_c}{I_m} + b_h\left(\omega_0 + \frac{k_p}{I_m}\right) + k_h\right]s^3 \\
& + \left[I_h\left(\omega_0 + \frac{k_p}{I_e^d}\right)\frac{k_c}{I_m} + b_h\frac{k_p\omega_0 + k_c}{I_m} + k_h\left(\omega_0 + \frac{k_p}{I_m}\right)\right]s^2 \\
& + \left[\frac{I_h k_p k_c \omega_0}{I_e^d I_m} + b_h\left(\omega_0 + \frac{k_p}{I_e^d}\right)\frac{k_c}{I_m} + k_h\frac{k_p\omega_0 + k_c}{I_m}\right]s \\
& + \left[\frac{b_h k_p k_c \omega_0}{I_e^d I_m} + k_h\left(\omega_0 + \frac{k_p}{I_e^d}\right)\frac{k_c}{I_m}\right] + \frac{k_h k_p k_c \omega_0}{I_e^d I_m s} \tag{5-14}
\end{aligned}$$

$$\begin{aligned}
D_p(s) = {} & (I_s + I_e)s^5 + \left[(I_s + I_e + I_0)\omega_0 + \frac{k_p(I_s + I_e)}{I_m}\right]s^4 \\
& + \left[(I_s + I_e + I_0)\omega_0 k_p + k_c(I_s + I_e + I_m)\right]\frac{1}{I_m}s^3 \\
& + \left[(I_s + I_m + I_0)\omega_0 + k_p + I_e\left(\omega_0 + \frac{k_p}{I_e^d}\right)\right]\frac{k_c}{I_m}s^2 \\
& + (I_e^d + I_e + I_0)\frac{k_p k_c \omega_0}{I_e^d I_m}s \tag{5-15}
\end{aligned}$$

通过求解 Re$\{G(j\omega)\}>-1$ 与 Im$\{G(j\omega)\}=0$ 的解，可获得满足系统稳定的惯量补偿增益参数 I_0 的调节范围。同时，系统的稳定性还可通过开环传递函数 $Y_e^p(s)Z_h(s)$ 的幅频、相频的曲线图进行分析，对外骨骼系统进行模型参数识别，设 $I_m=0.004\,\text{kg}\cdot\text{m}^2$，$I_s=0.009\,\text{kg}\cdot\text{m}^2$，$I_e=0.2\,\text{kg}\cdot\text{m}^2$，$b_e=0\,\text{N}\cdot\text{m}\cdot\text{s/rad}$，$k_e=0\,\text{N}\cdot\text{m/rad}$，人腿的阻抗参数设定为：$I_h=0.25\,\text{kg}\cdot\text{m}^2$，$b_h=1.8\,\text{N}\cdot\text{m}\cdot\text{s/rad}$，$k_h=10\,\text{N}\cdot\text{m/rad}$。正常人腿行走一般频率为 2 Hz，选取可能达到的最大值，设定 $\omega_0=24\,\text{rad/s}$，Butterworth 滤波的截止频率为 4 Hz。设置惯量补偿增益参数 I_0 是与人腿惯量 I_h 及外骨骼惯量 I_e 之间关系如式（5-16）所示：

$$I_0=\alpha I_h-I_e \qquad (5-16)$$

图 5-6 给出了三种 α 值条件下，开环传递函数 $Y_e^p(s)Z_h(s)$ 的幅值与相位曲线图，从图中可看出当 α 约为 0.06 时，系统开始变得不稳定。

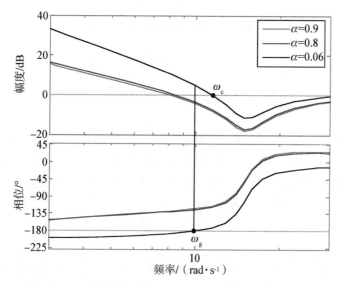

图 5-6　开环传递函数 $Y_e^p(s)Z_h(s)$ 的幅值相位图（Bode 图）

当人腿与外骨骼机械腿耦合在一起时，其闭环系统导纳如式（5-17）所示：

$$Y_e^h(s)=\frac{w_s(s)}{\tau_h(s)}=\frac{Y_e^p(s)}{1+Z_h(s)Y_e^p(s)} \qquad (5-17)$$

图 5-7 给出了闭环系统在三种 α 值条件下的 Bode 图，为了便于分析比较，也给出了 $Z_h^{-1}(s)$ 的 Bode 图，从图 5-7 中可以看出，耦合人腿的外骨骼系统具有较好的稳定性，且有较高的导纳幅值，在频率 1.11 Hz 时，导纳幅值比没有耦合人腿导纳幅值大约高 9 dB。

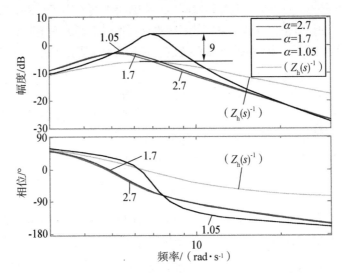

图 5-7　耦合人腿的外骨骼闭环系统 $Y_e^h(s)$ 的伯德图

5.4　膝关节康复外骨骼自适应频率振荡器模型及仿真

非线性振荡器能够对输入的周期信号产生锁相的效果,也就是具有同步的能力。近年来,国内外科学家发现了其在机器人控制上的巨大潜力。人体的运动可以近似看为具有周期性特征的运动,有其自身频率,能够对不同环境进行行走适应,而这种自适应性的节律运动被认为是肌肉—骨骼系统与中枢模式生成器(Central Pattern Generator,CPG)的相互作用产生的[5-6]。

自适应频率振荡器(Adaptive Frequency Oscillator,AFO),是由 Righetti 于2006 年首先提出[7]。2011 年 Petric 在其基础上进行改进,采用傅里叶分解的方式把振荡器减少为一个原件,能够对无法预测的周期性输入信号进行重构并形成一个反馈,不需要对其附加信号或者逻辑操作,实现了在线自适应的同时获得了更好的频率适应效果,能够顺利获取输入信号的频率和相位[8],本节基于 AFO 对下肢外骨骼机械腿进行控制研究。

5.4.1　自适应频率振荡器模型

CPG 作为一个振荡器,其运行效果类似于人腿的摆动运动,有其自身频率,虽然这个频率是实时变化的,但是通过 AFO 对一个周期性运动的在线自适应可以实时获取它的频率,并将该频率运用到机器腿的控制中,这样就能够使机器腿适应人体的运动特征,从而实现较好的跟随效果。

AFO 的具体公式如下:

$$\dot{\varphi} = \omega - \varepsilon e(t)\sin\varphi \qquad (5-18)$$

$$\dot{\omega} = -\varepsilon e(t)\sin\varphi \qquad (5-19)$$

其中:ω 为振荡器内置频率;φ 为相位;ε 为耦合强度,决定了 AFO 的灵敏度。

振荡器的追踪误差信号 $e(t) = \theta_m(t) - \theta_{rec}(t)$,其中 $\theta_m(t)$ 是测量的机械腿角度,$\theta_{rec}(t)$ 是根据傅里叶合成重构的角度。

周期信号的傅里叶分析是任意一个周期函数都可展开为傅里叶级数,因此各种波形的周期信号都可分解为一系列不同频率的正弦波,而正常的人腿摆动运动也正是一种具有周期性的运动,可以根据式(5-20)对其进行傅里叶分解:

$$\theta_{rec}(t) = \sum_{k=0}^{N_f} \alpha_k\cos(k\varphi) + \beta_k\sin(k\varphi) \qquad (5-20)$$

其中:

$$\dot{\alpha}_k = \eta\cos(k\varphi)e(t) \qquad (5-21)$$

$$\dot{\beta}_k = \eta\sin(k\varphi)e(t) \qquad (5-22)$$

α_k 和 β_k 为傅里叶因子,通过式(5-21)和式(5-22)进行在线计算,N_f 为迭代次数,η 为学习常数。

5.4.2 自适应频率振荡器的仿真

自适应频率振荡器中,当 $e(t)$ 无限接近 0 的时候,AFO 的内置频率 ω 就逐渐接近输入的频率。采集了一个周期为 1.5 s,频率为 0.67 Hz(即 4.19 rad/s)的摆腿运动的角度变化信号作为输入,以输入信号的采样周期 0.01 s 作为 AFO 进行一次运算的周期,使用 MATLAB 进行仿真,从图 5-8 中可以看到经过 800 次运算,也就是 8 s 的自适应过程,可以看到生成的 ω 能够基本稳定在 4.19 rad/s 附近,也即是 AFO 基本适应并得到了输入函数的频率,而其在稳定前的自适应速度和稳定后的波动大小可以通过变更相应参数而改变。

从图 5-8 可知,$\theta_{rec}(t)$ 基本模拟了 $\theta_m(t)$ 的特征参数,从幅值上会有一个渐进贴合的过程,这个贴合速度和设置的参数有关,图 5-8(a) 中 ε 取值 0.5,大约在 300 次运算后,即 3 s 后达到稳定;图 5-8(b) 中 ε 取值 0.7,其自适应速度明显更快,经过 100 次运算,即 1 s 左右 ω 达到稳定。另一方面,虽然增加耦合强度 ε,可以改良响应速度,但是过大的 ε 也很容易造成 ω 抖动范围过大,影响重构效果,如

图 5 - 8(c) 可以看出 $\theta_{rec}(t)$ 的贴合效果并不如图(a) 和图(b),其生成轨迹尖刺较多,波动明显。

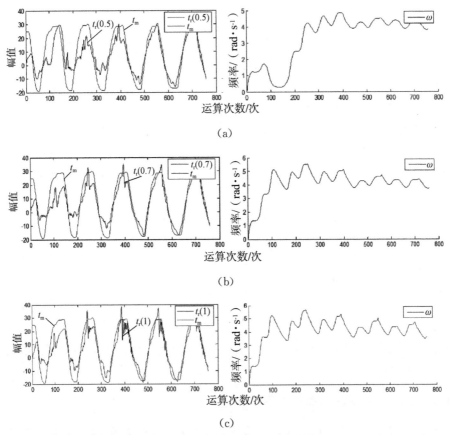

(a)

(b)

(c)

图 5 - 8 ε 取不同值时 AFO 适应的效果

另一方面,虽然 $\theta_{rec}(t)$ 的适应效果能够作为调节参数的依据,但实际上,更需要得到的是相位 φ 和频率 ω 两个参数,较为稳定的 ω 也就意味着得到的 φ 也是稳定的,故在进行实验中优先考虑频率的稳定性。

同样,在傅里叶方程中 η 也起着重要作用,η 过大,就会造成误差 $e(t)$ 波动幅度更大,从而影响频率幅值的稳定;而如果 η 太小,又会造成 $\theta_{rec}(t)$ 贴合速度太慢。所以在 AFO 的参数调节中,ε 和 η 是调节 AFO 性能的主要参数,需要根据实际情况结合仿真进行调整。

综上分析,自适应频率振荡器 AFO 可以对输入信号进行自适应,得到输入信号的频率和相位。为了进一步测试 AFO 对变频率的输入信号的适应效果,进行了实验仿真,如图 5 - 9 所示,设定输入信号是幅值为 5 的正弦函数,其周期先由 1 s 变为 2 s,经过数秒再变为 1 s,可以看到振荡器的频率 ω 也随之变化,并得到其实际的频率特征。

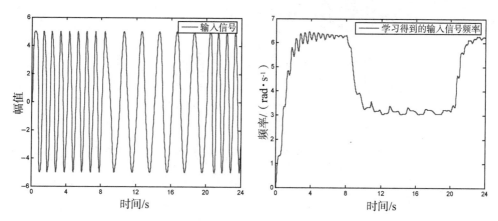

图 5 - 9 变频率输入信号的 AFO 响应效果

由仿真分析可知,AFO 可以实现对人体运动状态跟踪的预期目标。但随着 AFO 中不同的参数变化,其自适应的速度和稳定性会随参数的变化而改变,故在下肢外骨骼的康复运动中,需要结合实际对其进行调节。

5.5 膝关节外骨骼机械腿的基于肌电信号学习的导纳控制研究

表面肌电信号作为一种能够表征肌肉活动的力度,可反映出人体运动意图及人体驱动力矩大小,如果能获取这个力矩值,融入上位机的力闭环控制之中,可使机械腿的运动更加贴合人腿的运动,实现对穿戴者的运动跟随,将大大提高控制的平稳性及运动跟随效果。

另一方面,使用肌电信号不可避免地带来穿戴复杂、粘贴不方便等问题。针对这些问题,设计了学习模式和助力模式的控制方案,只需在学习模式中对穿戴者进行肌电信号采集,而在实际的助力模式控制中,结合学习模式中的肌电信息及外骨骼机械腿实时输出对穿戴者的助力力矩进行估计,进而实施外骨骼机械腿的控制。

基于肌电信号学习的导纳控制系统图如图 5 - 10 所示,其主要特点就在于学习模式中对关节运动的肌电信号进行学习,在助力模式中,使用学习模式中得到的特征权值,结合在线的外骨骼机械腿角度信息,重构关节助力力矩。

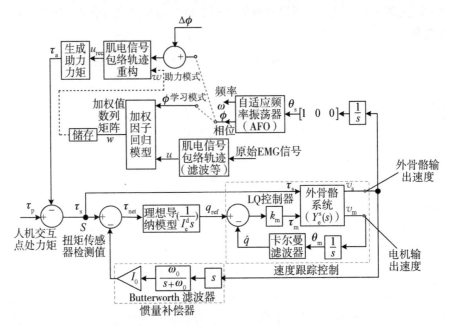

图 5 - 10　基于肌电信号学习的导纳控制系统图

学习模式:通过获取最能表征人腿运行力矩的肌电信号,使用自适应频率振荡器与递归最小二乘法结合的方法,对其特征进行分析,找到肌电与角度的关系,以递归的方式将权值的方式提取出来。就可以在不需要实时采集的情况下使用肌电信号,这样避免了烦琐的肌电信号采集流程,穿戴者也不需要每次使用都需要粘贴电极片。只需要间隔一段时间采集一次,一方面可以用来评价下肢运行情况及其康复情况,一方面又可以用于新一次的学习模式,为接下来一段时间的助力模式提供特征值。

助力模式:使用学习模式获得的权值与实时采集的人腿角度,合成计算对应肌电信号幅值,用以表征人腿关节助力力矩,输入导纳控制之中,实施膝关节机械腿控制。

5.5.1　学习模式

1. 肌电信号的采集与处理

表面肌电信号的采集是一个非常复杂的过程,一般情况下,表面肌电信号的幅值很小,在 $100 \sim 5\ 000\ \mu F$ 之间,主要信号频率为 $20 \sim 150$ Hz。信号非常微弱,而且很容易受到 50 Hz 工频信号干扰。因此,在设计过程中需要考虑对信号进行放大滤波。在选择电极时需要考虑电极与皮肤接触程度、阻抗大小以及其操作的难易程度,设计中所使用的是一次性电极片。

在表面肌电信号采集处理系统中,主要包含肌电信号接收电极、滤波放大电路、数据采集等。进行前置放大电路、低通滤波电路等设计,自制肌电信号放大电路,进行肌电信号的采集。

表面肌电信号采集系统如图 5-11 所示。

图 5-11 表面肌电信号采集系统结构图

表面肌电信号非常微弱,且非常容易受到工频信号的干扰。所以表面肌电信号采集模块的放大滤波电路需要满足的要求包括:高放大倍数、高输入阻抗和高共模抑制比。表面肌电采集模块框图如图 5-12 所示。

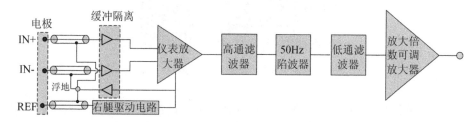

图 5-12 表面肌电信号采集模块框图

肌电信号采集模块实物图如图 5-13 和图 5-14 所示。

图 5-13 信号采集模块实物图

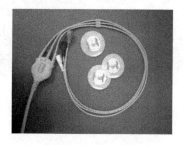

图 5-14 ECG Cable

膝关节在进行运动中,其主要驱动肌肉群为股二头肌和股四头肌,股四头肌控制向前摆腿,股二头肌控制向后摆腿。肌电信号粘贴位置如图 5-15 所示。

表面肌电信号经 A/D 采集输入计算机后,需进行进一步的处理分析,采用均方根值 RMS 对采集的肌电信号进行处理,计算公式如式(5-23)所示:

$$RMS = \sqrt{\frac{\int_0^T x^2(t)\,\mathrm{d}t}{T}} = \sqrt{\frac{\sum_{i=1}^{N} X_i^2}{N}} \tag{5-23}$$

图 5 - 15　肌电信号采集系统

其中：$x(t)$ 为肌电信号；T 为采集时间长度；X_i 为 $x(t)$ 的采样值；N 为采样点数。采集的原始肌电信号平方运算之后对其进行归一化处理。图 5-16 为采集的原始肌电信号和经过处理的肌电信号。

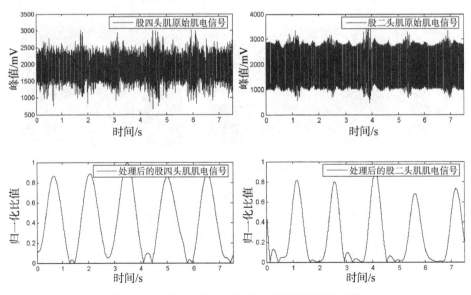

图 5 - 16　股四头肌(左)和股二头肌(右)肌电信号

　　RMS 表征了肌电信号的功率，与整块肌肉收缩的强度有很好的相关性，同时 RMS 对肌肉疲劳也比较敏感。图 5 - 17 给出了股四头肌与股二头肌在摆腿运动中肌电信号变化，由股四头肌和股二头肌的合成信号以及膝关节角度变化对应关系图。

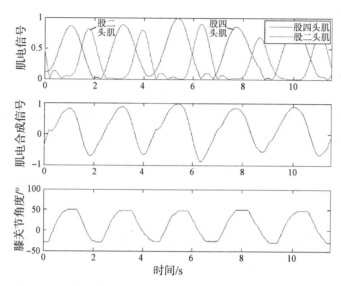

图 5 - 17　股二头肌及股四头肌的肌电信号、肌电合成信号与膝关节角度变化关系图

　　由图 5 - 17 可以看出，当股四头肌肌电信号持续增加至最大时，膝关节进行后屈换向，而当股二头肌肌电信号持续增加至最大时，膝关节进行前伸换向。根据图 5 - 17(a) 的股二头肌和股四头肌合成，生成图 5 - 17(b) 中的人体腿部力矩，将图 5 - 17(b) 与图 5 - 17(c) 中的腿部摆动角度进行对比分析，进而获得力矩和角度之间的映射关系。基于力矩与角度之间的映射关系，在助力模式下，结合获得实时摆动角度就可以重构出腿部力矩，并用于导纳控制中。

　　2. 学习模式分析

　　在外骨骼跟随运动中，需要获取人腿运动时的力矩 τ_h，而 τ_h 并不易直接测量，肌电信号 EMG 作为一个能够表征运动力矩的信号，被引入了控制系统。但是采集的 EMG 信号并不能直接用于控制，原始肌电信号必须要进行滤波，才能剥离出有用的部分，而滤波及其他程序要占用较多计算时间，如果实时运用肌电信号容易造成控制滞后，故设计一种学习模式，对 EMG 信号进行预先处理，获取特征权值，把 EMG 信号和腿部运动角度关联起来，通过采集到的实际角度，进而可映射到其角度对应的 EMG 信号，也就是人腿运动时的力矩 τ_h，而这种学习模式则基于自适应频率振荡器与递归最小二乘法的组合。

使用带遗忘因子的递归最小二乘法(RLS)进行人腿力矩分析,其具体实施流程如下。

采用加权拟合的方式,运用式(5-24)所示的高斯核函数计算,EMG 的包络函数 $u(\varphi)$ 为:

$$u(\varphi) = \frac{\sum_{i=1}^{N_g} w_i \psi_i(\varphi)}{\sum_{i=1}^{N_g} \psi_i(\varphi)} \tag{5-24}$$

式(5-24) 中的 φ 为 AFO 自适应运动角度得到的相位 φ,φ 作为 RLS 的输入,w_i 为权值,N_g 为权值个数,$\psi_i(\varphi)$ 为从 0 到 2π 的 N_g 个周期高斯函数:

$$\psi_i(\varphi) = \exp[h\cos(\varphi - c_i) - 1] \tag{5-25}$$

$$c_i = \frac{2\pi(i-1)}{N_g} (i = 1, \cdots, N_g) \tag{5-26}$$

与其相关联的权值 w_i,通过遗忘系数为 λ 的递归最小二乘法求得,即

$$w_i(j+1) = w_i(j) + \psi_i(\varphi(j))P_i(j+1)e_i(j) \tag{5-27}$$

$$P_i(j+1) = \frac{1}{\lambda}\left[P_i(j) - \frac{P_i(j)^2}{\frac{\lambda}{\psi_i(\varphi(j))} + P_i(j)}\right] \tag{5-28}$$

$$e_i(j) = u(j) - w_i(j) \tag{5-29}$$

其中:P_i 为逆协方差,取 w_i 初值为 0,P_i 初值为 1,$N_g = 24$,$h = 2.5 N_g$,$\lambda = 1(\lambda = 1$ 时不遗忘前面的值,在信号周期性差时对 w_i 的计算影响很大;但是理想情况下,EMG 信号周期性较好,$\lambda = 1$ 得到的 w_i 也更为准确)。图 5-18 给出了 EMG 信号作为输入,经过 RLS 学习得到的输出 u。

由图 5-18 中可知,尽管选取了一段经过初步滤波的信号作为输入信号,由于采集的肌电信号存在误差,造成输入信号周期性较差,为了防止饱和的发生,设置遗忘因子为 0.99。对比可以看出,虽然输入信号 EMG 并不具有非常良好的周期性,但是通过学习得到的输出信号 u 仍然可以拟合出 EMG 的信号。图 5-19 给出了肌电信号学习后的权值输出。

由图 5-19 可知,由于 EMG 信号周期性较差,造成 w_i 波动较大,可通过调整遗忘因子 λ 的取值获得较为稳定的 w_i 值。通过 RLS 的学习,可获得 24 个特征权值 w_i,这些权值是和相位 φ 具有相关性,故相位 ϕ 和肌电信号的关系,体现在了高斯核函数和 24 个特征权值 w_i 上。

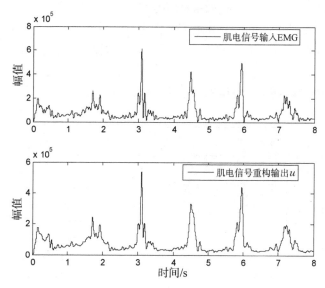

图 5 - 18　输入的 EMG 信号和经过 RLS 重构的输出 u

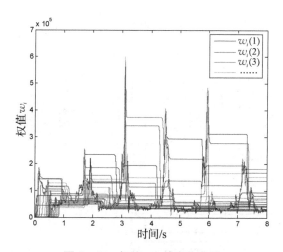

图 5 - 19　权值 w_i 的变化曲线

3. 学习模式仿真

基于 Simulink 进行肌电信号学习模式的仿真研究,学习系统主要分为 AFO 模块和 RLS 模块,输入信号为人腿运动角度,通过调节 AFO 的初始参数,仿真其自适应效果,在 Simulink 系统设置中把步长定为 100 ms,使其和实际控制中上位机软件的采样周期相匹配。

仿真模型中的 AFO 与 RLS 的整体结构图如图 5 - 20 所示。AFO 模块如

图 5-21 所示。为了测试 AFO 的效果,使用正弦信号模拟人腿摆动角度,设置一个在 8 s 内频率为 1 Hz(6. 28 rad/s),8 s 到 16 s 内为 0. 5 Hz(3. 14 rad/s),16 s 到 20 s 内恢复到 1 Hz(6. 28 rad/s)的正弦函数作为 AFO 的输入,其输入信号频率及 AFO 输出的频率在 20 s 内变化如图 5-22 所示,由图 5-22 可知,AFO 输出的频率 w 在经过一段时间的调整后,与输入频率相一致。

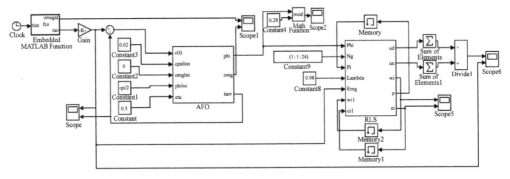

图 5-20　AFO-RLS 整体结构

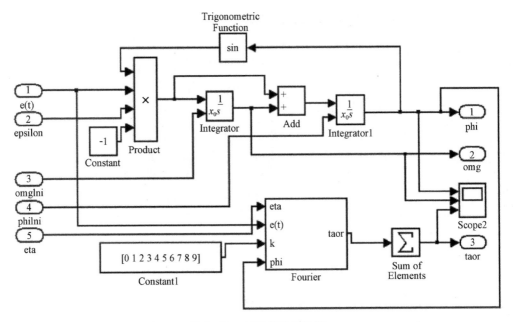

图 5-21　AFO 模块结构图

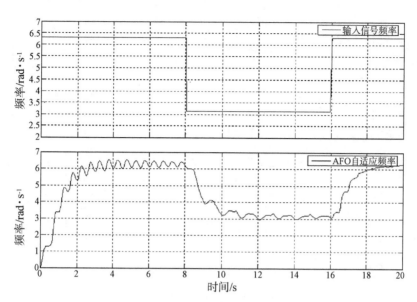

图 5-22　输入信号频率和 AFO 模拟的频率

在获取到稳定的频率 ω 后,把图 5-23 所示相位 φ 作为输入,导入傅里叶合成函数中,结合系数 α_k 和 β_k 进行输出信号的合成,其适应过程如图 5-24 所示。

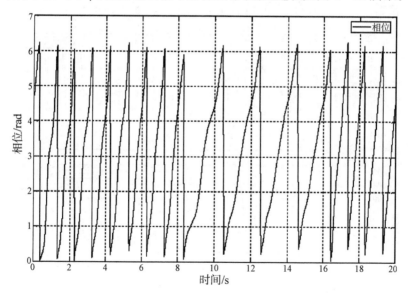

图 5-23　AFO 输出相位

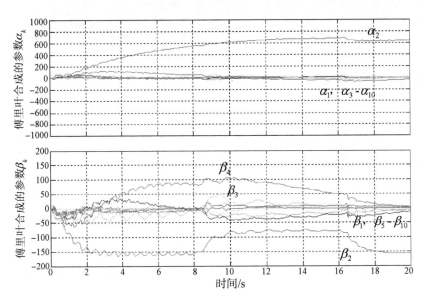

图 5 - 24　傅里叶合成的参数 α_k 和 β_k

图 5 - 25 为初始输入信号和输出信号,经过调整,输出信号渐渐模拟出了输入信号的特性,把输出信号负反馈到输入,其差值对频率 ω 和相位 φ 进行调整,当其差值 $e(t)$ 接近 0 时,说明模拟效果趋于稳定,ω 也就逐渐达到稳定。

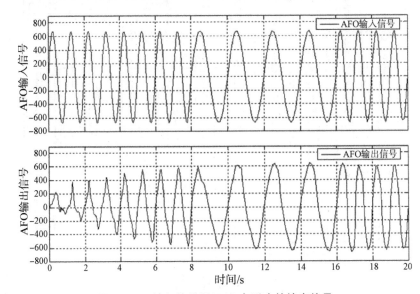

图 5 - 25　输入信号及 AFO 自适应的输出信号

仿真系统的 RLS 模块如图 5-26 所示。

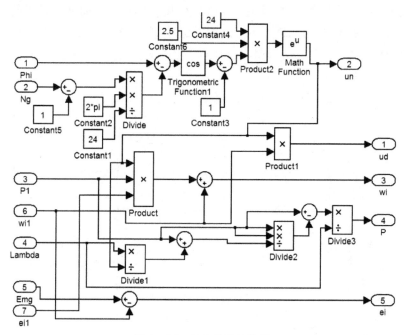

图 5-26 RLS 模块结构图

对其进行仿真研究,其仿真结果如图 5-27 所示。图 5-27 给出了 RLS 模拟出的信号 $u(\varphi)$ 和原始输入信号的变化过程,表明 $u(\varphi)$ 经过开始的调节,能够很好地跟随输入信号。

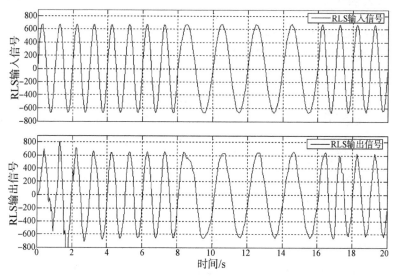

图 5-27 模拟 EMG 的 RLS 输入信号与 RLS 输出信号

输出的权值 w_i 如图 5 - 28 所示,其权值在频率稳定的情况下基本趋向于特定值,较为稳定;在频率变化时,其值也发生了变化,也即,对于周期性较好的输入信号,权值 w_i 更易稳定,而周期性不好的输入信号,其权值 w_i 不易稳定。在获得最终趋于稳定的 w_i 后,就可以运用到上位机的程序中,结合相位计算运动力矩,对人腿的摆动提供助力。

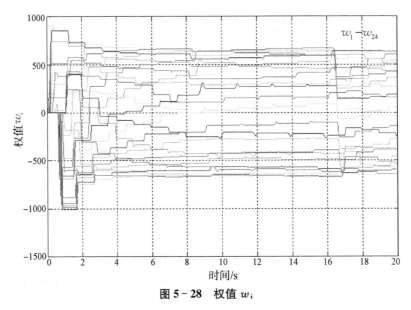

图 5 - 28 权值 w_i

5.5.2 助力模式

通过学习模式得到了权值 w_i 后,在助力模式中,结合 AFO 在线自适应实际运动角度得到相应的相位,导入高斯核函数,如下式(5 - 30)所示。

$$u(\varphi) = \frac{\sum_{i=1}^{N_g} w_i \psi_i(\varphi)}{\sum_{i=1}^{N_g} \psi_i(\varphi)} \tag{5 - 30}$$

结合学习模式中得到的 24 个特征权值 w_i,就可以重构出肌电信号,也就是 $u(\varphi)$。把 $u(\varphi)$ 作为力矩输入,获得助力力矩,如式(5 - 31)所示:

$$\tau'_a = \tau_{a,o}(1 - e^{-k_\tau u(\varphi)}) \tag{5 - 31}$$

其中:衰减率 k_τ 取 0.019 1;$\tau_{a,o}$ 为设定的力矩值,可按实际需要进行设置。

采用 C＋＋编写上位机程序,使用 MFC 设计了控制界面。为了满足控制系统的高精度要求,设置运算周期为 100 ms,在一个运算周期内,调用 3 次采集函数,做均值处理,消除漂移误差,然后导入离散化的控制模型,进行计算和电机控制。图 5-29 给出了上位机人机界面图。

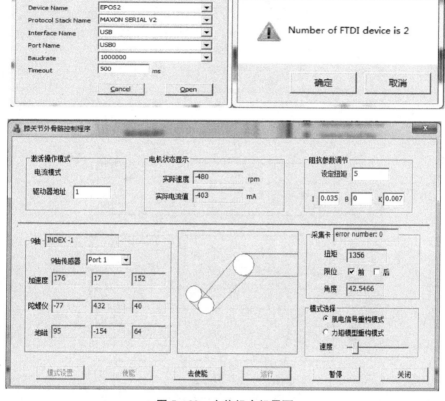

图 5-29　上位机人机界面

进行样机穿戴实验,输出如图 5-30 所示。由图 5-30 可看出,AFO 自适应的角度逐渐贴合输入的角度。

图 5-31 为 AFO 在实际运行中的参数变化,幅值为重构出的肌电信号力矩,由于是根据相位计算出的,可以看到在前 10 s,频率和相位还处于适应阶段时,力矩重构效果也并不是很好,但是随着自适应效果稳定后,力矩重构也趋近稳定,并作为输入导入导纳控制模型中,用于控制机械腿摆动力矩。

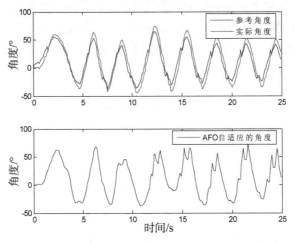

图 5-30　实际实验数据

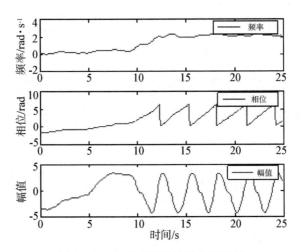

图 5-31　AFO自适应参数实际数据

在实验中,对 AFO 的自适应参数选取了多组条件进行了实验,寻求最优的参数。其中耦合强度 ε 分别从 0.01、0.03、0.05、0.07、0.1、0.2、0.5、0.8 取值,学习常数 η 从 0.01、0.03、0.05、0.07、0.1 分别取值。

选取了一些特定参数下的实验数据,发现当耦合强度 ε 取值大于 0.5 的时候,频率波动过大,难以取得自适应效果;同样,当耦合强度 ε 取值为 0.01 时,频率变化幅度过小,也无法对输入进行自适应。

如图 5-32 所示,当学习常数 η 取 0.05 时,选取了 3 个具有代表性的耦合强度 ε 幅值,分别为 0.03、0.05、0.1,可以看到,随着耦合强度增加,其自适应速度也更快,但是也可以看到,频率在达到基本稳定之后,其波动更明显。

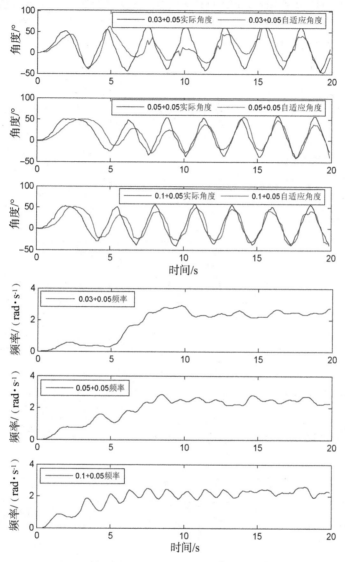

图 5-32　不同 ε 取值在实际使用中的自适应效果

　　分析常数 η 不同取值的自适应效果,如图 5-33 所示。由图可知,当耦合强度 ε 取 0.05 时,学习常数 η 分别取 0.01、0.03、0.05,虽然频率的自适应速度相近,但是拟合的曲线和输入贴合程度不高。当学习常数 η 取 0.01 时,输出曲线变化幅度太小,需要太长时间才能变为和输入幅值相近;当学习常数 η 取 0.03 时,效果比较理想,输出的拟合曲线自适应速度正常,也比较稳定。而当学习常数 η 取 0.05 时,输出曲线的自适应速度更快,但是达到相对稳定阶段时,输出曲线和输入的贴合较差。而当学习常数 η 取 0.07 时,AFO 的频率适应已经不能收敛,由于 η 数值太大,造成 AFO 自适应的角度值较大,其与实际角度的误差 e 无法正常调整,自适应频率 ω 也缓慢增大,无法收敛稳定。

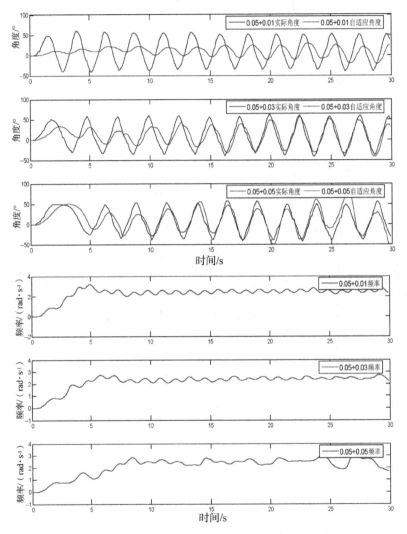

图 5-33 不同 η 取值在实际使用中的自适应效果

本小节进行了基于肌电信号学习的导纳控制研究,首先进行学习模式,获取肌电信号和人腿摆动角度,把肌电信号和人腿摆动角度关联起来,用人腿摆动角度通过 AFO 自适应出频率 ω 和相位 φ 来获取位置,并用相位 φ 和经过处理的肌电信号通过 RLS 的方法递归出特征权值 w_i。在助力模式中,与学习模式不同的是,不需要再采集肌电信号,而是使用特征权值 w_i 和在线的外骨骼角度经分离出的相位 φ,最后根据高斯核函数就可以重构出力矩,省去了实际的康复实验中需要采集肌电信号的烦琐。

5.6　膝关节康复外骨骼的基于人体力矩估算的导纳控制研究

本小节基于导纳控制设计了一种人机耦合力矩模型,对人腿关节力矩进行估算,基于人腿摆动过程中的运动状态,也即是角度、角速度、角加速度,建立力矩估算模型,并运用到控制实验中,实现关节力矩的反馈补偿。

5.6.1　系统简介

图 5-34 为基于人体力矩估算的导纳控制系统框图。

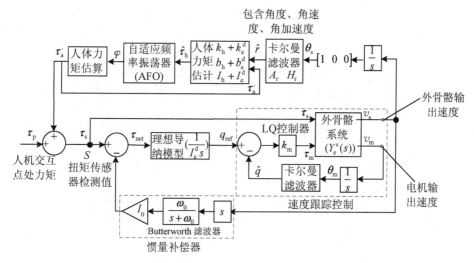

图 5-34　基于人体力矩估算的导纳控制系统框图

其中 $\mathbf{r} = [\theta \quad \dot{\theta} \quad \ddot{\theta}]^{\mathrm{T}}$,三个量分别为人体运动的角度、角速度、角加速度,在外骨骼机械腿上固定有九轴传感器,可以获取机械腿的角度和角速度,进行微分,获取角加速度,并使用卡尔曼滤波,获取最优状态估计值,其公式如下:

$$\hat{r}_k = A_r \hat{r}_{k-1} + \hat{w}_{k-1} \tag{5-32}$$

$$\boldsymbol{\theta}_{m,k} = \boldsymbol{H}_r \hat{\boldsymbol{r}}_k + \hat{\boldsymbol{v}}_k \tag{5-33}$$

其中：

$$\boldsymbol{A}_r = \begin{bmatrix} 1 & T & \frac{1}{2}T^2 \\ 0 & 1 & T \\ 0 & 0 & 1 \end{bmatrix}, \boldsymbol{H}_r = \begin{bmatrix} 1 & 0 & 0 \end{bmatrix}$$

通过式(5-34)来估计 τ_h 有：

$$\hat{\boldsymbol{\tau}}_h = \boldsymbol{G}_\tau \hat{\boldsymbol{r}}_k - \boldsymbol{\tau}_a \tag{5-34}$$

该公式中的 τ_a 为机械腿提供的助力力矩，

$$\boldsymbol{G}_\tau = \begin{bmatrix} k_h + k_e^d & 0 & 0 \\ 0 & b_h + b_e^d & 0 \\ 0 & 0 & I_h + I_e^d \end{bmatrix}$$

其中：I_h、b_h、k_h、I_e^d、b_e^d、k_e^d 为导纳控制参数，分别为人腿和机械腿的理想惯量、阻尼、弹性系数。

改变 $\boldsymbol{G}_\tau$ 中 6 个参数，其中 I_e^d、b_e^d、k_e^d 为机械阻抗参数，I_e^d 取 $0.1 \, \text{kg} \cdot \text{m}^2$，$b_e^d$ 取 $0.02 \, \text{N} \cdot \text{m} \cdot \text{s/rad}$，$k_e^d$ 取 $0 \, \text{N} \cdot \text{m/rad}$。而 I_h、b_h、k_h 为人腿阻抗，可以根据需要进行微调。

而在实际中，由于角加速度需要通过对角速度的微分处理得到，加上本身角速度的测量就存在误差，所以波动较大，可以从图 5-35 中看到其周期性并不稳定，

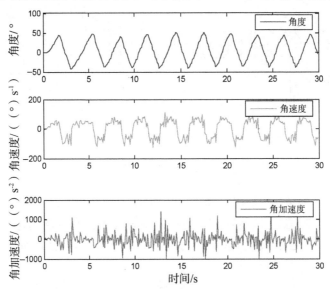

图 5-35　人腿摆动过程中的角度、角速度以及角加速度

如果完全适用在力矩重构模型中,将影响力矩重构的周期性,可通过减少 I_h 的值,来降低其在整个力矩中的占比,以此来保证较好的周期性。

获取 r 的值,利用 AFO 进行力矩重构,过程如下:

$$e(t) = \hat{\tau}_h(t) - \tau_{h,rec}(t) \tag{5-35}$$

$$\dot{\varphi} = \omega - \varepsilon e(t)\sin\varphi \tag{5-36}$$

$$\dot{\omega} = -\varepsilon e(t)\sin\varphi \tag{5-37}$$

把一个周期信号进行傅里叶分解,对于人体关节力矩 τ_h 也就可以进行如下的分解:

$$\tau_h(t) = \sum_{k=0}^{N} \alpha_k(t)\cos(k\varphi_h(t)) + \beta_k(t)\sin(k\varphi_h(t)) \tag{5-38}$$

其中:ω 和 φ 分别为频率、相位;ε 为耦合系数。对 τ_h 进行自适应,并重构得到 $\tau_{h,rec}$:

$$\tau_{h,rec} = \sum_{k=0}^{N} \alpha_k\cos(k\varphi) + \beta_k\sin(k\varphi) \tag{5-39}$$

其中:

$$\dot{\alpha}_k = \eta\cos(k\varphi)e(t)$$

$$\dot{\beta}_k = \eta\sin(k\varphi)e(t)$$

实验结果输出如图 5-36 所示,由于实际运动中,穿戴者下肢摆动速度和幅度并不能保证稳定,其频率 ω 也在小幅度波动。根据得到的频率 ω 和相位 φ,获得力矩 τ_h 和 $\tau_{h,rec}$,由图 5-36 可知,输出 $\tau_{h,rec}$ 可以较好地跟踪输入 τ_h 的特征。

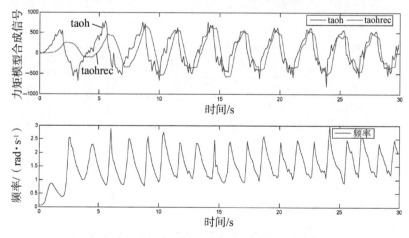

图 5-36 对 τ_h 进行自适应学习得到的 $\tau_{h,rec}$ 及频率

利用 AFO 获得了相位,带入式(5-40),计算出助力力矩 τ_a:

$$\tau_a = \tau_{a,0}\cos\varphi \qquad\qquad (5-40)$$

其中 $\tau_{a,0}$ 为设置的比例参数,可以根据需要进行调整,在试验中,设置摆动频率 ω 稳定在 2 rad/s(0.3 Hz)附近,$\tau_{a,0}$ 的值为 5,则输出的 τ_a 数值变化如图 5-37 所示。

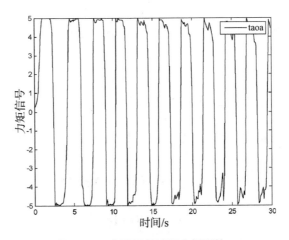

图 5-37 实际运行过程中得到的 τ_a

5.6.2 实验结果

图 5-38 给出了实验输出的参考角度与实际角度,由图 5-38 可知,在换向的时候,实际角度与规划角度存在误差,原因是此实验中控制不是在特定角度强制进行换向,而是采用引导的方式,运用人腿和机械腿的速度差形成阻力墙,让穿戴者

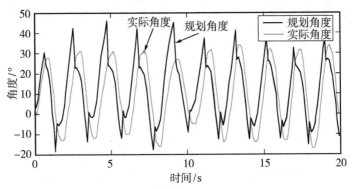

图 5-38 实际运行过程中的规划角度和实际角度

意识到需要进行换向,与此同时机械腿仍然随着人腿运动。该设定的目的,是因为在人腿运动过程中达到换向角度后,由于惯性以及穿戴者尚未意识到需要换向等原因,仍继续摆动,而此时机械腿强行改变摆动方向极易和人腿发生冲突,造成二次损伤,而柔顺的控制算法可以有效解决这一问题,始终坚持以人腿为主导,机械腿为辅助的方式进行康复训练。

本小节基于人体力矩估算的导纳控制,是采集人腿和机械腿摆动过程中的特征值,即角度、角速度、角加速度,基于人机耦合力矩模型,使用 AFO 获取其频率和相位,重构出人体力矩,结合惯量补偿的力矩值,输入到导纳模型中,计算参考轨迹,和负反馈的实际轨迹相减,导入 LQ 规划器,计算出电流变化值,控制电机带动机械腿,从而对人腿形成助力效果,此控制系统具有如下优点:

(1) 采用导纳控制,实现柔顺的外骨骼人机耦合系统控制;

(2) 使用运动状态的角度、角速度以及角加速度用来计算力矩,根据需要调整各参数的权值比重,使人机运动能够贴合实际的运动方式;

(3) 由于不需要从穿戴者身上采集数据,适用性更广;

(4) 可以通过调整参数,改变运动特征,比如可以采用不同的角速度完成同样的任务。

5.7 膝关节康复外骨骼的控制综合分析

5.7.1 两种控制方法对比分析

在 5.5 节和 5.6 节中分别介绍了两种导纳控制的方案,分别适用于不同条件的不同穿戴者。基于肌电信号的控制方式,以穿戴者的运动模式作为主导,需要穿戴者自己能够进行一定的运动,获取其在运动过程中的肌电信号,也就是腿部力矩值,用于上位机控制。而基于人体力矩估算的控制方式更趋向于以外骨骼运动模式为主导,如果穿戴者难以主动运动,此方法更为适合,由于不需要采集穿戴者自身数据,使用外骨骼机械腿运动状态的角度、角速度以及角加速度用来计算力矩,根据需要调整各参数的权值比重,使人机运动能够贴合实际运动。

为了更好地分析两种控制方式的优缺点,使用了 2 组实验数据进行对比分析。肌电信号学习和人体力矩估算的实验效果对比图如图 5-39 所示。从角度上看,两种控制算法并没有明显的区别,只是力矩估算起始的适应稍微快一些。而从角速度上看,在角速度达到尖峰时,基于肌电信号学习的控制算法波动较大,人体力矩估算的角速度波动稍小一些。

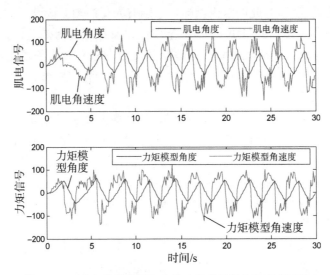

图 5 - 39　肌电信号学习和人体力矩估算的实验数据对比

　　由于图 5 - 39 给出的对比分析是两组不同的实验,人腿和机械腿的摆动不能保证具有完全相同的频率和摆动幅度,角度及角速度的对比不能充分说明两种控制方法,还可以通过其数据模式的变化来分析两种控制。两种方案最大的差别就体现在导纳模型输入力矩的重构上,图 5 - 40 给出了两个力矩重构对比的图。由图中可以看出,两种方案的输入力矩是相似,但肌电重构的力矩在学习模式采集时要求频率低而且幅度大,防止在助力模式计算时出现实际角度超出学习模式中采

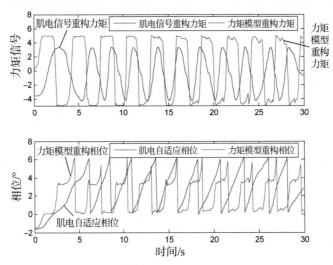

图 5 - 40　肌电信号学习和人体力矩估算的力矩和相位对比

集角度范围的现象,所以一般情况下,人腿摆动幅度达不到采集标准,造成肌电重构出的信号幅值较小。

另一方面,从图 5-40 可以看出,两种方案最大的差别在于力矩估算算法得到的相位在 π 左右会有一段时间的稳定,使得重构的力矩在达到峰值之后会有一段时间的持续。而肌电信号学习算法得到的力矩则更接近于余弦函数。力矩估算控制方法的这一特点使其用在外骨骼机械腿上控制效果较好,相较于使用一个完整的余弦函数,外骨骼助力的过程应该更广泛才能够把人腿发力的时间完全包括在内,这样才能形成更好的助力效果,而肌电信号使用最小二乘法计算出的公式,虽然计算出的力矩贴合人体,但是灵活性较差,重构出的力矩幅值偏小且有效助力期短。此外,力矩估算矩阵可以按需求进行修改,而肌电信号的特征权值却难以直接修改。

综上所述,这两种方案各有优点,肌电信号更加贴近人腿实际运动趋势,但是力矩估算具有易于修改参数的特点,更加能够实现机械腿的有效助力,其灵活性更符合外骨骼的实际助力控制。

5.7.2　惯量补偿的效果分析

惯量补偿作为助力控制系统中的一个重要补偿,在控制系统中使用 Butterworth 设计一个截止频率为 2 Hz 的低通滤波器进行实现,Butterworth 滤波器的输出值乘以系数 I_c 为惯量补偿力矩值。

为了分析惯量补偿的作用效果,进行了快速摆腿运动与慢速摆腿运动(图 5-41 右图)的实验,其中快速摆动的实验结果如图 5-41 左图所示,慢速摆动的实验结果如图 5-41 右图所示,当机械腿/人腿系统的摆腿频率达到 3 rad/s(0.48 Hz) 的时候,惯量补偿力矩大小约为 5,而当其频率为 2 rad/s(0.32 Hz)时,其惯量补偿

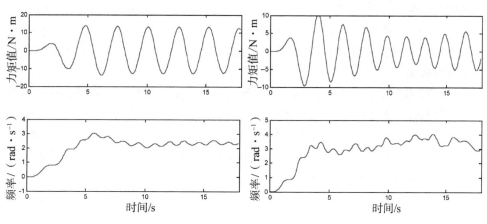

图 5-41　两种摆动频率下惯量补偿力矩的值

力矩大小约为 10。这表明当机械腿/人腿频率变高时,接近惯量补偿器中设置的截止频率时,惯量补偿器提供的助力幅值会逐渐减少。

在康复过程中,要实现较好的康复效果,必须要实现人腿的主动运动,外骨骼机械腿的功能是辅助助力,也即外骨骼机械腿的控制效果要实现:一方面要防止穿戴者意识上的惰性造成的对机械腿的依赖,另一方面又要在康复者运动力量不足时实现有效助力。康复训练的不同阶段如下:

(1)当人腿没有主动运动时。此时人腿会成为机械腿运动的阻力和负担,机械腿本身设置的有限助力难以支持整个系统进行完整的运动,此时摆动频率较低,而由于低的摆动频率,惯量补偿器会提供较大的助力补偿,使得机械腿/人腿系统能够进行最低限度的运动。此时机械腿对人腿提供全部支撑和驱动助力。

(2)当人腿可以进行一定程度的主动运动时。此时机械腿和人腿配合,机械腿对人腿运动进行支撑,可以达到机械腿的内置摆动频率,而惯量补偿器的补偿效果降低,使人腿在不需要很大的出力情况下得到有效的锻炼,机械腿对人腿提供一定的支撑和驱动助力。

(3)当人腿进行主动运动时。机械腿跟随人腿运动中不需要太高的助力,由于人腿有力的摆动加上机械腿的摆动,使机械腿/人腿系统的摆动频率高于机械腿的内置频率,而惯量补偿器因为接近截止频率,所提供的助力补偿随着频率的增加变得可以忽略。此时机械腿对人腿的支持作用较小,基本不需要提供较大驱动助力,充分发挥人腿的主动运动。

在康复训练中,康复实验者的运动变化过程为(1)-(2)-(3)-(2)-(1),即开始的时候为第(1)种情况,为被动康复训练过程,随着康复进展,进入第(2)种情况,人腿有一定的主动运动能力,其后进入第(3)种情况,人腿有较好的主动运动性,经过一段时间的全力运动,随着康复实验者的疲劳及状态下降,人腿主动摆动减缓,又回到第(2)种情况,再减速到第 1 种情况,逐渐停止;而如果康复实验者身体状况允许,可以在第(2)、(3)之间来回切换,达到激烈运动和平缓运动结合的目的,实现更好的运动康复效果。

为了模拟实际康复训练过程,设计实验过程为:人腿被动摆腿—主动摆腿—被动摆腿,其机械腿/人腿系统的摆动频率从 2 rad/s(0.32 Hz)变到 2.6 rad/s(0.41 Hz),然后再从 2.6 rad/s(0.41 Hz)变到 2 rad/s(0.32 Hz),实验输出如图 5-42 所示。由图 5-42 自适应频率振荡器得到的频率来看,人机系统较好地适应了该频率变化,且由图 5-42 可看出,惯量补偿力矩为导纳模型输入力矩主要组成部分,与控制目标相一致。

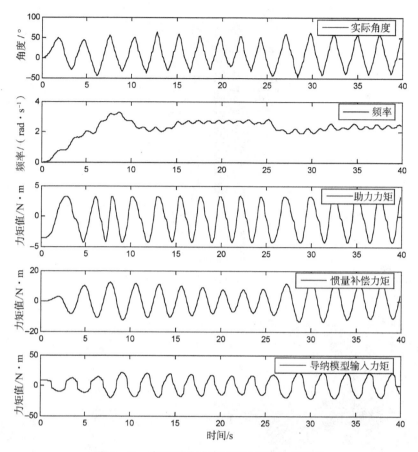

图 5-42 变速运动的自适应及惯量补偿效果

5.8 下肢康复机械腿的机构设计

本节旨在进行双关节机械腿的设计,并基于 5.7 节控制算法,进行双关节机械腿的协调控制研究。

下肢康复机械腿的机构设计如图 5-43 所示,主要包括髋关节及膝关节。

髋关节采用联轴器连接 MAXON 电机,并放置红外检测装置,用于实现软件限位,如图 5-44 所示。大腿采用支撑杆的方式,一方面实现了大腿长度的可调,减少了机构的质量,另一方面也可以将膝关节部分去掉,改成髋关节的单关节外骨骼。在中间的可调滑块上,安置了人机交互力检测传感器,大腿机构如图 5-45 所示。

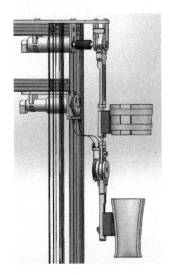

图 5 - 43　下肢外骨骼机械腿整体结构图

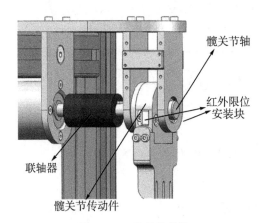

图 5 - 44　髋关节结构

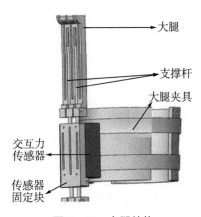

图 5 - 45　大腿结构

　　在膝关节处为了减少机械腿的重量,采用套索传动的方法,外置膝关节驱动电机安装在固定支架上,套索穿过线管,线管的一端由紧定接头固定在套索盘外的固定座上,由线管来引导套索,实现套索两端的同轴心,这样在套索另一端由电机牵引时可实现有效的运动传递。电机端由内外索盘合并形成槽,用套索固定孔固定套索的端头,使套索在槽内滑动,从而使套索随着索盘转动而拉伸、收缩,其结构如图 5 - 46 所示。

　　小腿结构如图 5 - 47 所示,在小腿上留下了多个安装孔,用于改变传感器的安装位置,从而改变小腿夹具的位置,实现小腿长度的可调,使其能适应不同的穿戴者。

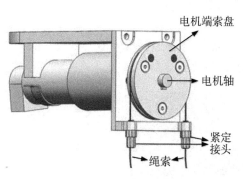

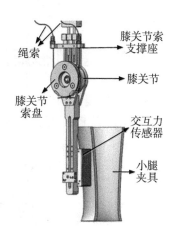

图 5-46 电机端索盘结构图   图 5-47 膝关节及小腿结构

由 5.7 节的研究可知,尽管装在膝关节上的扭矩传感器能反映出人腿与机械腿之间的交互影响,但最能直接反映人腿与机械腿之间交互力的作用点是在绑缚连接装置处,为此,在机械腿的设计上,定制了切向力传感器,安装在人腿和机械腿之间绑缚装置上,用于检测人腿和机械腿之间的实时交互力,其切向力传感器实物图如图 5-48 所示。

图 5-48 切向力传感器和信号调理器

切向力传感器量程为 200 N,输出阻抗(1 000±10)Ω,满量程输出 1.75 mV/V,零点输出±0.1 mV/V。

5.9　下肢康复机械腿控制及实验

下肢康复机械腿实物图如图 5-49 所示,系统包括 MAXON 电机、EPOS2 电机驱动器、数据采集卡、传感器及其配套的调理器、电源等。

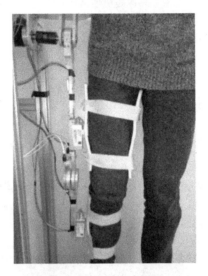

图 5-49　样机实物图

下肢康复机械腿的控制系统结构图如图 5-50 所示,双关节控制系统分为膝关节和髋关节两部分,都具有各自的电机和电机驱动器,上位机实时从驱动器读取电机的电流、转速及编码器信息,并向驱动器发送控制信号。大腿及小腿处的切向力传感器用于检测人腿与机械腿之间的交互力,切向力传感器采集到的信号通过信号调理器的处理,使用数据采集卡的模拟输入端进行检测。双关节也各有 1 个九轴传感器用于检测人机系统的运动状态,直接使用 USB 转串口和上位机进行通信。

图 5-51 为下肢康复机械腿控制系统框图,与 5.6 节的所示的控制系统类似。不同之处在于,图 5-51 中的人机交互力矩 τ_p 不再是一设置的参数,而是切向力传感器实时检测出人机交互力与力臂乘积得到的人机交互力矩。τ_s 就可以通过 $\tau_s = \tau_p + \tau_a$ 得到。

进行髋关节摆动的自适应实验研究,实验输出如图 5-52 所示。由图 5-52 可知,频率基本稳定在 2.3 rad/s(0.37 Hz),髋关节角度对规划角度有较好的运动跟随效果,且根据人体力矩估算计算的 τ_h 可以实现较好的自适应跟踪效果。

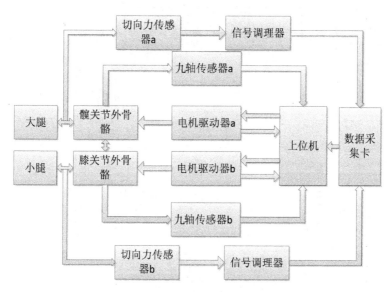

图 5 - 50　控制系统结构图

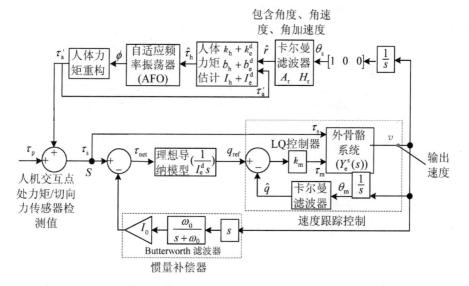

图 5 - 51　下肢康复机械腿控制系统框图

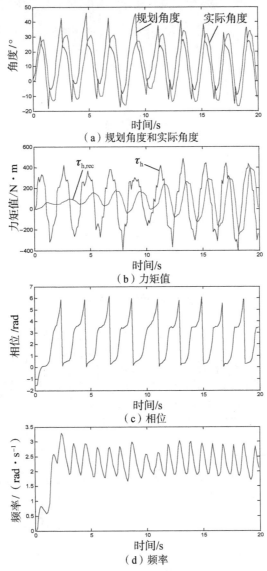

图 5 - 52　髋关节摆动实验

　　进行双关节的协调控制实验研究,图 5 - 53 给出了双关节协调运行过程中的髋关节、膝关节的角度和切向力的对比图。由图 5 - 53 可知,对于髋关节来说,其切向力稳定在±2.5 N 之内,其间随着摆动角度的变化,其切向力也进行正负有规律的变化,说明机械腿能够在按照人体运动状态周期性地提供助力。对于膝关节,其切向力在 0～−2 N 之间变化,波动性非常大,且都为负值,一方面这是由于绑缚装置位置和人腿中心点不匹配的问题,在竖直方向上,大腿穿戴的中心位置和小腿穿戴的中心位置有一定的偏移,而由于需要整条腿穿戴的原因,很难实现大腿与小腿中心的完全对齐。小腿切向力的波动性也在另一方面说明了在双关节协调运动过程中,小腿在摆动中的幅度很小,相比于单关节的膝关节外骨骼机械腿,其范围仅在 0°～30°之间,这是由于在整条腿摆动的过程中,大腿为主要发力源,而小腿则做随动运动,以跟随为主,发力较为有限,故难于形成良好的周期性发力效果。

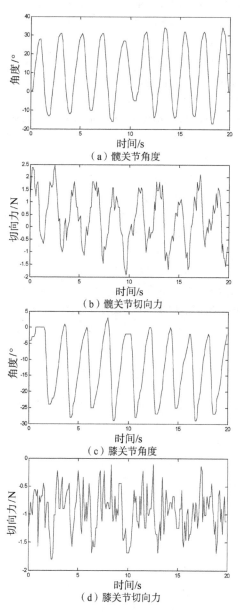

图 5-53　髋关节和膝关节角度、切向力对比图

参考文献

[1] Aguirre-Ollinger G, Colgate J E, Peshkin M A, et al. Active impedance control of a lower limb assistive exoskeleton [C]. IEEE 10th International Conference on Rehabilitation Robotics, 2007:188 - 195.

[2] Aguirre-Ollinger G, Colgate J E, Peshkin M A, et al. Design of an active one-degree-of-freedom lower-limb exoskeleton with inertia compensation[J]. The International Journal of Robotics Research, 2010:1 - 14.

[3] Aguirre-Ollinger G, Colgate J E, Peshkin M A, et al. Inertia compensation control of a one-degree-of-freedom exoskeleton for lower-limb assistance: Initial experiments [J]. IEEE Transactions on Neural Systems and Rehabilitation Engineering, 2012, 20(1):68 - 77.

[4] Aguirre-Ollinger G. Exoskeleton control for lower-extremity assistance based on adaptive frequency oscillators: Adaptation of muscle activation and movement frequency[J]. Journal of Engineering in Medicine, 2015, 229(1):52 - 68.

[5] Mirollo R E, Strogatz S H. Synchronization of pulse-coupled biological oscillators[J]. SIAM J Appl: Math, 1990, 50(6):1645 - 1662.

[6] Ljspeert A J. Central pattern generators for locomotion control in animals and robots: review [J]. Neural Networks, 2008, 21(4): 642 - 653.

[7] Righetti L, Buchli J, Ljspeert A J. Dynamic Hebbian learning in adaptive frequency oscillators[J]. Physica D: Nonlinear Phenomena, 2006, 216(2):269 - 281.

[8] Petric T, Gams A, Ljspeert A J, et al. On-line frequency adaptation and movement imitation for rhythmic robotic tasks[J]. The International Journal of Robotics Research, 2011, 30 (14): 1775 - 1788.

第六章　下肢外骨骼机器人关节的人机协同运动研究
——以踝关节助力外骨骼为例

下肢外骨骼机器人系统是典型的人机一体化系统,充分结合了传感、信息融合及控制等技术,需对穿戴者及外骨骼的运动信息进行实时检测,进而对外骨骼机械腿进行控制,实现对穿戴者的运动跟随及有效助力。本章以踝关节助力外骨骼为例,分析了下肢外骨骼机器人关节的人机协同运动研究。进行踝关节助力外骨骼机器人系统的机构设计、仿生驱动器、传感系统及运动模式识别、踝关节外骨骼的运动控制研究。下肢外骨骼机器人是由腿部多关节共同组成,故踝关节助力外骨骼的研究,能为下肢外骨骼机器人系统研究中的机构设计、仿生驱动器技术、多传感器信息融合及运动模式识别技术、机器人关节运动控制等提供基本借鉴思路。

本章主要是进行踝关节助力外骨骼系统研究,包含基于弹性驱动器的踝关节助力外骨骼的机构设计、足底测力系统及运动模式识别、基于运动状态机进行踝关节助力外骨骼的运动控制及穿戴实验研究。

6.1　踝关节助力外骨骼的机构设计

6.1.1　踝关节助力外骨骼的机械系统需求分析

踝关节作为人体下肢主要承重关节在人体运动过程中具有负载支撑和运动助力的作用。考虑人体运动方式和踝关节助力外骨骼机器人穿戴时的人机交互效果,其整体机构设计需满足以下条件:(1) 可运动性:满足踝关节运动的角度范围($-10°\sim20°$)和力矩范围($-10\sim40$ N·m);(2) 可穿戴性:可根据不同穿戴者进行结构上的调整;(3) 轻便性:尽量减小踝关节助力外骨骼的质量,减小负载对助力效果的影响;(4) 安全性:确保踝关节助力外骨骼系统具有一定的柔性,减少人机交互过程中由冲击带来的对外骨骼机构和人体的危害。

　　相比于气压驱动和液压驱动,电机驱动虽然结构紧凑、传动精度高、噪音小且易于控制,但是电机驱动属于刚性驱动,无法避免在人机交互过程中由于机构变向、瞬间加速和减速时产生的冲击力,长此以往对机械体和人体本身都会造成损害。为了使踝关节助力外骨骼系统具有一定的柔性,在传动过程中引入了串联弹性驱动器的设计,弹性驱动器主要是通过在驱动源和外部负载之间引入弹性元件来进行外部机构的控制并实现能量存储和有效助力。由于弹性驱动器具有类肌肉的运动特性,踝关节助力外骨骼系统会具有较低的机械输出阻抗和良好的缓冲效果。因此采用电机串联弹性驱动器作为踝关节助力外骨骼系统的驱动方式以保证踝关节助力外骨骼机器人的安全性。同时,踝关节助力外骨骼整体样机加工制造时,采用基于高性能尼龙材料和树脂材料的 3D 打印构件,旨在实现整体机构的轻量化,以减少负载对助力效果的影响。

6.1.2　踝关节助力外骨骼的整体机构设计

　　设计的踝关节助力外骨骼整体三维模型如图 6-1 所示,包括外部框架、MAXON 伺服驱动电机、齿轮传动机构、蜗轮蜗杆机构、扭簧驱动端、扭簧、弹性驱动器、阶梯轴和末端脚板。其中,齿轮传动机构由一对传动比为 1∶1 的圆柱齿轮组成,其主要功能是调整驱动电机的位置,使得整体机构更加紧凑;蜗轮蜗杆机构传动比为 40∶1,其主要功能是对电机进行减速以及放大输出力矩以满足人体行走过程中的踝关节速度需求和力矩需求;阶梯轴实质上是一个扭矩传感器,用于采集运动过程中踝关节的力矩信号;弹性驱动器由转盘、拨叉和六组相同规格的非标弹簧组成,转盘和拨叉分别与驱动端和负载相连,六组弹簧串联于驱动端和负载之间,彼此相互并联、对称,弹性驱动器如图 6-2 所示。

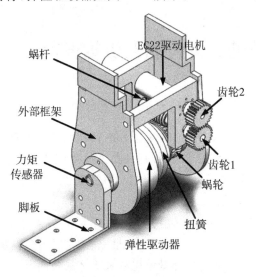

图 6-1　踝关节助力外骨骼的三维模型

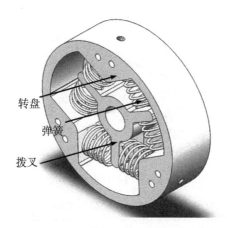

转盘

弹簧

拨叉

图 6-2　弹性驱动器的三维模型

在踝关节助力外骨骼三维模型中,脚板和拨叉分别通过平键与阶梯轴固连;驱动电机和外部框架、蜗轮和扭簧驱动端均采用螺纹连接;齿轮 1 和齿轮 2 分别与电机、蜗杆过盈连接;外部框架、蜗轮、扭簧驱动端、转盘均采用滚珠轴承与阶梯轴形成转动副;蜗杆两端采用滚珠轴承与外部框架形成转动副;扭簧驱动端和转盘通过扭簧连接。其具体传动方式为:电机(驱动)—齿轮 1—齿轮 2—蜗杆—蜗轮—扭簧驱动端—扭簧—转盘—六组并联弹簧—拨叉—阶梯轴(轴肩处配置力矩传感器)—末端脚板(负载)。

在脚跟着地阶段和脚尖离地阶段都存在踝关节运动角度变向的情况,对于踝关节助力外骨骼中的串联弹性驱动器,在变向阶段开始前,转盘拨叉会压缩、拉伸弹簧,此时踝关节助力外骨骼机构会实现系统储能;而在变向阶段开始后,驱动电机反转,弹簧从形变状态恢复到初始状态,将能量释放,此时踝关节助力外骨骼机构会实现系统释能。通过弹簧储能、释能的过程,来模拟人体肌肉的运动方式,在电机刚性驱动的基础上使得踝关节助力外骨骼机构具有一定的柔性,从而使得踝关节助力外骨骼在人机交互过程中具有一定的缓冲效果,增加整个系统的稳定性和安全性。

6.1.3　踝关节助力外骨骼关键部件的选型校核

（1）驱动源和减速机构的选型校核

人体正常行走时,其步态周期内的最大转速为 20.8 r/min,最大扭矩为 36 N·m。根据 MAXON 电机选型手册,为了匹配踝关节输出扭矩,初步选择 MAXON EC22 电机,如图 6-3 所示。该电机在满足小体积的同时,保证了输出扭矩的最大化,其主要技术参数如表 6-1 所示。

图 6 - 3　EC22 电机

表 6 - 1　EC22 电机技术参数

功率/W	额定电压/V	额定转速/(r・min⁻¹)	额定扭矩/mN・m	额定电流/A	最大效率/%
100	48	30 100	45.8	3.33	90

根据 MAXON 电机选型手册和所选电机型号,为了保证输出扭矩达到人体步态行走的扭矩,选择行星齿轮箱型号为 GP 22C ♯143979,减速比为 29∶1,减速箱如图 6-4 所示,其主要技术参数如表 6-2 所示:

图 6 - 4　GP22C 行星齿轮箱

表 6 - 2　GP22C 行星齿轮箱技术参数

减速比	连续输出扭矩/N・m	瞬时输出扭矩/N・m	齿轮箱长度/mm
29∶1	0.6	0.9	32.2

采用 Motion Analysis 三维步态分析系统进行人体行走运动生物力学实验研究,由实验结果可获得行走过程中踝关节力矩及速度($T_{max} = 40$ N・m、$N_{max} = 20.8$ r/min),为了满足末端脚板的输出力矩大于人体踝关节最大输出力矩,在原有减速器的基础上引入减速比为 40∶1 的蜗轮蜗杆机构,此时末端脚板的输出力矩和转速分别如式(6-1)、式(6-2)所示。

$$T_{max} = \frac{T_b}{n_1 \times n_2} \qquad (6-1)$$

$$N_{\max} = N_{\mathrm{b}} \times n_1 \times n_2 \tag{6-2}$$

式 6-1、6-2 中：$T_{\max}$ 为末端脚板最大输出力矩；$N_{\max}$ 为末端脚板最大输出转速；T_{b} 为驱动电机额定扭矩，为 45.8 mN·m；N_{b} 为驱动电机额定转速，为 30 100 r/min；n_1 为 GP22C 减速箱减速比，为 29：1；n_2 为蜗轮蜗杆减速比，为 40：1。

(2) 弹性元件的选型校核

作为弹性驱动器的关键部件，弹性元件的尺寸参数对驱动器性能有着至关重要的影响。本章将根据弹性元件的工作空间和受力情况来对弹性元件的尺寸、材料进行选型及校核。

以弹性驱动器中的拨叉作为受力对象，拨叉呈对称结构，其三个凸出部分分别与两组不同状态下的弹簧连接，其受力图如图 6-5 所示。

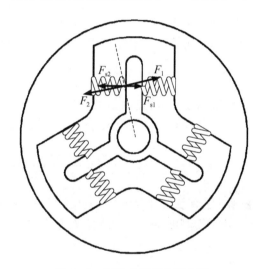

图 6-5 拨叉凸出部分受力图

由图 6-5 可知，当拨叉凸出部分由虚线位置移动到实线位置时，分别会受到弹簧在压缩状态的推力以及弹簧在拉伸状态的拉力，其推力和拉力公式分别如式(6-3)、式(6-4)所示。

$$F_1 = k_{\mathrm{s}} \times (x + x(\theta)) \tag{6-3}$$

$$F_2 = k_{\mathrm{s}} \times (x - x(\theta)) \tag{6-4}$$

式(6-3)、式(6-4)中：F_1 为所受弹簧的拉力；F_2 为所受弹簧的推力；k_{s} 为弹簧的刚度系数；x 为弹簧原始长度；$x(\theta)$ 为弹簧受力后的变形量，其具体公式如式(6-5)所示。

$$x(\theta) = R \times \sin\theta \tag{6-5}$$

式(6-5)中:R 为拨叉凸出部分的有效长度;θ 为拨叉转动角度。

由此可知,单个拨叉凸出部分受到的合力、力矩分别如式(6-6)、式(6-7)所示,而转盘对阶梯轴的输出力矩如式(6-8)所示。

$$F_s = F_1 - F_2 = 2k\sin\theta \qquad (6-6)$$

$$T = F_s \times R \times \cos\theta = 2kR^2\cos\theta\sin\theta \qquad (6-7)$$

$$T_{total} = 3 \times T = 6kR^2\cos\theta\sin\theta = 3kR^2\sin2\theta \qquad (6-8)$$

式(6-6)、式(6-7)、式(6-8)中:F_s 为单个拨叉凸出部分受到的合力;T 为单个拨叉凸出部分受到的力矩;T_{total} 为转盘对阶梯轴的输出力矩。

对弹簧进行选型校核,其具体流程如下:

①弹簧材料和许用应力

初步选择弹簧材料为碳素弹簧钢丝,线径 $d=2$ mm,查表可得,弹性元件的抗拉伸强度 $\sigma_B=1\,700$ MPa、许用应力 $[\tau]=(0.38\sim0.45)\sigma_B=(646\sim765)$MPa,取 $[\tau]=730$ MPa。

②弹簧的线径、中径和外径

假设当弹簧压缩到极限状态时,转盘输出力矩为踝关节最大输出力矩的 25%,其值为 $T'_{max}=10$ N·m,则弹簧受到的最大拉压力计算公式如式(6-9)所示。

$$F_{smax} = \frac{T'_{max}}{6R} = \frac{10\,000}{6 \times 28.47} = 60.65 \text{ N} \qquad (6-9)$$

取 $F_{smax}=60$ N,根据初选弹簧线径 $d=2$ mm 查表可得,弹簧环绕比 $C=4\sim10$,初选弹簧环绕比 $C=8$,其弹簧刚度系数 k 和线径 d 的计算公式分别如式(6-10)、式(6-11)所示。

$$k = \frac{4C-1}{4C-4} = \frac{4 \times 8 - 1}{4 \times 8 - 4} = 1.107 \qquad (6-10)$$

$$d \geqslant \sqrt{\frac{8kF_{smax}C}{\pi[\tau]}} = \sqrt{\frac{8 \times 1.125 \times 60 \times 8}{3.14 \times 730}} \approx 1.7 \text{ mm} \qquad (6-11)$$

取弹簧钢丝线径 $d=2$ mm,与假设符合,此时弹簧钢丝中径 D_1 和外径 D_2 的计算公式分别如式(6-12)、式(6-13)所示。

$$D_1 = Cd = 8 \times 2 = 16 \text{ mm} \qquad (6-12)$$

$$D_2 = D_1 + d = 16 + 2 = 18 \text{ mm} \qquad (6-13)$$

③弹簧的刚度和有效圈数

弹簧刚度系数定义公式如式(6-14)所示:

$$k = \frac{F_{smax}}{l_{max}} = \frac{60}{20} = 3 \text{ N/mm} \tag{6-14}$$

式(6-14)中，l_{max} 为弹簧最大形变量。

弹簧的有效圈数 n_a 如式(6-14)所示，求得 $n_a = 8$。

$$n_a = \frac{Gd^4}{8D_1 k} = \frac{79 \times 10^3 \times 2^4}{8 \times 16^3 \times 3} = 8 \tag{6-15}$$

对扭簧进行选型校核，其具体流程如下：

①扭簧材料和许用弯曲应力

初步选择扭簧材料为碳素弹簧钢丝，线径 $d' = 7$ mm，查表可得，弹性元件的抗拉伸强度 $\sigma_B = 1\,700$ MPa，许用弯曲应力 $[\sigma] = 0.5\sigma_B = 0.5 \times 1\,700 = 850$ MPa。

②扭簧的线径、中径和外径

假设当扭簧压缩到极限状态时转盘输出力矩为踝关节最大输出力矩的 50%，其值为 $T'_{max} = 20$ N·m，根据初选扭簧线径 $d' = 7$ mm 查表可得，扭簧环绕比 $C' = 4 \sim 10$，初选扭簧环绕比 $C' = 7$，其扭簧刚度系数 k' 和线径 d' 的计算公式分别如式(6-16)、式(6-17)所示。

$$k' = \frac{4C' - 1}{4C' - 4} = \frac{4 \times 7 - 1}{4 \times 7 - 4} = 1.125 \tag{6-16}$$

$$d' \geqslant \sqrt[3]{\frac{32 T'_{max} k'}{\pi [\sigma]}} \approx 7 \tag{6-17}$$

取扭簧钢丝线径 $d' = 7$ mm，与假设符合，此时扭簧钢丝中径 D'_1 和外径 D'_2 的计算公式分别如式(6-18)、式(6-19)所示。

$$D'_1 = C'd' = 7 \times 7 = 49 \text{ mm} \tag{6-18}$$

$$D'_2 = D'_1 + d' = 49 + 7 = 56 \text{ mm} \tag{6-19}$$

③扭簧的有效圈数和刚度

扭簧的有效圈数 n_b 如式(6-20)所示：

$$n_b = \frac{E \pi d'^4 \varphi}{64 \times 180° \times D'_2 T'_{max}} \tag{6-20}$$

式(6-20)中：E 为扭簧的弹性模量，查表得 $E = 206 \times 10^3$ MPa；φ 为踝关节最大转角，为 30°；最终求得 $n_b = 7$。

扭簧刚度的计算公式如式(6-21)所示。

$$k = \frac{Ed'^4}{1\,167 \times 3.14 \times (D'_1 - d') \times n_b \times L} \tag{6-21}$$

式(6-21)中:L 为负荷的力臂,其值为 25 mm;最终扭簧刚度 k 为 18 N/mm。

6.1.4 踝关节助力外骨骼的虚拟样机仿真

1) 踝关节助力外骨骼虚拟样机建模

采用 ADAMS 软件,在虚拟环境下对样机进行动力学以及运动学仿真。对踝关节外骨骼进行三维建模,并进行合理简化,导入到 ADAMS 中。在 ADAMS 中给导入的零件添加材料、质量、重力等属性;在各零件连接处添加固定副、转动副以及耦合副(耦合副主要包括蜗轮蜗杆传动以及齿轮传动);在位于电机转动轴和齿轮连接位置添加旋转驱动,如图 6-6 所示。

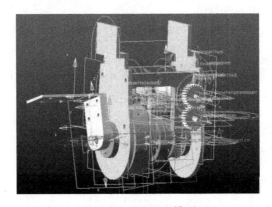

图 6-6 ADAMS 模型

为了模拟人体踝关节运动情况,根据三维步态分析实验过程中采集到的踝关节角度变化数据,将一个完整步态周期(0~1 650 ms)内的踝关节角度信号分解并进行曲线的拟合,设计 step 函数作为电机驱动的驱动输入。

2) 不同刚度系数下的仿真实验研究

将弹性驱动器引入到踝关节助力外骨骼中,可以避免电机驱动刚性较大的问题,使得整个机构具有一定的柔性。为了研究不同刚度系数对踝关节助力外骨骼的影响,在 ADAMS 三维模型中对弹簧以及扭簧刚度进行参数设置,并通过外骨骼末端执行机构的运动情况对其弹簧刚度进行选型。

在 ADAMS 中设置扭转弹簧力和拉压弹簧力。其中,扭转拉伸力建立在扭簧驱动端和转盘之间,拉压弹簧力建立在转盘和拨叉之间,如图 6-7 所示。

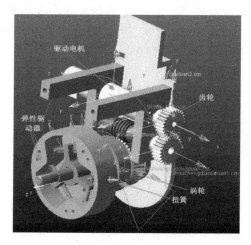

图 6-7　ADAMS 模型

　　通过改变弹簧和扭簧的刚度系数来得到输出轴上的力矩和角度随时间变化的曲线,对其进行分析并判断是否符合设计要求。为了得到不同的弹簧刚度对输出的影响,选取五组弹簧刚度系数,分别为:0.72、1.14、1.98、2.47、4.82,如图 6-8 所示;三组扭簧刚度系数,分别为:9.364 7、21.070 6、37.458 8,如图 6-9 所示,查阅资料可知阻尼系数在 0.001～0.008 之间,故设置仿真模型中的阻尼系数为 0.003。

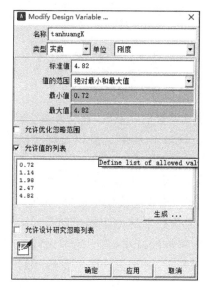

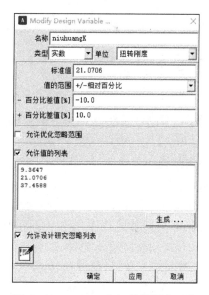

图 6-8　ADAMS 中弹簧的刚度系数　　图 6-9　ADAMS 中扭簧的刚度系数

预设弹簧刚度系数为 2.47 N/mm,改变扭簧刚度系数,分别为:9.364 7 N/mm、21.070 6 N/mm、37.458 8 N/mm,得到三种扭簧刚度系数下的力矩输出曲线和角度输出曲线,分别如图 6-10、图 6-11 所示。

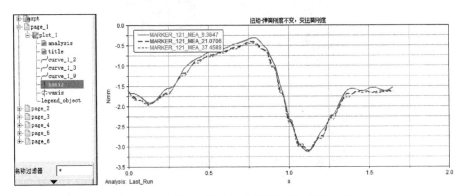

图 6-10　不同扭簧刚度系数下的力矩输出曲线

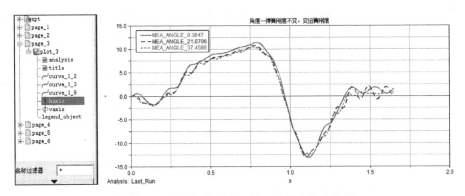

图 6-11　不同扭簧刚度系数下的角度输出曲线

预设扭簧刚度系数为 21.070 6 N/mm,改变弹簧刚度系数,分别为:0.72 N/mm、1.14 N/mm、1.98 N/mm、2.47 N/mm、4.82 N/mm,得到五种扭簧刚度系数下的力矩输出曲线和角度曲线,如图 6-12、图 6-13 所示。

对比不同弹簧刚度系数和不同扭簧刚度系数下的角度输出曲线(图 6-11、图 6-13),弹簧刚度系数和扭簧刚度系数改变对末端角度输出信号无明显影响。

对比不同弹簧刚度系数和不同扭簧刚度系数下的力矩输出曲线(图 6-10、图 6-12),当扭簧刚度不变时,随着弹簧刚度系数的减小,其力矩输出信号逐渐减弱;当弹簧刚度不变时,随着扭簧刚度系数的改变,由于扭簧刚度系数相对于弹簧刚度系数较大,其力矩输出信号基本保持不变。

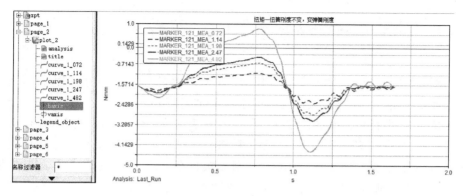

图 6-12 不同弹簧刚度系数下的力矩输出曲线

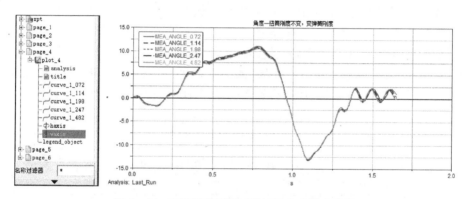

图 6-13 不同弹簧刚度系数下的角度输出曲线

6.2 基于足底测力系统的步态识别

步态识别是一种对人体肢体运动系统的研究,通过识别人体运动步态,获得人体运动意图,可以辅助患者进行康复训练以及驱动外骨骼机器人运动。近年来,在医疗康复领域以及外骨骼机器人领域,步态识别算法作为关键技术,其研究在不断深入,已有不同类型的足底压力信号采集系统以及步态识别算法被研究和开发。踝关节助力外骨骼系统作为一种人机交互系统,需要多信息融合保证控制算法的可行性,本章设计了基于足底压力传感器的足底测力系统,设计压力传感模块和信号调理模块,采集测试对象在不同运动状态下的足底压力信号,对采集到的足底压力信号进行比例运算,确定模糊集,设计隶属函数,以比例信号作为输入量进行模糊化处理,采用 Larsen 产品暗示法作为推理算子建立模糊规则推理,根据模糊输出信号识别出步态相位,为踝关节助力外骨骼的控制奠定基础。

6.2.1 足底测力系统的硬件设计

1) 压力传感模块

测力板和测力鞋垫系统为目前较为常见的两种测力系统。利用测力板以及动态捕捉系统能够精确测量人体运动时各关节的角度和力矩信号[1-2]，虽然动态捕捉系统精度高，但是价格昂贵，处理周期较长，只能在特定环境才能完成人体步态的测量分析，具有一定的局限性。而测力鞋垫系统是通过将测压元件置于柔性鞋垫中来检测足底与鞋之间的压力，相比于测力板具有柔性、便携性的特点，因此更加适用于步态识别与研究。当然，也有部分学者通过角度传感器以及 IMU 九轴传感器来测量踝关节的运动角度并以此作为步态分析的依据，其缺陷是计算量复杂，在不同的运动状态下，譬如平地行走、楼梯行走，其角度信号往往会发生改变，通用性不强。

进行足底测力鞋垫检测系统研究，首先进行压力传感模块的设计。对各类力传感器的整体机构、工作原理和安装形式进行调研，选用美国 Tekscan 公司研发的 Flexi-Force A201 薄膜式压力传感器。此款压敏电阻传感器，具有灵敏度高、柔韧性好、重复性强以及质量轻、体积小等优点，其实物图如图 6 - 14 所示。

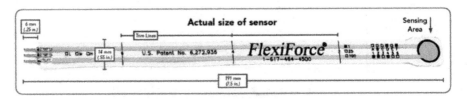

图 6 - 14　足底主要受力区分布图

A201 技术参数及性能指标如表 6 - 3 所示。

表 6 - 3　Flexi-Force A201 技术参数

技术参数	具体数值
有效传感区直径	10 mm
线性度	<±3%
可重复度	<满量程的±2.5%
迟滞性	<满量程的 4.5%
漂移	<5%
反应时间	<5 μs
工作温度	−40℃～60℃

Flexi-Force A201 薄膜式压力传感器的有效传感面是由顶部的银质圆环和压敏材料构成，有效区域为直径 1 cm 的圆，测力量程为 0～450 N，故传感器能承受的

最大压强如式(6-22)所示。

$$p_{\max} = \frac{450}{3.14 \times 0.01^2} = 1.43\ \text{MPa} \qquad (6-22)$$

对照中国正常成年人标准体重表,其标准体重在 $55\sim70$ kg 之间,其脚部面积在 $180\sim220$ cm^2 之间[3],正常成年人脚部压力最大值为 3 kg/cm^2 左右,即为 0.294 MPa,故 Flexi-Force A201 薄膜式压力传感器满足运动检测要求。

在人体行走的过程中,双足下的拱形结构用来维持人体的平衡,拱形机构周围的主要受力区自上而下分别为脚尖受力区(a)、第一趾跖受力区(b)、脚掌外侧受力区(c)、脚跟受力区(d),足底主要受力区的分布如图 6-15 所示。

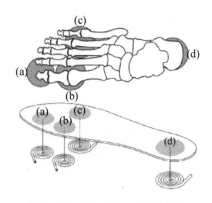
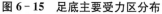
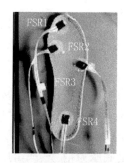

图6-15　足底主要受力区分布　　　　图6-16　传感器足底分布实物图

结合足底受力区分布分析,分别将四个 Flexi-Force A201 薄膜式压力传感器 FSR1,FSR2,FSR3,FSR4 布置在足底的四个主要受力区域的鞋垫上,传感器布置如图 6-16 所示。

2) 信号调理模块

Flexi-Force A201 薄膜式压力传感器的阻值与所受外力成反比例变化,压力为零时,其阻值最大高达 5 MΩ,最小可达到 1 kΩ。在信号调理电路的设计中,选用 MCP6004 芯片将 Flexi-Force A201 薄膜式压力传感器的阻值变化转化为电压输出,以便于数据采集卡进行 AD 转化,其信号调理电路如图 6-17 所示。

图 6-17 中 MCP6004 由四个运算放大器组成,运算放大器的两个输入端分别接地以及外接 Flexi-Force A201 薄膜式压力传感器,运算放大器的输出端输出电压信号 V_OUT_i,其输出电压信号的计算表达式如式(6-23)所示。

$$V\_OUT_i = -V_T \cdot (R_i / Rf_i) \qquad (6-23)$$

其中:V_T 为 -5 V 的供电电源;R_i 为运算放大电路中的反馈电阻,为了保证输出电

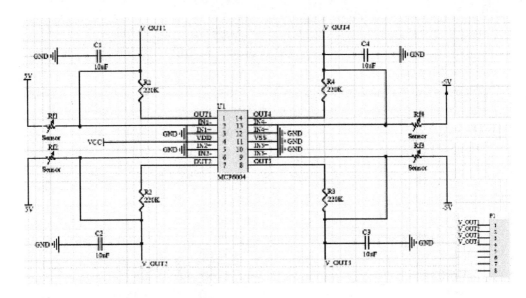

图 6 - 17   信号调理电路原理图

压在采集卡的有效量程内,进行反馈电阻选型实验,在实验过程中,对传感器施加压力的同时观察电压表的输出变化进而确定输出压力范围,最终确定当反馈电阻取值 220 kΩ,输出电压的量程扩大到 5 V 左右,在采集卡的有效量程内。

由于在足底压力信号采集的过程中存在噪声和足底摩擦的影响,足底压力信号往往会受到干扰,为了减少实验过程中高频的噪声信号对放大信号造成不必要的干扰,因此在信号调理电路中加入了一阶 RC 低通滤波电路以确保信号的稳定。

参照截止频率的计算公式:$f = 1/(2\pi RC)$,为了得到 1 kHz 的低通截止频率(采集卡的采样频率为 1 kHz),电容取值 10 μF 时采集到的足底压力信号较为稳定。

6.2.2   足底测力系统的软件设计

1) 数据采集软件设计

数据采集系统采用数据采集卡的 I/O 端口对信号调理电路的输出电压进行采集,并对采集到的足底压力信号进行处理分析,提取有效信号进而为特征信号的提取提供依据。

为了便于观察足底压力信号的波形变化,在设计中增加了人机交互界面,其操作界面如图 6 - 18 所示。系统能实时显示四组压力信号的波形变化,通过该波形可以了解到足底压力信号的变化趋势从而进行特征值提取;此外,还可以将其压力信号保存到 EXCEL 表格中,以便于数据的后期处理。人机交互界面中的信号 1、

2、3、4 分别代表脚尖受力区、第一趾跖受力区、脚掌外侧受力区、脚跟受力区采集到的足底压力信号。

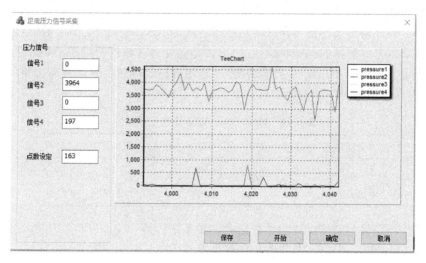

图6-18　人机交互界面

2) 信号滤波算法设计

除了信号调理电路中加入的 RC 滤波电路对足底压力信号进行滤波处理外，在上位机程序中采用了中位值平均滤波算法对采集到的信号进行二次滤波处理，进而得到准确平滑的波形变化。

中位值平均滤波，又称为防脉冲干扰平均滤波法，通过连续不断地采集多个压力信号，去除掉其中的最大值和最小值，接着计算出这组数据的算术平均值。这种数据处理方法不仅可以科学有效地抑制住采集周期性的干扰，而且还能高效地降低偶然出现的脉冲性干扰。在软硬件中加入滤波算法后，进行步态行走测试实验采集到的足底压力信号变化较为平滑，如图 6-19 所示。

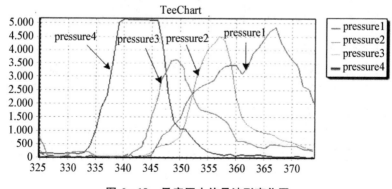

图6-19　足底压力信号波形变化图

6.2.3 足底测力系统的实验研究

1) 传感器标定实验

为了验证输出电压信号 V_OUT_i 与 Flexi-Force A201 所受压力的线性度,进行了单个压力传感器的标定实验:在压力传感器受力区域的两端添加垫片固定,在垫片上端逐次添加 0.5 kg 的质量块,通过万用表记录电压信号以及所加重物的重量,其电压信号与对应的压力信号关系如表 6-4 所示。

表 6-4　Flexi-Force A201 输出电压信号

分组	1	2	3	4	5	6
压力/N	0	5	10	15	20	25
电压/mV	0	635	1 290	1 860	2 562	3 250

将电压信号与对应的压力信号绘制成关系图,如图 6-20 所示,从图中可以明显看到 Flexi-Force A201 具有很好的线性关系。

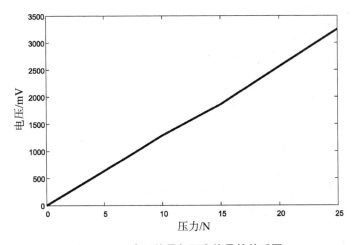

图 6-20　电压信号与压力信号的关系图

2) 足底测力系统信号采集实验

人体生物力学研究表明,人体正常行走时一个完整的步态周期由支撑相和摆动相构成,图 6-21 所示为正常行走时足底支撑相的相位组成,包括脚跟着地、负载支撑和脚尖离地三个阶段。

为了对足底支撑相进行准确划分,首先进行足底测力系统实验。实验过程中,选取 3 名身高 170~180 cm、体重 60~70 kg、平均年龄在 24 岁左右的男士作为测试对象,在其足底的脚尖受力区、第一趾跖受力区、脚掌外侧受力区以及脚跟受力

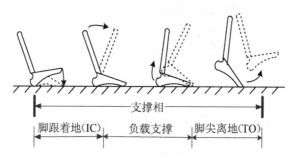

图 6 - 21　足底支撑相的划分

区分别固定足底压力传感器 FSR1、FSR2、FSR3、FSR4。测试对象分别进行平地行走以及楼梯行走两种不同状态的步态行走实验,并保持在行走过程中步速均匀。其实验过程分别如图 6 - 22、图 6 - 23 所示,从左往右分别为脚跟着地、支撑阶段和脚尖离地阶段。

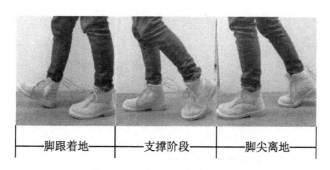

图 6 - 22　平地行走实验过程

图 6 - 23　楼梯行走实验过程

为了直观显示足底压力信号,通过人机交互界面可以实时显示足底压力信号的波形图,平地行走实验过程和楼梯行走实验过程的交互界面如图 6 - 24、图 6 - 25 所示。通过足底压力信号数据采集系统,对测试对象平地行走实验过程和楼梯行走实验过程的足底压力信号进行数据采集和保存,以便于后期基于足底压力信号的步态识别算法分析。

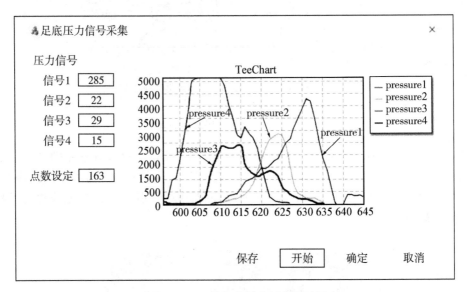

图 6 - 24　平地行走足底压力波形图

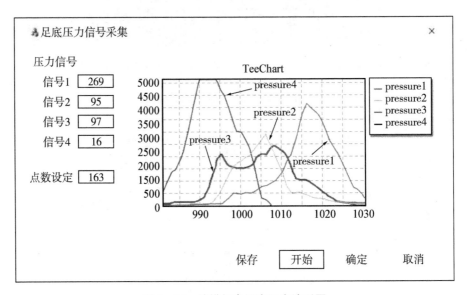

图 6 - 25　楼梯行走足底压力波形图

由图 6 - 24 及图 6 - 25 可知,在人体行走过程中的三个阶段,也即脚跟着地、支撑阶段、脚尖离地中,压力传感器的变化为:在脚跟着地阶段,薄膜式压力传感器

FSR4 采集到的压力信号逐渐增大,FSR1、FSR2、FSR3 采集到的压力信号为零;在支撑阶段,薄膜式压力传感器 FSR4 采集到的压力信号逐渐减小,FSR3、FSR2、FSR1 按顺序逐渐增大;在脚跟离地阶段,薄膜式压力传感器 FSR4、FSR3、FSR2、FSR1 采集到的压力信号逐渐减小为零。

6.2.4　基于模糊理论的步态识别算法设计

1) 足底压力信号比例融合

以右脚为例,设足底四个 Flexi-Force A201 薄膜式压力传感器 FSR1、FSR2、FSR3、FSR4 实时采集信号为 F_{FSR1}、F_{FSR2}、F_{FSR3}、F_{FSR4};而 F_i(i 取 1、2、3、4)分别代表足底压力传感器 FSR1、FSR2、FSR3、FSR4 占信号总和的比例值;对足底压力传感器实时采集信号进行比例运算,其表达式如式(6-24)所示。

$$F_i = \frac{F_{FSRi}}{F_{FSR1} + F_{FSR2} + F_{FSR3} + F_{FSR4}}, \quad i = 1,2,3,4 \qquad (6-24)$$

通过比例运算将比例值 F_i 约束在区间 $[0,1]$ 内,可以有效规避测试对象的体重差异对足底压力信号的影响。将比例值作为模糊集的输入量,通过隶属函数进行模糊化处理,然后根据模糊规则的设计,最终推理得到准确的步态相位,其总体框架如图 6-26 所示。

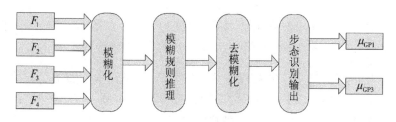

图 6-26　总体框架图

2) 比例信号模糊化

在进行模糊化处理之前,需要模糊集的划分和隶属函数的设计。由于比例值 F_i 的区间在 $[0,1]$ 内,首先将模糊集划分为"正大(PB)"和"零小(ZS)"。然后进行模糊隶属函数以及反隶属函数的设计,其对应的表达式分别如式(6-25)、式(6-26)所示。

$$f(F_i) = \frac{1}{1 + e^{-(F_i - F_b)}} \in [0,1] \qquad (6-25)$$

$$h(F_i) = 1 - f(F_i) \in [0,1] \qquad (6-26)$$

其中:F_b 为阈值系数,取 0.5。隶属函数和反隶属函数 $f(F_i)$、$h(F_i)$ 的定义域、值域均在区间[0,1]内且在区间[0,1]内具有平滑性、连续性和对称性。

3) 模糊规则推理

当比例值 F_i 大于阈值系数 F_b 时，$f(F_i)$ 趋于"1"，$h(F_i)$ 趋于"0"，此时模糊集为"正大(PB)"；当比例值 F_i 小于阈值系数 F_b 时，$f(F_i)$ 趋于"0"，$h(F_i)$ 趋于"1"，此时模糊集为"零小(ZS)"。通过模糊集去模糊推理得到人体运动的步态相位，其模糊规则如表 6-5 所示。

表 6-5 模糊规则表

F_i	GP1	GP2	GP2	GP2	GP2	GP3	GP4
F_1	ZS	ZS	ZS	ZS	PB	PB	ZS
F_2	ZS	ZS	PB	PB	PB	ZS	ZS
F_3	ZS	PB	PB	ZS	ZS	ZS	ZS
F_4	PB	PB	ZS	ZS	ZS	ZS	ZS

其中，GP1、GP2、GP3、GP4 分别代表四个不同的步态相位，包括：脚跟着地、负载支撑、脚尖离地和摆动。本文采用 Larsen 产品暗示法[4-6]作为推理算子建立模糊规则，设 μ_{GP1}、μ_{GP3} 分别为脚跟着地(IC)、脚尖离地(TO)这两个步态相位的模糊输出信号，其对应的表达式分别如式(6-27)、式(6-28)所示。

$$\mu_{GP1} = h(F_1) \times h(F_2) \times h(F_3) \times f(F_4) \qquad (6-27)$$

$$\mu_{GP3} = f(F_1) \times h(F_2) \times h(F_3) \times h(F_4) \qquad (6-28)$$

当比例信号 F_1、F_2、F_3 的模糊集为"ZS"，F_4 的模糊集为"PB"，此时 $h(F_1)$、$h(F_2)$、$h(F_3)$ 趋于"1"，$f(F_4)$ 趋于"1"，因此模糊输出信号 μ_{GP1} 趋于"1"；当比例信号 F_1 的模糊集为"PB"，F_2、F_3、F_4 的模糊集为"ZS"，此时 $f(F_1)$ 趋于"1"，$h(F_2)$、$h(F_3)$、$h(F_4)$ 趋于"1"，因此模糊输出信号 μ_{GP3} 趋于"1"。其对应的表达式分别如式(6-29)、式(6-30)所示。

$$(h(F_1) \to 1) \times (h(F_2) \to 1) \times (h(F_3) \to 1) \times (f(F_4) \to 1) = \mu_{GP1} \to 1$$
$$\qquad (6-29)$$

$$(f(F_1) \to 1) \times (h(F_2) \to 1) \times (h(F_3) \to 1) \times (h(F_4) \to 1) = \mu_{GP3} \to 1$$
$$\qquad (6-30)$$

4) 步态识别输出

根据三名身高 170~180 cm、体重 60~70 kg、平均年龄在 24 岁左右的测试对象分别进行平地行走和楼梯行走时的足底压力信号，进行步态识别研究，把实验输出数据导入 MATLAB 中,进行比例运算,将得到的足底压力信号比例值以最小二乘法拟合,得到的平地行走周期和楼梯行走周期的足底压力信号占比图分别如图 6-27、图 6-28 所示,其中比例值 F_1、F_2、F_3、F_4 分别代表脚尖受力区、第一趾跖受力区、脚掌外侧区域受力区、脚跟受力区。而根据模糊规则推理得到的平地行走周期和楼梯行走周期模糊输出信号分别如图 6-29、图 6-30 所示。

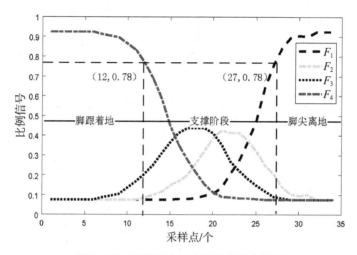

图 6-27　平地行走足底压力信号占比图

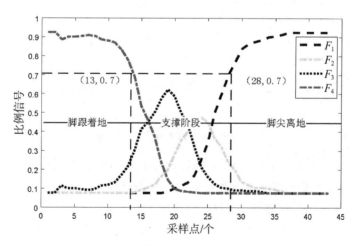

图 6-28　楼梯行走足底压力信号占比图

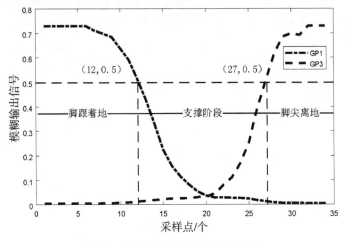

图 6-29 平地行走模糊输出信号

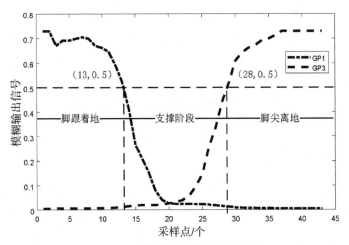

图 6-30 楼梯行走模糊输出信号

对图 6-27、图 6-28、图 6-29 及图 6-30 进行分析,可以得到在平地行走和楼梯行走状态下足底信号占比和模糊输出信号的对应关系,当 μ_{GP1} 大于 μ_s,此时处于脚跟着地(IC)阶段,比例值 F_4 的信号占比明显大于其余三个信号的信号占比。当 μ_{GP3} 大于 μ_s 的时候,此时处于脚尖离地(TO)阶段,比例值 F_1 的信号占比明显大于其余三个信号的信号占比。由图 6-27、图 6-28、图 6-29 及图 6-30 还可看出,在平地行走过程和楼梯行走过程中,其步态周期每个相位分配的时间有所不同,而根据模糊输出信号 μ_{GP1}、μ_{GP3} 与阈值系数 μ_s 的比较可以很好地对应不同行走状态的比例信号占比图。因此,基于模糊理论的步态识别算法能够对支撑相进行准确划分,而且适用于穿戴者在不同运动状态下的步态检测。

6.3 踝关节助力外骨骼的控制及实验研究

搭建踝关节助力外骨骼样机实验平台，主要包括硬件系统和软件系统。进行踝关节助力外骨骼样机穿戴实验研究，主要分为步态识别算法的准确性研究和基于力矩闭环的 PID 控制和模糊自适应 PID 控制对比研究。采集穿戴实验过程中踝关节助力外骨骼样机的力矩信号以及穿戴对象的肌电信号，从跟随效果和助力效果两方面对样机控制效果进行研究和评估，以确保踝关节助力外骨骼机构及控制的合理性。

6.3.1 踝关节外骨骼实验平台介绍

踝关节助力外骨骼样机实验平台包括 MAXON 伺服驱动电机、传动系统、弹性驱动器、变速器、扭矩传感器、信号调理电路、压力传感器、24 V 直流稳压电源、5 V 直流稳压电源、数据采集卡等。踝关节助力外骨骼样机穿戴实物图如图 6-31 所示，实验平台组件连接示意图如图 6-32 所示。

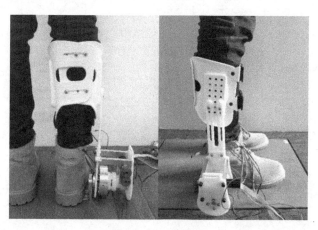

图 6-31 踝关节助力外骨骼样机穿戴实物图

其中，EPOS 驱动器由 24 V 直流稳压电源供电，用于控制 MAXON EC22 驱动电机；USB7660 数据采集卡由上位机 USB 接口供电并通过变送器和信号调理电路分别采集扭矩传感器和压力传感器的信号；变送器和信号调理电路分别由 24 V 直流稳压电源、5 V 直流稳压电源供电；肌电传感器与肌电信号采集平台通过蓝牙进行数据传输，肌电信号采集平台可通过 USB 接口或者数据采集卡来与上位机通信。

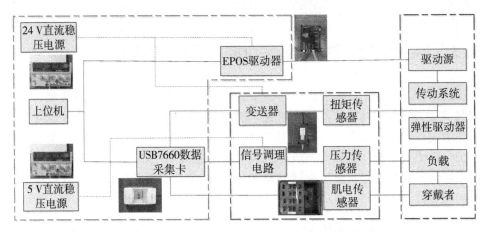

图 6-32　踝关节助力外骨骼样机实验平台连接示意图

　　基于 Windows 系统的集成开发环境,通过 Visual Studio 中的 MFC 类库进行上位机控制界面的设计,其上位机控制界面主要包括电机控制模块、采集卡显示模块、PID 调节模块,如图 6-33 所示。

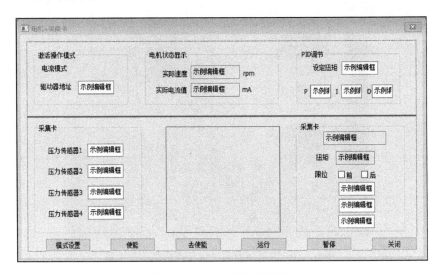

图 6-33　上位机控制界面

6.3.2　步态识别算法在踝关节外骨骼的应用研究

　　为了验证步态识别算法的准确性,选取十名测试对象进行步态行走实验,通过所设计的足底测力系统对测试对象步态行走过程中的足底压力信号进行数据采集,其足底压力信号如图 6-34 所示。

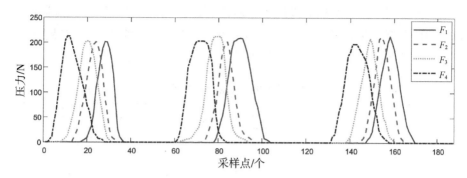

图 6 - 34 测试对象的足底压力信号

首先,通过足底压力信号的有无来判别支撑相和摆动相,然后通过基于模糊理论的步态识别算法推算得出的模糊输出信号 μ_{GP1}、μ_{GP3} 可以将足底支撑相细分为三个相位:脚跟着地、负载支撑、脚尖离地。将推算得到的各步态相位标识曲线与原始足底压力曲线进行对比,如图 6 - 35 所示。

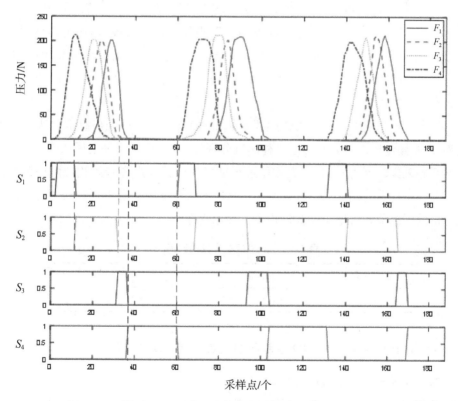

图 6 - 35 足底压力与步态相位标识对比图

图 6-35 中，S_1 是脚跟着地阶段的步态相位标识；S_2 是负载支撑阶段的步态相位标识；S_3 是脚尖离地阶段的步态相位标识；S_4 是摆动阶段的步态相位标识。各步态相位标识 S_1、S_2、S_3、S_4 与足底压力信号的对应关系如表 6-6 所示。

表 6-6　足底压力与步态相位标识对应关系

S_i	F_1	F_2	F_3	F_4
S_1	0	0	0	1
S_2	1	1	1	1
S_3	1	0	0	0
S_4	0	0	0	0

在表 6-6 中，"1"表示压力传感器受力，"0"表示压力传感器不受力。当处于脚跟着地阶段时，压力传感器 F_4 状态为"1"，F_1、F_2、F_3 状态为"0"；当处于负载支撑阶段时，压力传感器 F_1、F_2、F_3、F_4 状态均为"1"；当处于脚尖离地阶段时，压力传感器 F_1 状态为"1"，F_2、F_3、F_4 状态为"0"；当处于摆动阶段时，压力传感器 F_1、F_2、F_3、F_4 状态均为"0"。各步态相位标识 S_1、S_2、S_3、S_4 彼此相互连接，整个步态行走周期完整连续，其步态相位标识曲线与原始的足底压力信号曲线以及步态行走的实际情况相符。

设当前采集周期内的压力传感器开始采集时刻为 t_0、压力传感器结束采集时刻为 t_e、模糊输出信号 μ_{GP1}、μ_{GP3} 采样时刻分别为 t_1、t_2，下一个采集周期内的压力传感器开始采集时刻为 t_0'，对足底相位进行准确划分并确定各步态相位阶段的具体时间和步态行走周期，如表 6-7 所示。足底测力系统的步态识别算法为基于运动状态机的踝关节外骨骼运动控制提供了理论支撑。

表 6-7　步态相位阶段的时间分配

步态相位	S_1	S_2	S_3	S_4
时间/s	t_1-t_0	t_2-t_1	t_e-t_2	$t_0'-t_e$

6.3.3　基于力矩闭环的 PID 控制和模糊自适应 PID 控制

基于踝关节助力外骨骼样机，以期望力矩和力矩传感器采集的踝关节实际力矩的差值建立力矩闭环控制，选取同一测试对象进行步态行走实验并保证步速一致，对比 PID 控制和模糊自适应 PID 控制的控制效果。

首先进行基于踝关节助力外骨骼样机的 PID 控制,其 PID 控制框图如图 6-36 所示。

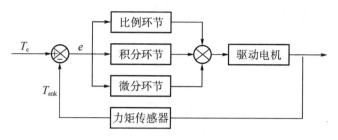

图 6-36 PID 控制框图

其中:T_e 为输入量,其值为期望力矩;T_{ank} 为输出量,其值为扭矩传感器采集信号;$e = T_e - T_{ank}$ 为偏差量。将采集到的信号导入到 MATLAB 中,最终得到踝关节助力外骨骼样机的力矩跟随效果图,如图 6-37 所示。

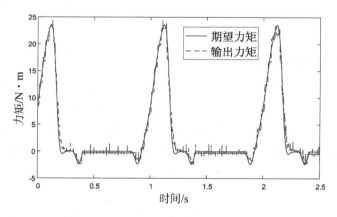

图 6-37 PID 控制力矩跟随信号图

图中实线部分、虚线部分分别表示期望力矩信号和力矩传感器采集的实际力矩信号。由图 6-37 可看出 PID 控制的整体跟随效果较好,但在图中波峰波谷处跟随效果并不是很好,即踝关节助力外骨骼在变向过程中有一定的滞后;力矩误差变化较大,输出力矩信号波动较为明显。

在 PID 控制的基础上加入模糊控制器,以偏差量 e 和偏差变化率 Δe 作为模糊控制器的输入量,以比例、积分、微分系数的增益量 ΔK_p、ΔK_i、ΔK_d 作为输出量,对 PID 比例、积分、微分环节进行补偿。将采集到的信号导入到 MATLAB 中,最终得到踝关节助力外骨骼样机的力矩跟随效果图,如图 6-38 所示。

图中实线部分、虚线部分分别表示期望力矩信号和力矩传感器采集的实际

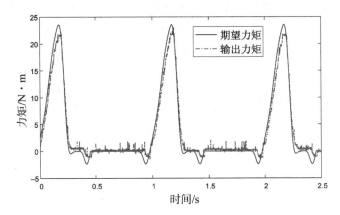

图 6 - 38　模糊自适应 PID 控制力矩跟随信号图

力矩信号。由图 6 - 38 可看出,相比于 PID 控制,模糊自适应 PID 控制的整体跟随效果一般,存在一定程度的滞后,而且在图中波峰、波谷处模糊自适应 PID 控制的跟随效果较差;但是相比于 PID 控制,模糊自适应 PID 控制的输出力矩波形较为平滑。

　　将 PID 控制和模糊自适应 PID 控制的力矩误差信号导入到 MATLAB 中进行对比,任意选取一个完整的步态周期,其力矩误差信号对比图如图 6 - 39 所示。图中实线部分为 PID 力矩误差、虚线部分为模糊 PID 力矩误差,虽然 PID 力矩误差略小于模糊 PID 力矩误差,但 PID 控制的误差变化率过高,明显没有模糊 PID 控制的误差变化波形平缓,所以最终选用了模糊自适应 PID 控制作为踝关节助力外骨骼的控制算法。

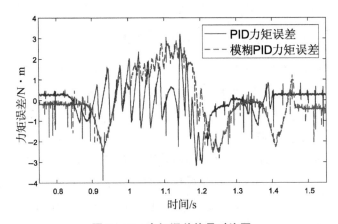

图 6 - 39　力矩误差信号对比图

6.3.4　踝关节助力外骨骼样机控制效果研究

1) 踝关节助力外骨骼样机跟随效果评估

选取一名测试对象进行不同步态行走周期下的步态行走实验,其步态行走周期分别为 0.8 s、1.0 s、1.2 s。基于踝关节助力外骨骼样机,以期望力矩和力矩传感器采集的踝关节实际力矩的差值和差值变化率作为输入量进行模糊自适应 PID控制。将 0.8 s、1.0 s、1.2 s 三种步态行走周期下的步态行走实验输出数据导入到MATLAB中,三种步态行走周期下的力矩跟随信号图分别如图 6 - 40、图 6 - 41、图 6 - 42 所示。

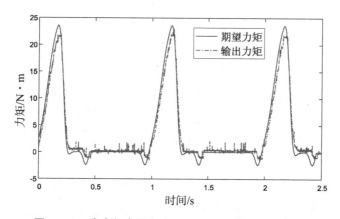

图 6 - 40　步态行走周期为 0.8 s 时的力矩跟随信号图

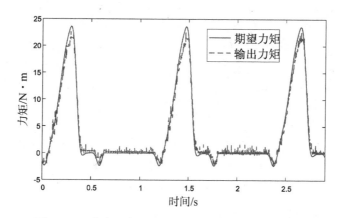

图 6 - 41　步态行走周期为 1.0 s 时的力矩跟随信号图

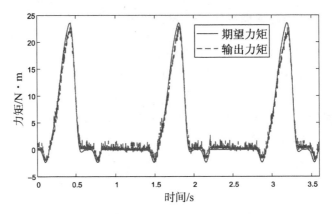

图 6-42　步态行走周期为 1.2 s 时的力矩跟随信号图

由图 6-40、图 6-41 及图 6-42 输出的三种步态行走周期下的力矩跟随信号可知,步态行走周期越长,其力矩跟随效果越好,特别是在图中波峰、波谷处,随着步态行走周期的增长,在变向过程中力矩跟随效果有了显著的提升。

输出 0.8 s、1.2 s 两种步态行走周期下的力矩误差信号,如图 6-43 所示,其中实线为步态行走周期为 0.8 s 时的力矩误差信号,虚线为步态行走周期为 1.2 s 的力矩误差信号,由图 6-43 可知,步态行走周期越长,力矩误差信号减小,可见其力矩跟随效果越好,与由力矩跟随信号所得结论一致。

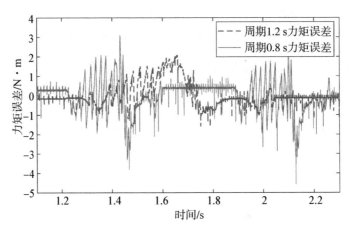

图 6-43　力矩误差信号对比图

2) 踝关节助力外骨骼样机助力效果评估

根据人体解剖学分析可知,驱动踝关节实现屈/伸运动肌肉群主要有跖肌、腓肠肌、比目鱼肌等,其中腓肠肌作为外部肌肉,运动过程中肌电信号变化明显,易于采集。为了对踝关节助力外骨骼样机的助力效果进行评估,选取一名测试对象,在测试对象小腿左侧、右侧的腓肠肌区域分别放置肌电信号传感器 EMG1、EMG2，肌电信号传感器位置分布如图 6-44 所示。

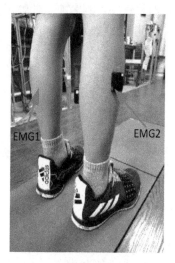

图 6-44 肌电信号传感器位置分布

实验中采用的肌电信号传感器为 Delsys 表面肌电仪，主要用于测试肌肉收缩时的表面肌电信号，即 EMG 信号。设置测试对象信息和肌电信号传感器参数，通过 EMGworks Acquisition 肌电信号采集软件可以采集肌电信号传感器的 EMG 信号，其界面如图 6-45 所示。

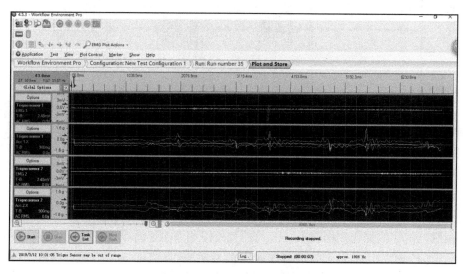

图 6-45 EMG 肌电信号采集界面

分别进行测试对象正常行走与穿戴踝关节外骨骼行走的实验研究,在行走过程中对表面肌电信号 EMG1、EMG2 进行采集,并将采集的数据导入到 EMGworks Analysis 分析处理软件中,可得测试对象正常行走和穿戴踝关节外骨骼样机行走时的表面肌电信号图,分别如图 6-46、图 6-47 所示。

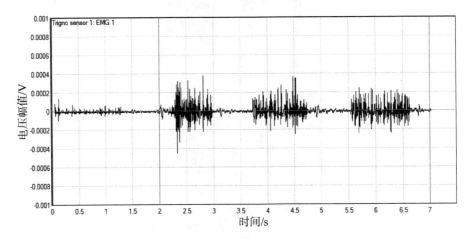

(a) 表面肌电信号 EMG1

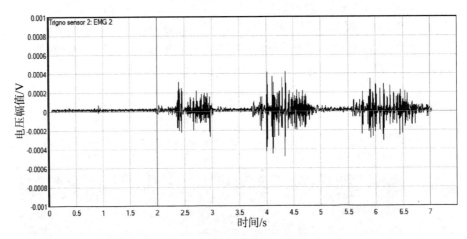

(b) 表面肌电信号 EMG2

图 6-46 人体正常行走时表面肌电信号

图 6-46、图 6-47 中横轴为采集时间,纵轴为肌电信号电压幅值,其幅值大小代表肌电信号的强弱。由图 6-46 及图 6-47 可知,穿戴踝关节外骨骼样机行走的肌电信号相比正常行走时的表面肌电信号减弱,且肌电信号的平均幅值下降了约 8.2%,说明踝关节外骨骼样机在人体行走运动过程中有一定的助力效果。

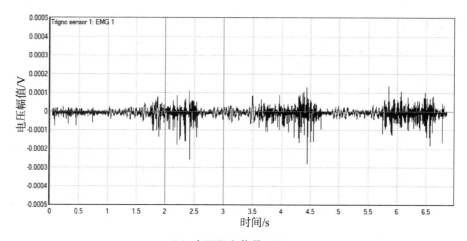

（a）表面肌电信号 EMG1

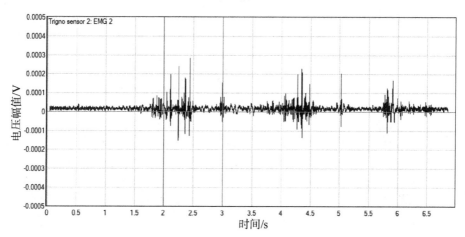

（b）表面肌电信号 EMG2

图 6-47 穿戴踝关节外骨骼样机行走时表面肌电信号

　　本章进行了基于弹性驱动器的踝关节外骨骼的机构设计、踝关节外骨骼动力学仿真、足底测力系统的研制及实验、踝关节外骨骼样机的实验研究,研究结果表明踝关节外骨骼对穿戴者有较好的运动跟随效果及一定的助力效果,后续的研究包括针对步态相位进行基于状态机的精确运动控制研究,实现踝关节外骨骼的有效助力,此外,不仅仅是通过肌电信号的强弱来粗略评估助力效果,还需进行多方位的评价系统研究。

参考文献

[1] Paluska D, Herr H. The effect of series elasticity on actuator power and work output: Implications for robotic and prosthetic joint design[J]. Robotics and Autonomous Systems, 2006,54(8):667-673.

[2] 马洪文,赵朋,王立权,等. 刚度和等效质量对 SEA 能量放大特性的影响[J]. 机器人,2012 (3):275-281.

[3] Vallery H, Ekkelenkamp R, van der Kooij H, et al. Passive and accurate torque control of series elastic actuators. IEEE/RSJ International Conference on Intelligent Robots and Systems, San Diego,CA,USA,2007.

[4] 胡丽娜. 基于人体感知信息的踝足助行外骨骼的设计与控制研究[D]. 杭州:浙江大学, 2018.

[5] 张行. 穿戴式步态矫形器感知系统研究[D]. 武汉:武汉理工大学,2014.

[6] 杨金江. 助力型下肢外骨骼机器人多信号融合感知系统[D]. 杭州:浙江大学,2017.

附录 A

人体下肢大腿、小腿、足部与人体测量学参数关系如式(A-1)～式(A-6)所示。

$$m_{\text{Rthigh}} = 0.1032 \cdot A_1 + 12.76 \cdot A_3 \cdot A_5 \cdot A_7 - 1.023 \qquad (A-1)$$

$$m_{\text{Lthigh}} = 0.1032 \cdot A_1 + 12.76 \cdot A_4 \cdot A_6 \cdot A_8 - 1.023 \qquad (A-2)$$

$$m_{\text{Rcalf}} = 0.0226 \cdot A_1 + 31.33 \cdot A_7 \cdot A_9 \cdot A_{11} + 0.016 \qquad (A-3)$$

$$m_{\text{Lcalf}} = 0.0226 \cdot A_1 + 31.33 \cdot A_8 \cdot A_{10} \cdot A_{12} + 0.016 \qquad (A-4)$$

$$m_{\text{Rfoot}} = 0.0083 \cdot A_1 + 254.5 \cdot A_{13} \cdot A_{15} \cdot A_{17} - 0.065 \qquad (A-5)$$

$$m_{\text{Lfoot}} = 0.0083 \cdot A_1 + 254.5 \cdot A_{14} \cdot A_{16} \cdot A_{18} - 0.065 \qquad (A-6)$$

右大腿、小腿、足部的质心位置与人体测量学参数关系如式(A-7)～(A-9)所示,其示意图如附图 A-1 所示,且右腿与左腿相同。

$$C_{\text{Rthigh}} = 0.39 A_3 \qquad (A-7)$$

$$C_{\text{Rcalf}} = 0.42 A_7 \qquad (A-8)$$

$$C_{\text{Rfoot}} = 0.44 A_{13} \qquad (A-9)$$

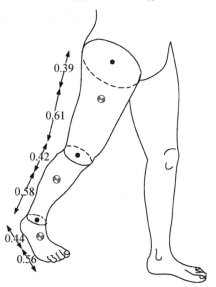

附图 A-1　质心与人体测量学参数关系示意图

人体测量学参数与各个部位三个转动惯量之间存在着一定的线性关系,沿伸展/屈曲、内收/外展、内旋/外旋三个运动轴的转动惯量如式(A-10)～式(A-27)所示。

$$I_{Rthigh(Flx/Ext)} = 0.007\ 62 \cdot A_1 \cdot (A_3^2 + 0.076 \cdot A_5^2) + 0.011\ 53 \quad (A-10)$$

$$I_{Lthigh(Flx/Ext)} = 0.007\ 62 \cdot A_1 \cdot (A_4^2 + 0.076 \cdot A_6^2) + 0.011\ 53 \quad (A-11)$$

$$I_{Rthigh(Abd/Add)} = 0.007\ 26 \cdot A_1 \cdot (A_3^2 + 0.076 \cdot A_5^2) + 0.011\ 86 \quad (A-12)$$

$$I_{Lthigh(Abd/Add)} = 0.007\ 26 \cdot A_1 \cdot (A_4^2 + 0.076 \cdot A_6^2) + 0.011\ 86 \quad (A-13)$$

$$I_{Rthigh(Int/Ext)} = 0.001\ 51 \cdot A_1 \cdot A_5^2 + 0.003\ 05 \quad (A-14)$$

$$I_{Lthigh(Int/Ext)} = 0.001\ 51 \cdot A_1 \cdot A_6^2 + 0.003\ 05 \quad (A-15)$$

$$I_{Rcalf(Flx/Ext)} = 0.003\ 47 \cdot A_1 \cdot (A_7^2 + 0.076 \cdot A_9^2) + 0.005\ 11 \quad (A-16)$$

$$I_{Lcalf(Flx/Ext)} = 0.003\ 47 \cdot A_1 \cdot (A_8^2 + 0.076 \cdot A_{10}^2) + 0.005\ 11 \quad (A-17)$$

$$I_{Rcalf(Abd/Add)} = 0.003\ 87 \cdot A_1 \cdot (A_7^2 + 0.076 \cdot A_9^2) + 0.001\ 38 \quad (A-18)$$

$$I_{Lcalf(Abd/Add)} = 0.003\ 87 \cdot A_1 \cdot (A_8^2 + 0.076 \cdot A_{10}^2) + 0.00\ 138 \quad (A-19)$$

$$I_{Rcalf(Int/Ext)} = 0.000\ 41 \cdot A_1 \cdot A_9^2 + 0.000\ 12 \quad (A-20)$$

$$I_{Lcalf(Int/Ext)} = 0.000\ 41 \cdot A_1 \cdot A_{10}^2 + 0.000\ 12 \quad (A-21)$$

$$I_{Rfoot(Flx/Ext)} = 0.000\ 23 \cdot A_1 \cdot (4 \cdot A_{15}^2 + 3 \cdot A_{13}^2) + 0.000\ 22 \quad (A-22)$$

$$I_{Lfoot(Flx/Ext)} = 0.000\ 23 \cdot A_1 \cdot (4 \cdot A_{16}^2 + 3 \cdot A_{14}^2) + 0.000\ 22 \quad (A-23)$$

$$I_{Rfoot(Abd/Add)} = 0.000\ 21 \cdot A_1 \cdot (4 \cdot A_{19}^2 + 3 \cdot A_{13}^2) + 0.000\ 67 \quad (A-24)$$

$$I_{Lfoot(Abd/Add)} = 0.000\ 21 \cdot A_1 \cdot (4 \cdot A_{20}^2 + 3 \cdot A_{14}^2) + 0.000\ 67 \quad (A-25)$$

$$I_{Rfoot(Int/Ext)} = 0.001\ 41 \cdot A_1 \cdot (A_{15}^2 + A_{19}^2) - 0.000\ 08 \quad (A-26)$$

$$I_{Lfoot(Int/Ext)} = 0.001\ 41 \cdot A_1 \cdot (A_{16}^2 + A_{20}^2) - 0.000\ 08 \quad (A-27)$$

附录 B

在计算过程中,定义的各中间变量如式(B-1)～式(B-6),部分变量的物理意义如附图(B-1)～附图(B-3)。

$$
\left.
\begin{aligned}
BM_1 &= \sqrt{l_3^2 + b_4^2 - 2l_3 b_4 \cos(\pi + \theta_4)} \\
\gamma &= \theta_3 + \arcsin\left(\frac{\sin(\pi + \theta_4)}{BM_1} b_4\right) \\
BM_2 &= \sqrt{l_2^2 + BM_1^2 - 2l_2 BM_1 \cos(\pi - \gamma)} \\
\alpha &= \theta_2 - \arcsin\left(\frac{\sin(\pi - \gamma)}{BM_2} BM_1\right) \\
L &= \sqrt{l_1^2 + BM_2^2 - 2l_1 BM_2 \cos\left(\frac{\pi}{2} - \alpha\right)} \\
\eta &= \theta_1 - \arcsin\left(\frac{\sin\left(\frac{\pi}{2} - \alpha\right)}{L} BM_2\right)
\end{aligned}
\right\} \quad (B-1)
$$

$$
\left.
\begin{aligned}
MM &= \sqrt{l_2^2 + b_3^2 - 2l_2 b_3 \cos(\pi - \theta_3)} \\
aa &= \theta_2 - \arcsin\left(\frac{\sin(\pi - \theta_3)}{MM} b_3\right) \\
LL &= \sqrt{l_1^2 + MM^2 - 2l_1 MM \cos\left(\frac{\pi}{2} - aa\right)} \\
bb &= \theta_1 - \arcsin\left(\frac{\sin\left(\frac{\pi}{2} - aa\right)}{LL} MM\right)
\end{aligned}
\right\} \quad (B-2)
$$

$$
\left.
\begin{aligned}
LI &= \sqrt{l_1^2 + b_2^2 - 2l_1 b_2 \cos\left(\frac{\pi}{2} - \theta_2\right)} \\
bi &= \theta_1 - \arcsin\left(\frac{\sin\left(\frac{\pi}{2} - \theta_2\right)}{LI} b_2\right)
\end{aligned}
\right\} \quad (B-3)
$$

$$Am_4 = \frac{3\pi}{2} - \theta_1 + \theta_2 - \theta_3 + \theta_4 \qquad (\text{B-4})$$

$$Am_3 = \frac{3\pi}{2} - \theta_1 + \theta_2 - \theta_3 \qquad (\text{B-5})$$

$$Am_2 = \frac{3\pi}{2} - \theta_1 + \theta_2 \qquad (\text{B-6})$$

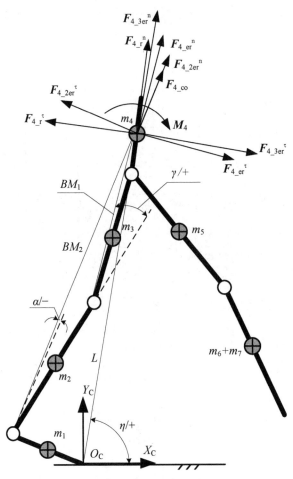

附图 B-1 躯干质心处的惯性力分量

（图中各惯性力的箭头符号只表示方向不表示大小）

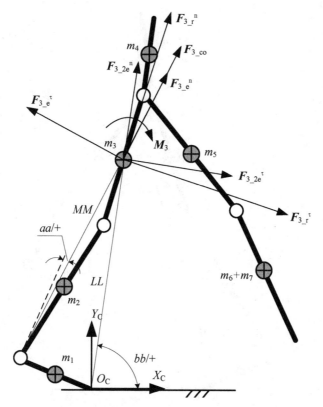

附图 B-2　支撑腿大腿质心处的惯性力分量
（图中各惯性力的箭头符号只表示方向不表示大小）

作用于躯干和支撑腿的大腿、小腿以及足部等质心处的惯性力主矩矢如式
（B-7）～式（B-10）。

$$\boldsymbol{M}_4 = -\frac{1}{12}m_4 l_4^2(\ddot{\theta}_1 - \ddot{\theta}_2 + \ddot{\theta}_3 - \ddot{\theta}_4)\boldsymbol{k}_{\mathrm{C}} \tag{B-7}$$

$$\boldsymbol{M}_3 = -\frac{1}{12}m_3 l_3^2(\ddot{\theta}_1 - \ddot{\theta}_2 + \ddot{\theta}_3)\boldsymbol{k}_{\mathrm{C}} \tag{B-8}$$

$$\boldsymbol{M}_2 = -\frac{1}{12}m_2 l_2^2(\ddot{\theta}_1 - \ddot{\theta}_2)\boldsymbol{k}_{\mathrm{C}} \tag{B-9}$$

$$\boldsymbol{M}_1 = -\frac{1}{12}m_1 l_1^2 \ddot{\theta}_1 \boldsymbol{k}_{\mathrm{C}} \tag{B-10}$$

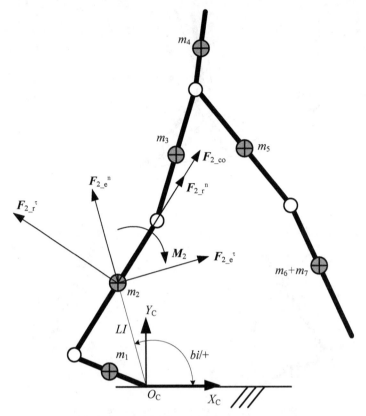

附图 B-3 支撑腿小腿质心处的惯性力分量
（图中各惯性力的箭头符号只表示方向不表示大小）

按照第四章 4.3 节的方法求得的 CSP 状态下支撑腿髋关节、支撑腿膝关节、支撑腿踝关节以及支撑腿足尖与地面之间的扭矩 τ_4、τ_3、τ_2、τ_1 分别如式（B-11）～式（B-14）。

各式中，"$\sum W_i (i = 1, 2, 3)$" 的物理意义与第四章中式（4-61）中的定义相同。

$$\tau_4 = \begin{bmatrix} -\dfrac{1}{12}m_4 l_4^2 + m_4 L b_4 \sin\left(\dfrac{\pi}{2} - Am_4 - \eta\right) \\ \dfrac{1}{12}m_4 l_4^2 - m_4 BM_2 b_4 \sin(\pi - Am_4 - \theta_1 + \alpha) \\ -\dfrac{1}{12}m_4 l_4^2 + m_4 BM_1 b_4 \sin(\pi - Am_4 - \theta_1 + \theta_2 - \gamma) \\ \dfrac{1}{12}m_4 l_4^2 + m_4 b_4^2 \\ 0 \\ 0 \end{bmatrix}^{\mathrm{T}} \begin{bmatrix} \ddot{\theta}_1 \\ \ddot{\theta}_2 \\ \ddot{\theta}_3 \\ \ddot{\theta}_4 \\ \ddot{\theta}_5 \\ \ddot{\theta}_6 \end{bmatrix}$$

与 $\sum W_1$ 相关

$$+\left[-2m_4 BM_2 b_4 \cos(\pi - Am_4 - \theta_1 + \alpha)\right]\dot{\theta}_1 \dot{\theta}_2$$

$$+ \begin{bmatrix} -m_4 L b_4 \cos\left(\dfrac{\pi}{2} - Am_4 - \gamma\right) \\ -m_4 BM_2 b_4 \cos(\pi - Am_4 - \theta_1 + \alpha) \\ -m_4 BM_1 b_4 \cos(\pi - Am_4 - \theta_1 + \theta_2 - \gamma) \\ 0 \\ 0 \\ 0 \end{bmatrix}^{\mathrm{T}} \begin{bmatrix} \dot{\theta}_1^2 \\ \dot{\theta}_2^2 \\ \dot{\theta}_3^2 \\ \dot{\theta}_4^2 \\ \dot{\theta}_5^2 \\ \dot{\theta}_6^2 \end{bmatrix}$$

$$+\left[-m_4 g b_4 \cos(\pi - Am_4)\right]$$

$$-\tau_5$$

$\Big\}$ 与 $\sum W_3$ 相关

$$(B-11)$$

$$\tau_3 = \begin{bmatrix} \dfrac{1}{12}m_3 l_3^2 - m_3 LL b_3 \sin\left(\dfrac{\pi}{2} - Am_3 - bb\right) \\ -\dfrac{1}{12}m_3 l_3^2 + m_3 MM b_3 \sin(\pi - Am_3 - \theta_1 + aa) \\ \dfrac{1}{12}m_3 l_3^2 + m_3 b_3^2 \\ 0 \\ 0 \\ 0 \end{bmatrix}^{\mathrm{T}} \begin{bmatrix} \ddot{\theta}_1^2 \\ \ddot{\theta}_2^2 \\ \ddot{\theta}_3^2 \\ \ddot{\theta}_4^2 \\ \ddot{\theta}_5^2 \\ \ddot{\theta}_6^2 \end{bmatrix}$$

与 $\sum W_1$ 相关

$$+\left[2m_3 MM b_3 \cos(\pi - Am_3 - \theta_1 + aa)\right]\dot{\theta}_1 \dot{\theta}_2$$

$$+ \begin{bmatrix} m_3 LL b_3 \cos\left(\dfrac{\pi}{2} - Am_3 - bb\right) \\ m_3 MM b_3 \cos(\pi - Am_3 - \theta_1 + aa) \\ 0 \\ 0 \\ 0 \\ 0 \end{bmatrix}^{\mathrm{T}} \begin{bmatrix} \dot{\theta}_1^2 \\ \dot{\theta}_2^2 \\ \dot{\theta}_3^2 \\ \dot{\theta}_4^2 \\ \dot{\theta}_5^2 \\ \dot{\theta}_6^2 \end{bmatrix}$$

$$+\left[m_3 g b_3 \cos(\pi - Am_3)\right]$$

$$
\begin{aligned}
&\left[\begin{array}{l}
-m_4 l_3 \sin\left(\dfrac{\pi}{2}-Am_4-\eta+\theta_4\right)+m_5 L_1 l_3 \sin\left(\dfrac{\pi}{2}-Am_5-\beta+(\pi+\theta_4-\theta_5)\right) \\
\quad +(m_6+m_7)L_2 l_3 \sin\left(\dfrac{\pi}{2}-Am_6-\varphi+(\pi+\theta_4-\theta_5+\theta_6)\right); \\
m_4 BM_2 l_3 \sin(\pi-Am_4-\theta_1+\alpha+\theta_4)-m_5 M_2 l_3 \sin\left(\begin{array}{l}\pi-Am_5-\theta_1 \\ +\alpha_1+(\pi+\theta_4-\theta_5)\end{array}\right) \\
\quad -(m_6+m_7)N_3 l_3 \sin(\pi-Am_6-\theta_1+\alpha_2+(\pi+\theta_4-\theta_5+\theta_6)); \\
-m_4 BM_1 l_3 \sin(\pi-Am_4-\theta_1+\theta_2-\gamma+\theta_4) \\
\quad +m_5 M_1 l_3 \sin(\pi-Am_5-\theta_1+\theta_2-\gamma_1+(\pi+\theta_4-\theta_5)) \\
\quad +(m_6+m_7)N_2 l_3 \sin(\pi-Am_6-\theta_1+\theta_2-\gamma_2+(\pi+\theta_4-\theta_5+\theta_6)); \\
-m_4 b_4 l_3 \cos(\theta_4)-m_5 b_5 l_3 \cos(\pi+\theta_4-\theta_5) \\
\quad -(m_6+m_7)N_1 l_3 \sin(2\pi-Am_6-\theta_1+\theta_2-\theta_3-\varepsilon_1+(\pi+\theta_4-\theta_5+\theta_6)); \\
+m_5 b_5 l_3 \cos(\pi+\theta_4-\theta_5)+(m_6+m_7)N_1 l_3 \sin\left(\begin{array}{l}2\pi-Am_6-\theta_1+\theta_2-\theta_3 \\ -\varepsilon_1+(\pi+\theta_4-\theta_5+\theta_6)\end{array}\right); \\
-(m_6+m_7)b_6 l_3 \cos(\pi+\theta_4-\theta_5+\theta_6);
\end{array}\right]^{\mathrm{T}}
\begin{bmatrix}\ddot{\theta}_1 \\ \ddot{\theta}_2 \\ \ddot{\theta}_3 \\ \ddot{\theta}_4 \\ \ddot{\theta}_5 \\ \ddot{\theta}_6\end{bmatrix}
\left.\begin{array}{c}\\ \\ \\ \text{与}\\ \sum W_2 \\ \text{相关}\end{array}\right. \\[2mm]
&+\left[\begin{array}{l}
2m_4 BM_2 l_3 \cos(\pi-Am_4-\theta_1+\alpha+\theta_4) \\
-2m_5 M_2 l_3 \cos(\pi-Am_5-\theta_1+\alpha_1+(\pi+\theta_4-\theta_5)) \\
-2(m_6+m_7)N_3 l_3 \cos(\pi-Am_6-\theta_1+\alpha_2+(\pi+\theta_4-\theta_5+\theta_6))
\end{array}\right]\dot{\theta}_1\dot{\theta}_2
\left.\begin{array}{c}\text{与}\\ \sum W_2 \\ \text{相关}\end{array}\right. \\[2mm]
&+\left[\begin{array}{l}
m_4 L l_3 \cos\left(\dfrac{\pi}{2}-Am_4-\eta+\theta_4\right) \\
-m_5 L_1 l_3 \cos\left(\dfrac{\pi}{2}-Am_5-\beta+(\pi+\theta_4-\theta_5)\right) \\
-(m_6+m_7)L_2 l_3 \cos\left(\dfrac{\pi}{2}-Am_6-\varphi+(\pi+\theta_4-\theta_5+\theta_6)\right); \\
m_4 BM_2 l_3 \cos(\pi-Am_4-\theta_1+\alpha+\theta_4) \\
-m_5 M_2 l_3 \cos(\pi-Am_5-\theta_1+\alpha_1+(\pi+\theta_4-\theta_5)) \\
-(m_6+m_7)N_3 l_3 \cos(\pi-Am_6-\theta_1+\alpha_2+(\pi+\theta_4-\theta_5+\theta_6)); \\
m_4 BM_1 l_3 \cos(\pi-Am_4-\theta_1+\theta_2-\gamma+\theta_4) \\
-m_5 M_1 l_3 \cos(\pi-Am_5-\theta_1+\theta_2-\gamma_1+(\pi+\theta_4-\theta_5)) \\
-(m_6+m_7)N_2 l_3 \cos\left(\begin{array}{l}\pi-Am_6-\theta_1+\theta_2- \\ \gamma_2+(\pi+\theta_4-\theta_5+\theta_6)\end{array}\right); \\
m_4 b_4 l_3 \sin(\theta_4)+m_5 b_5 l_3 \sin(\pi+\theta_4-\theta_5) \\
-(m_6+m_7)N_1 l_3 \cos\left(\begin{array}{l}2\pi-Am_6-\theta_1+\theta_2-\theta_3 \\ -\varepsilon_1+(\pi+\theta_4-\theta_5+\theta_6)\end{array}\right); \\
+m_5 b_5 l_3 \sin(\pi+\theta_4-\theta_5) \\
-(m_6+m_7)N_1 l_3 \cos\left(\begin{array}{l}2\pi-Am_6-\theta_1+\theta_2-\theta_3 \\ -\varepsilon_1+(\pi+\theta_4-\theta_5+\theta_6)\end{array}\right); \\
(m_6+m_7)b_6 l_3 \sin(\pi+\theta_4-\theta_5+\theta_6);
\end{array}\right]^{\mathrm{T}}
\begin{bmatrix}\dot{\theta}_1^2 \\ \dot{\theta}_2^2 \\ \dot{\theta}_3^2 \\ \dot{\theta}_4^2 \\ \dot{\theta}_5^2 \\ \dot{\theta}_6^2\end{bmatrix}
\left.\begin{array}{c}\\ \\ \\ \text{与}\\ \sum W_2 \\ \text{相关}\end{array}\right. \\[2mm]
&+\left[\begin{array}{l}
m_4 gl_3 \cos(\pi-Am_4+\theta_4)+m_5 gl_3 \cos(-Am_5+(\pi+\theta_4-\theta_5)) \\
+(m_6+m_7)gl_3 \cos(-Am_6+(\pi+\theta_4-\theta_5+\theta_6))
\end{array}\right] \\
&\qquad\qquad\qquad\qquad\qquad\qquad\qquad\qquad \text{与}\sum W_3 \text{ 相关}
\end{aligned}
$$

$$-\tau_4 \qquad\qquad\qquad\qquad\qquad\qquad\qquad\qquad\qquad\qquad\qquad\qquad (\text{B}-12)$$

$$\tau_2 = \begin{bmatrix} -\dfrac{1}{12}m_2 l_2^2 + m_2 L I b_2 \sin\left(\dfrac{\pi}{2} - Am_2 - bi\right) \\ \dfrac{1}{12}m_2 l_2^2 + m_2 b_2^2 \\ 0 \\ 0 \\ 0 \\ 0 \end{bmatrix}^{\mathrm{T}} \begin{bmatrix} \ddot{\theta}_1 \\ \ddot{\theta}_2 \\ \ddot{\theta}_3 \\ \ddot{\theta}_4 \\ \ddot{\theta}_5 \\ \ddot{\theta}_6 \end{bmatrix}$$

$$+ [0]\dot{\theta}_1\dot{\theta}_2$$

$$+ \begin{bmatrix} -m_2 L I b_2 \cos\left(\dfrac{\pi}{2} - Am_2 - bi\right) \\ 0 \\ 0 \\ 0 \\ 0 \\ 0 \end{bmatrix}^{\mathrm{T}} \begin{bmatrix} \dot{\theta}_1^2 \\ \dot{\theta}_2^2 \\ \dot{\theta}_3^2 \\ \dot{\theta}_4^2 \\ \dot{\theta}_5^2 \\ \dot{\theta}_6^2 \end{bmatrix}$$

与 $\sum W_1$ 相关

$$+ [-m_2 g b_2 \cos(\pi - Am_2)]$$
$$+$$

$$\begin{bmatrix} -2m_3 MMl_2 \cos(\pi - Am_3 - \theta_1 + aa - \theta_3) \\ -2m_4 BM_2 l_2 \cos(\pi - Am_4 - \theta_1 + \alpha - \theta_3 + \theta_4) \\ +2m_5 M_2 l_2 \cos(\pi - Am_5 - \theta_1 + \alpha_1 + (\pi - \theta_3 + \theta_4 - \theta_5)) \\ +2(m_6 + m_7) N_3 l_2 \cos(\pi - Am_6 - \theta_1 + \alpha_2 + (\pi - \theta_3 + \theta_4 - \theta_5 + \theta)) \end{bmatrix} \dot{\theta}_1\dot{\theta}_2$$ 与 $\sum W_2$ 相关

$$\begin{bmatrix} m_3 LLl_2 \sin\left(\dfrac{\pi}{2} - Am_3 - bb - \theta_3\right) + m_4 L l_2 \sin\left(\dfrac{\pi}{2} - Am_4 - \eta - \theta_3 + \theta_4\right) \\ -m_5 L_1 l_2 \sin\left(\dfrac{\pi}{2} - Am_5 - \beta + (\pi - \theta_3 + \theta_4 - \theta_5)\right) \\ -(m_6 + m_7) L_2 l_2 \sin\left(\dfrac{\pi}{2} - Am_6 - \varphi + (\pi - \theta_3 + \theta_4 - \theta_5 + \theta_6)\right); \\ -m_3 MMl_2 \sin(\pi - Am_3 - \theta_1 + aa - \theta_3) \\ -m_4 BM_2 l_2 \sin(\pi - Am_4 - \theta_1 + \alpha - \theta_3 + \theta_4) \\ +m_5 M_2 l_2 \sin(\pi - Am_5 - \theta_1 + \alpha_1 + (\pi - \theta_3 + \theta_4 - \theta_5)) \\ +(m_6 + m_7) N_3 l_2 \sin(\pi - Am_6 - \theta_1 + \alpha_2 + (\pi - \theta_3 + \theta_4 - \theta_5 + \theta_6)); \\ -m_3 b_3 l_2 \cos(-\theta_3) + m_4 BM_1 l_2 \sin\begin{pmatrix} \pi - Am_4 - \theta_1 + \theta_2 \\ -\gamma - \theta_3 + \theta_4 \end{pmatrix} \\ -m_5 M_1 l_2 \sin(\pi - Am_5 - \theta_1 + \theta_2 - \gamma_1 + (\pi - \theta_3 + \theta_4 - \theta_5)) \\ -(m_6 + m_7) N_2 l_2 \sin\begin{pmatrix} \pi - Am_6 - \theta_1 + \theta_2 - \gamma_2 \\ +(\pi - \theta_3 + \theta_4 - \theta_5 + \theta_6) \end{pmatrix}; \\ m_4 b_4 l_2 \cos(-\theta_3 + \theta_4) + m_5 b_5 l_2 \cos(\pi - \theta_3 + \theta_4 - \theta_5) \\ +(m_6 + m_7) N_1 l_2 \sin\begin{pmatrix} 2\pi - Am_6 - \theta_1 + \theta_2 - \theta_3 - \varepsilon_1 \\ +(\pi - \theta_3 + \theta_4 - \theta_5 + \theta_6) \end{pmatrix}; \\ -m_5 b_5 l_2 \cos(\pi - \theta_3 + \theta_4 - \theta_5) \\ -(m_6 + m_7) N_1 l_2 \sin\begin{pmatrix} 2\pi - Am_6 - \theta_1 + \theta_2 - \theta_3 - \varepsilon_1 \\ +(\pi - \theta_3 + \theta_4 - \theta_5 + \theta_6) \end{pmatrix}; \\ (m_6 + m_7) b_6 l_2 \cos(\pi - \theta_3 + \theta_4 - \theta_5 + \theta_6); \end{bmatrix}^{\mathrm{T}} \begin{bmatrix} \ddot{\theta}_1 \\ \ddot{\theta}_2 \\ \ddot{\theta}_3 \\ \ddot{\theta}_4 \\ \ddot{\theta}_5 \\ \ddot{\theta}_6 \end{bmatrix}$$

与 $\sum W_2$ 相关

$$+ \begin{bmatrix} -m_3 LLl_2\cos\left(\dfrac{\pi}{2}-Am_3-bb-\theta_3\right) \\ -m_4 Ll_2\cos\left(\dfrac{\pi}{2}-Am_4-\eta-\theta_3+\theta_4\right) \\ +m_5 L_1 l_2\cos\left(\dfrac{\pi}{2}-Am_5-\beta+(\pi-\theta_3+\theta_4-\theta_5)\right) \\ +(m_6+m_7)L_2 l_2\cos\left(\dfrac{\pi}{2}-Am_6-\varphi+(\pi-\theta_3+\theta_4-\theta_5+\theta_6)\right); \\ -m_3 MMl_2\cos(\pi-Am_3-\theta_1+aa-\theta_3) \\ -m_4 BM_2 l_2\cos(\pi-Am_4-\theta_1+\alpha-\theta_3+\theta_4) \\ +m_5 M_2 l_2\cos(\pi-Am_5-\theta_1+\alpha_1+(\pi-\theta_3+\theta_4-\theta_5)) \\ +(m_6+m_7)N_3 l_2\cos\left(\pi-Am_6-\theta_1+\alpha_2+\left(\begin{array}{c}\pi-\theta_3 \\ +\theta_4-\theta_5+\theta_6\end{array}\right)\right); \\ -m_3 b_3 l_2\sin(-\theta_3)-m_4 BM_1 l_2\cos\left(\begin{array}{c}\pi-Am_4-\theta_1 \\ +\theta_2-\gamma-\theta_3+\theta_4\end{array}\right) \\ +m_5 M_1 l_2\cos(\pi-Am_5-\theta_1+\theta_2-\gamma_1+(\pi-\theta_3+\theta_4-\theta_5)) \\ +(m_6+m_7)N_2 l_2\cos\left(\begin{array}{c}\pi-Am_6-\theta_1+\theta_2 \\ -\gamma_2+(\pi-\theta_3+\theta_4-\theta_5+\theta_6)\end{array}\right); \\ -m_4 b_4 l_2\sin(-\theta_3+\theta_4)-m_5 b_5 l_2\sin(\pi-\theta_3+\theta_4-\theta_5) \\ +(m_6+m_7)N_1 l_2\cos\left(\begin{array}{c}2\pi-Am_6-\theta_1+\theta_2-\theta_3-\varepsilon_1 \\ +(\pi-\theta_3+\theta_4-\theta_5+\theta_6)\end{array}\right); \\ -m_5 b_5 l_2\sin(\pi-\theta_3+\theta_4-\theta_5) \\ +(m_6+m_7)N_1 l_2\cos\left(\begin{array}{c}2\pi-Am_6-\theta_1+\theta_2-\theta_3-\varepsilon_1 \\ +(\pi-\theta_3+\theta_4-\theta_5+\theta_6)\end{array}\right); \\ -(m_6+m_7)b_6 l_2\sin(\pi-\theta_3+\theta_4-\theta_5+\theta_6); \end{bmatrix}^{\mathrm{T}} \begin{bmatrix}\dot\theta_1^2\\\dot\theta_2^2\\\dot\theta_3^2\\\dot\theta_4^2\\\dot\theta_5^2\\\dot\theta_6^2\end{bmatrix}$$

与 $\sum W_2$ 相关

$$+ \begin{bmatrix} -m_3 gl_2\cos(\pi-Am_3-\theta_3) \\ -m_4 gl_2\cos(\pi-Am_4-\theta_3+\theta_4) \\ -m_5 gl_2\cos(-Am_5+(\pi-\theta_3+\theta_4-\theta_5)) \\ -(m_6+m_7)gl_2\cos(-Am_6+(\pi-\theta_3+\theta_4-\theta_5+\theta_6)) \end{bmatrix}$$

$-\tau_3$ 与 $\sum W_3$ 相关 (B-13)

$$\tau_1 = \left(\frac{1}{12}m_1 l_1^2 + m_1 b_1^2\right)\ddot{\theta}_1 + m_1 g b_1 \cos\theta_1 \Bigg\} \text{ 与} \sum W_1 \text{ 相关}$$

$$+ \begin{bmatrix} 2m_2 b_2 l_1 \sin\left(\frac{\pi}{2}+\theta_2\right) \\ +2m_3 MM l_1 \cos\left(\pi-Am_3-\theta_1+aa+\left(\frac{\pi}{2}+\theta_2-\theta_3\right)\right] \\ +2m_4 BM_2 l_1 \cos\left(\pi-Am_4-\theta_1+\alpha+\left(\frac{\pi}{2}+\theta_2-\theta_3+\theta_4\right)\right) \\ -2m_5 M_2 l_1 \cos\left(\pi-Am_5-\theta_1+\alpha_1+\left(\pi+\frac{\pi}{2}+\theta_2-\theta_3+\theta_4-\theta_5\right)\right) \\ -2(m_6+m_7)N_3 l_1 \cos\left(\pi-Am_6-\theta_1+\alpha_2+\begin{pmatrix}\pi+\frac{\pi}{2}+\theta_2 \\ -\theta_3+\theta_4-\theta_5+\theta_6\end{pmatrix}\right) \end{bmatrix}^{-} \Bigg\} \dot{\theta}_1\dot{\theta}_2 \Bigg\} \text{与} \sum W_2 \text{ 相关}$$

$$+ \begin{bmatrix} m_2 g l_1 \cos\left(\pi-Am_2+\left(\frac{\pi}{2}+\theta_2\right)\right) \\ +m_3 g l_1 \cos\left(\pi-Am_3+\left(\frac{\pi}{2}+\theta_2-\theta_3\right)\right) \\ +m_4 g l_1 \cos\left(\pi-Am_4+\left(\frac{\pi}{2}+\theta_2-\theta_3+\theta_4\right)\right) \\ +m_5 g l_1 \cos\left(-Am_5+\left(\pi+\frac{\pi}{2}+\theta_2-\theta_3+\theta_4-\theta_5\right)\right) \\ +(m_6+m_7)g l_1 \cos\left(-Am_6+\left(\pi+\frac{\pi}{2}+\theta_2-\theta_3+\theta_4-\theta_5+\theta_6\right)\right) \end{bmatrix} \Bigg\} \text{与} \sum W_2 \text{ 相关}$$

$$
\left[
\begin{array}{l}
-m_2 LI l_1 \sin\left(\dfrac{\pi}{2} - Am_2 - bi + \left(\dfrac{\pi}{2} + \theta_2\right)\right) \\[2mm]
-m_3 LL l_1 \sin\left(\dfrac{\pi}{2} - Am_3 - bb + \left(\dfrac{\pi}{2} + \theta_2 - \theta_3\right)\right) \\[2mm]
-m_4 LI l_1 \sin\left(\dfrac{\pi}{2} - Am_4 - \eta + \left(\dfrac{\pi}{2} + \theta_2 - \theta_3 + \theta_4\right)\right) \\[2mm]
+m_5 L_1 l_1 \sin\left(\dfrac{\pi}{2} - Am_5 - \beta + \left(\pi + \dfrac{\pi}{2} + \theta_2 - \theta_3 + \theta_4 - \theta_5\right)\right) \\[2mm]
+(m_6 + m_7) L_2 l_1 \sin\left(\dfrac{\pi}{2} - Am_6 - \varphi + \left(\pi + \dfrac{\pi}{2} + \theta_2 - \theta_3 + \theta_4 - \theta_5 + \theta_6\right)\right); \\[2mm]
-m_2 b_2 l_1 \cos\left(\dfrac{\pi}{2} + \theta_2\right) \\[2mm]
+m_3 MM l_1 \sin\left(\pi - Am_3 - \theta_1 + aa + \left(\dfrac{\pi}{2} + \theta_2 - \theta_3\right)\right) \\[2mm]
+m_4 BM_2 l_1 \sin\left(\pi - Am_4 - \theta_1 + \alpha + \left(\dfrac{\pi}{2} + \theta_2 - \theta_3 + \theta_4\right)\right) \\[2mm]
-m_5 M_2 l_1 \sin\left(\pi - Am_5 - \theta_1 + \alpha_1 + \left(\pi + \dfrac{\pi}{2} + \theta_2 - \theta_3 + \theta_4 - \theta_5\right)\right) \\[2mm]
-(m_6 + m_7) N_3 l_1 \sin\left(\begin{array}{l}\pi - Am_6 - \theta_1 + \alpha_2 \\ + \left(\pi + \dfrac{\pi}{2} + \theta_2 - \theta_3 + \theta_4 - \theta_5 + \theta_6\right)\end{array}\right); \\[4mm]
m_3 b_3 l_1 \cos\left(\dfrac{\pi}{2} + \theta_2 - \theta_3\right) \\[2mm]
-m_4 BM_1 l_1 \sin\left(\pi - Am_4 - \theta_1 + \theta_2 - \gamma + \left(\dfrac{\pi}{2} + \theta_2 - \theta_3 + \theta_4\right)\right) \\[2mm]
+m_5 M_1 l_1 \sin\left(\pi - Am_5 - \theta_1 + \theta_2 - \gamma_1 + \left(\pi + \dfrac{\pi}{2} + \theta_2 - \theta_3 + \theta_4 - \theta_5\right)\right) \\[2mm]
+(m_6 + m_7) N_2 l_1 \sin\left(\begin{array}{l}\pi - Am_6 - \theta 1 + \theta_2 - \gamma_2 \\ + \left(\pi + \dfrac{\pi}{2} + \theta_2 - \theta_3 + \theta_4 - \theta_5 + \theta_6\right)\end{array}\right); \\[4mm]
-m_4 b_4 l_1 \cos\left(\dfrac{\pi}{2} + \theta_2 - \theta_3 + \theta_4\right) \\[2mm]
-m_5 b_5 l_1 \cos\left(\pi + \dfrac{\pi}{2} + \theta_2 - \theta_3 + \theta_4 - \theta_5\right) \\[2mm]
-(m_6 + m_7) N_1 l_1 \sin\left(\begin{array}{l}2\pi - Am_6 - \theta_1 + \theta_2 - \theta_3 - \varepsilon_1 \\ + \left(\pi + \dfrac{\pi}{2} + \theta_2 - \theta_3 + \theta_4 - \theta_5 + \theta_6\right)\end{array}\right); \\[4mm]
m_5 b_5 l_1 \cos\left(\pi + \dfrac{\pi}{2} + \theta_2 - \theta_3 + \theta_4 - \theta_5\right) \\[2mm]
+(m_5 + m_7) N_1 l_1 \sin\left(\begin{array}{l}2\pi - Am_6 - \theta_1 + \theta_2 - \theta_3 - \varepsilon_1 \\ + \left(\pi + \dfrac{\pi}{2} + \theta_2 - \theta_3 + \theta_4 - \theta_5 + \theta_6\right)\end{array}\right); \\[4mm]
-(m_6 + m_7) b_6 l_1 \cos\left(\pi + \dfrac{\pi}{2} + \theta_2 - \theta_3 + \theta_4 - \theta_5 + \theta_6\right);
\end{array}
\right]^{T}
\left\{
\begin{array}{c}
\ddot{\theta}_1 \\
\ddot{\theta}_2 \\
\ddot{\theta}_3 \\
\ddot{\theta}_4 \\
\ddot{\theta}_5 \\
\ddot{\theta}_6
\end{array}
\right\}
\begin{array}{l}
\text{与} \\
\sum W_2 \\
\text{相关}
\end{array}
$$

$$
+ \begin{bmatrix}
m_2 LIl_1 \cos\left(\frac{\pi}{2} - Am_2 - bi + \left(\frac{\pi}{2} + \theta_2\right)\right) \\
+ m_3 LLl_1 \cos\left(\frac{\pi}{2} - Am_3 - bb + \left(\frac{\pi}{2} + \theta_2 - \theta_3\right)\right) \\
+ m_4 Ll_1 \cos\left(\frac{\pi}{2} - Am_4 - \eta + \left(\frac{\pi}{2} + \theta_2 - \theta_3 + \theta_4\right)\right) \\
- m_5 L_1 l_1 \cos\left(\frac{\pi}{2} - Am_5 - \beta + \left(\pi + \frac{\pi}{2} + \theta_2 - \theta_3 + \theta_4 - \theta_5\right)\right) \\
- (m_6 + m_7) L_2 l_1 \cos\left(\frac{\pi}{2} - Am_6 - \varphi + \left(\pi + \frac{\pi}{2} + \theta_2 - \theta_3 + \theta_4 - \theta_5 + \theta_6\right)\right); \\[6pt]
m_2 b_2 l_1 \sin\left(\frac{\pi}{2} + \theta_2\right) \\
+ m_3 MMl_1 \cos\left(\pi - Am_3 - \theta_1 + aa + \left(\frac{\pi}{2} + \theta_2 - \theta_3\right)\right) \\
+ m_4 BM_2 l_1 \cos\left(\pi - Am_4 - \theta_1 + \alpha + \left(\frac{\pi}{2} + \theta_2 - \theta_3 + \theta_4\right)\right) \\
- m_5 M_2 l_1 \cos\left(\pi - Am_5 - \theta_1 + \alpha_1 + \left(\pi + \frac{\pi}{2} + \theta_2 - \theta_3 + \theta_4 - \theta_5\right)\right) \\
- (m_6 + m_7) N_3 l_1 \cos\left(\begin{array}{l}\pi - Am_6 - \theta_1 + \alpha_2 \\ + \left(\pi + \frac{\pi}{2} + \theta_2 - \theta_3 + \theta_4 - \theta_5 + \theta_6\right)\end{array}\right); \\[6pt]
m_3 b_3 l_1 \sin\left(\frac{\pi}{2} + \theta_2 - \theta_3\right) \\
+ m_4 BM_1 l_1 \cos\left(\pi - Am_4 - \theta_1 + \theta_2 - \gamma + \left(\frac{\pi}{2} + \theta_2 - \theta_3 + \theta_4\right)\right) \\
- m_5 M_1 l_1 \cos\left(\pi - Am_5 - \theta_1 + \theta_2 - \gamma_1 + \left(\pi + \frac{\pi}{2} + \theta_2 - \theta_3 + \theta_4 - \theta_5\right)\right) \\
- (m_6 + m_7) N_2 l_1 \cos\left(\begin{array}{l}\pi - Am_6 - \theta 1 + \theta_2 - \gamma_2 \\ + \left(\pi + \frac{\pi}{2} + \theta_2 - \theta_3 + \theta_4 - \theta_5 + \theta_6\right)\end{array}\right); \\[6pt]
m_4 b_4 l_1 \sin\left(\frac{\pi}{2} + \theta_2 - \theta_3 + \theta_4\right) \\
+ m_5 b_5 l_1 \sin\left(\pi + \frac{\pi}{2} + \theta_2 - \theta_3 + \theta_4 - \theta_5\right) \\
- (m_6 + m_7) N_1 l_1 \cos\left(\begin{array}{l}2\pi - Am_6 - \theta_1 + \theta_2 - \theta_3 - \varepsilon_1 \\ + \left(\pi + \frac{\pi}{2} + \theta_2 - \theta_3 + \theta_4 - \theta_5 + \theta_6\right)\end{array}\right); \\[6pt]
m_5 b_5 l_1 \sin\left(\pi + \frac{\pi}{2} + \theta_2 - \theta_3 + \theta_4 - \theta_5\right) \\
- (m_6 + m_7) N_1 l_1 \cos\left(\begin{array}{l}2\pi - Am_6 - \theta_1 + \theta_2 - \theta_3 - \varepsilon_1 \\ + \left(\pi + \frac{\pi}{2} + \theta_2 - \theta_3 + \theta_4 - \theta_5 + \theta_6\right)\end{array}\right); \\[6pt]
(m_6 + m_7) b_6 l_1 \sin\left(\pi + \frac{\pi}{2} + \theta_2 - \theta_3 + \theta_4 - \theta_5 + \theta_6\right);
\end{bmatrix}^{T}
\left.\begin{bmatrix}
\dot{\theta}_1^2 \\ \dot{\theta}_2^2 \\ \dot{\theta}_3^2 \\ \dot{\theta}_4^2 \\ \dot{\theta}_5^2 \\ \dot{\theta}_6^2
\end{bmatrix}\right\} \begin{array}{c}\text{与}\\ \sum W_2 \\ \text{相关}\end{array}
$$

$- \tau_2$　　　　　　　　　　　　　　　　$\left.\right\}$ 与 $\sum W_3$ 相关

$$(B-14)$$